"十四五"首批广西壮族自治区职业教育规划教材
高等职业教育系列教材

工业机器人自动化生产线集成与运维

主　编　杨　铨　曲宏远　辛华健
副主编　梁倍源　王桂锋　杨万叶
参　编　张锦成　黄熙彡　谢　雨　张　朋　钟朝露
　　　　谢　彤　吴　坚　韦河光
主　审　陶　权

机械工业出版社

本书结合工业机器人自动化生产线实训平台讲解机器人集成应用中上下料、搬运、弧焊等工作站,重点介绍了典型工业机器人机床上下料、搬运、弧焊工作站系统的设计及应用,以及数字化生产线的构架及技术特点。本书以项目为基础,同时兼顾1+X职业技能等级证书:"工业机器人操作与运维(中级)"和"工业机器人集成应用(中级)"的知识点,重点培养学生的综合素质。

本书可作为高等职业院校工业机器人相关专业的教材,也可作为相关技术人员的培训教材或参考书。

本书配套电子资源包括二维码微课视频、电子课件、习题解答、源程序和参考资料等,需要的教师可登录www.cmpedu.com免费注册、审核通过后下载,或联系编辑索取(微信:15910938545,电话:010-88379739)。

图书在版编目(CIP)数据

工业机器人自动化生产线集成与运维 / 杨铨,曲宏远,辛华健主编. —北京:机械工业出版社,2024.4

高等职业教育系列教材

ISBN 978-7-111-75359-9

Ⅰ.①工⋯ Ⅱ.①杨⋯ ②曲⋯ ③辛⋯ Ⅲ.①工业机器人-自动生产线-高等职业教育-教材 Ⅳ.①TP242.2

中国国家版本馆 CIP 数据核字(2024)第 046626 号

机械工业出版社(北京市百万庄大街22号 邮政编码100037)
策划编辑:李文轶 责任编辑:李文轶 戴 琳
责任校对:李可意 李 杉 责任印制:张 博
北京建宏印刷有限公司印刷
2024年6月第1版第1次印刷
184mm×260mm・19.75印张・505千字
标准书号:ISBN 978-7-111-75359-9
定价:75.00元

电话服务   网络服务
客服电话:010-88361066   机 工 官 网:www.cmpbook.com
         010-88379833   机 工 官 博:weibo.com/cmp1952
         010-68326294   金 书 网:www.golden-book.com
封底无防伪标均为盗版   机工教育服务网:www.cmpedu.com

Preface 前言

党的二十大报告指出，"深入实施科教兴国战略、人才强国战略、创新驱动发展战略，开辟发展新领域新赛道，不断塑造发展新动能新优势"。机器人作为国家重点发展的新兴产业，对职业教育层次的人才有着更大的需求，对该类型人才的培养也提出了更高的要求。

为帮助工业机器人相关专业学习者和兴趣爱好者快速全面地掌握相关技术技能，培养更多的从事工业机器人技术应用和开发的创新人才，普及工业机器人集成开发与应用的基础知识，我们结合工业机器人自动化生产线编写了本书。本书获批立项为广西壮族自治区"十四五"职业教育规划教材，可以作为工业机器人集成开发与应用的入门教材。本书从项目场景引出项目任务，在项目任务中，先介绍需要掌握的理论内容，后安排对应的实训案例，全书内容合理、全面，有良好的系统性和可操作性，并突出课程思政建设，将价值塑造、知识传授和能力培养有机融合。

本书结合工业机器人自动化生产线实训平台重点讲解机器人集成应用上下料、搬运、焊接等应用案例，突出工业机器人集成应用的可操作性。全书共5个项目，从整体上认知工业机器人自动化生产线集成工作站，从工艺要求分析和硬件选型、设计方案编写、施工图的设计和建模、工作站的系统仿真、程序的编写、技术交底材料的整理与编写等方面来介绍典型工业机器人机床上下料工作站、搬运工作站、弧焊工作站系统的设计及应用，最后总结整条数字化生产线的构架及技术特点；同时，本书兼顾1+X职业技能等级证书："工业机器人操作与运维（中级）和工业机器人集成应用（中级）"的知识点要求进行教学内容的安排。

本书的编写得到了广西玉柴机器股份有限公司和广西机械工业研究院有限责任公司的大力支持帮助，同时，教材编写时参阅了大量相关图书和互联网资料，在此向相关作者表示衷心的感谢。由于本教材建设目前处于探索阶段，且技术在不断发展，书中难免会有错漏和不足之处，恳请读者提出宝贵意见和建议。

编　者

目　录 Contents

前言

项目 1　认识工业机器人自动化生产线集成工作站 ………… 1

任务 1.1　认识工业机器人自动化生产线集成工作站 …………… 2
  1.1.1　工业机器人自动化生产线集成工作站 ……………… 3
  1.1.2　工业机器人自动化生产线集成技术的发展现状及趋势 ……………… 4

任务 1.2　工业机器人自动化生产线典型工作站概述 …………… 6
  1.2.1　机床上下料工作站 ……………… 6
  1.2.2　搬运工作站 ……………… 8
  1.2.3　焊接工作站 ……………… 9

任务 1.3　本书的学习 ……………10

项目 2　典型工业机器人机床上下料工作站系统的设计及应用 ………… 15

任务 2.1　典型工业机器人机床上下料工作站系统工艺要求分析及硬件选型 …………16
  2.1.1　工艺要求分析 ……………… 17
  2.1.2　主要硬件选型 ……………… 25

任务 2.2　典型工业机器人机床上下料工作站系统设计方案的编写 ………… 33
  2.2.1　设计方案的结构和要素 ……………… 33
  2.2.2　设计方案编写示例 ……………… 34

任务 2.3　典型工业机器人机床上下料工作站系统施工图的设计及绘制 ………… 35
  2.3.1　设备布局图 ……………… 36

  2.3.2　系统框图 ……………… 36
  2.3.3　电气原理图 ……………… 36
  2.3.4　非标件工程图 ……………… 41

任务 2.4　典型工业机器人机床上下料工作站系统的仿真 …………44
  2.4.1　仿真环境搭建 ……………… 45
  2.4.2　工作站仿真 ……………… 45

任务 2.5　典型工业机器人机床上下料工作站系统的安装与调试、PLC 程序的编写及交互界面的设计 …………50
  2.5.1　工作站安装 ……………… 51
  2.5.2　PLC 程序编写及交互界面设计 ……………… 52
  2.5.3　工作站调试 ……………… 59

任务 2.6	典型工业机器人机床上下料工作站系统技术交底材料的整理和编写 ········· 60	2.6.1 主要技术交底材料 ············ 61
		2.6.2 操作说明书的编写 ············ 62

项目 3　典型工业机器人搬运工作站系统的设计及应用 ······ 72

任务 3.1　典型工业机器人搬运工作站系统工艺要求分析及硬件选型 ············ 74
3.1.1　工艺要求分析 ············ 74
3.1.2　主要硬件选型 ············ 75

任务 3.2　典型工业机器人搬运工作站系统设计方案的编写 ············ 78
3.2.1　设计方案的结构和要素 ············ 78
3.2.2　设计方案编写示例 ············ 80

任务 3.3　典型工业机器人搬运工作站系统施工图的设计及建模 ············ 81
3.3.1　设备布局图 ············ 82
3.3.2　系统框图 ············ 82
3.3.3　电气原理图 ············ 82
3.3.4　非标件工程图 ············ 88

任务 3.4　典型工业机器人搬运工作站系统的仿真 ············ 90
3.4.1　仿真环境建立 ············ 90
3.4.2　工作站仿真 ············ 90

任务 3.5　典型工业机器人搬运工作站视觉系统的调试 ············ 98
3.5.1　机器视觉概述 ············ 98
3.5.2　机器视觉应用 ············ 99
3.5.3　PLC 与视觉系统通信 ············ 100
3.5.4　视觉识别系统调试 ············ 103

任务 3.6　典型工业机器人搬运工作站系统的安装与调试及 PLC 程序编写 ············ 108
3.6.1　工作站安装 ············ 109
3.6.2　PLC 程序编写 ············ 110
3.6.3　工作站调试 ············ 123

任务 3.7　典型工业机器人搬运工作站系统技术交底材料的整理和编写 ············ 125
3.7.1　主要技术交底材料 ············ 125
3.7.2　操作说明书的编写 ············ 126

项目 4　典型工业机器人弧焊工作站系统的设计及应用 ····· 132

任务 4.1　典型工业机器人弧焊工作站系统工艺要求分析及硬件选型 ············ 134
4.1.1　弧焊机器人的基础知识 ············ 135
4.1.2　弧焊机器人焊接工艺的制定及硬件的选择 ············ 138
4.1.3　弧焊机器人焊接工艺制定及硬件选择的示例 ············ 146

任务 4.2　典型工业机器人弧焊工作站系统设计方案的编写 ············ 148
4.2.1　设计方案的结构和要素 ············ 148
4.2.2　设计方案编写示例 ············ 150

任务 4.3　典型工业机器人弧焊工作站系统施工图的设计及建模 ············ 159
4.3.1　设备布局图 ············ 159
4.3.2　系统框图 ············ 160

4.3.3 电气原理图 160
4.3.4 非标件工程图 163

任务 4.4 典型工业机器人弧焊工作站系统的仿真 164
4.4.1 仿真环境建立 164
4.4.2 工作站仿真 165

任务 4.5 典型工业机器人弧焊工作站系统的安装、调试及程序编写 168

4.5.1 上电开机和操作机器人 169
4.5.2 焊接参数的选择与设定 171

任务 4.6 典型工业机器人弧焊工作站系统技术交底材料的整理和编写 177
4.6.1 主要技术交底材料 177
4.6.2 工作站操作说明书的编写 178

项目 5 数字化生产线的构架及技术特点 187

任务 5.1 数字化生产线的系统构架 188
5.1.1 系统构架 189
5.1.2 关键技术与特点 190
5.1.3 数字化生产线调试 192

任务 5.2 数字化生产线各模块设计与仿真 192
5.2.1 基于 Process Simulate 的仿真建模 193
5.2.2 基于 Process Simulate 的运动学属性创建 197
5.2.3 基于 Process Simulate 的工艺流程仿真操作 201

任务 5.3 识读数字化生产线的设计图和技术文件 207
5.3.1 识读机械图 207
5.3.2 识读电气原理图 208
5.3.3 识读技术文件 211

任务 5.4 数字化生产线的操作规范及方法步骤 213
5.4.1 基于 PROFINET 的生产网络 213
5.4.2 基于触摸屏的操作规范 214

任务 5.5 典型数字化生产线系统的运行和维护 222
5.5.1 MES 概述 222
5.5.2 系统生产计划实施 223
5.5.3 系统维护 224

参考文献 228

项目 1　认识工业机器人自动化生产线集成工作站

【项目场景】

工业机器人自动化生产线数字仿真与实际生产相结合，能满足产品多品种、多规格、个性化的制造要求。产线系统配有物流系统、斜轨车床及自动控制同步系统，能够进行工序内容多且复杂的作业，而且能同时完成几项工作任务。工业机器人自动化生产线如图 1-1 所示。工业机器人自动化生产线中使用了 6 台 6 轴 FANUC M-20iA 机器人，FANUC M-20iA 机器人如图 1-2 所示。在工业机器人自动化生产线中，机器人工作站是相对独立的，但又与外界有着密切联系，需要与周边设备协同运行。它在作业内容、周边装置、动力系统方面往往是独立的，但在控制系统、生产管理和物流系统等方面，又与其他工作站及计算机控制处理系统成为一体。

生产线完整运行仿真演示视频

图 1-1　工业机器人自动化生产线

图 1-2　FANUC M-20iA 机器人

【项目描述】

认知工业机器人自动化生产线集成工作站（工业机器人工作站），它包括机器人及其控制系统、辅助设备及其他周边设备。

【知识目标】

1. 熟悉工业机器人机床上下料、搬运、焊接工作站的构成。
2. 熟悉工业机器人自动化生产线集成技术的发展现状及趋势。
3. 了解典型的工业机器人自动化生产线集成工作站。
4. 掌握工业机器人的技术参数及选择依据。
5. 熟悉工业机器人工作站外围控制系统的作用。

【技能目标】

1. 能说出工业机器人自动化生产线的构成。
2. 能说出工业机器人工作站的应用场合。
3. 能掌握工业机器人的技术参数的含义与运用。
4. 掌握课程教学方法设计。

【《工业机器人操作与运维职业技能等级标准》[⊖]（中级）相关要求】

2.1.7　能根据工业机器人典型应用（搬运码垛、装配）的任务要求，编写工业机器人程序。

2.3.1　能根据工业机器人典型应用（搬运码垛、装配）的任务要求，创建相应的触摸屏工程。

2.3.2　能完成触摸屏组态画面制作、报警信息显示、状态信息显示、变量连接、程序加密保护等。

任务 1.1　认识工业机器人自动化生产线集成工作站

【知识目标】

1. 了解工业机器人自动化生产线集成工作站。
2. 了解工业机器人自动化生产线集成技术的发展现状及趋势。

【技能目标】

1. 能说出工业机器人自动化生产线集成工作站的应用场合。
2. 能说出工业机器人自动化生产线集成技术的发展现状及趋势。

【素质目标】

1. 具有一定的全局观念，具备信息收集和处理能力及分析、解决问题能力，还有与他人交流、合作的能力。
2. 树立正确职业理想，增强家国情怀。

【任务情景】

工业机器人自动化生产线是一条全自动的组装生产线，一共有 6 台机器人，分属四大制造环节：OP1、OP2、OP3 和 OP4（工件加工、加工中心、冲洗中心和组装中心）。每一个制造环节都有一个巨型机械臂，能执行多种不同任务，包括机床上下料、搬运、弧焊等。

【任务分析】

学习工业机器人自动化生产线的结构及功能，了解工业机器人工作站所需的主要设备。在

⊖ 2021 年 12 月，由北京新奥时代科技有限责任公司制定的《工业机器人操作与运维职业技能等级标准》发布。——作者注

工业机器人自动化生产线中，OP2工位由2台FANUC机器人、2台斜轨车床、1套废料仓库、1个操作台及1个显示看板组成，该工位主要完成轴类工件的自动上下料和加工。OP3工位由6条8m长直线滚筒线、2个180°转弯滚筒线、4套托盘阻挡定位机构及1个显示看板组成，电动机由变频器控制。OP4工位由1台FANUC机器人、2台立式加工中心、1套工件翻转机构、1套废料仓库、1个操作台及1个显示看板组成，该工位主要完成法兰类工件的自动上下料和加工。

【知识准备】

1.1.1 工业机器人自动化生产线集成工作站

1. 工业机器人工作站的组成

工业机器人工作站是指使用一台或多台机器人，配有控制系统、辅助装置及周边设备，可以进行简单的生产作业，进而完成特定工作任务的生产单元。工业机器人工作站一般由以下部分组成：机器人本体、机器人末端执行器、夹具和变位机、机器人架座、配套及安全装置、动力源、工件储运设备、检查监视控制系统。OP1工位主要是工件的搬运工位，如图1-3所示；OP2工位主要是斜轨车床工位，如图1-4所示；OP3工位主要是滚筒线工位，如图1-5所示；OP4工位主要完成法兰类工件的自动上下料和加工，如图1-6所示。

图1-3 OP1工位

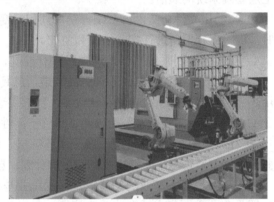

图1-4 OP2工位

图1-5 OP3工位

图1-6 OP4工位

2. 工业机器人工作站的发展

工业机器人是面向工业领域的多关节机械手或多自由度的机器人，是自动执行工作的机器装置，是靠自身动力和控制能力来实现各种功能的一种机器。它可以接受人类指挥，也可以按照预先编排的程序运行，现代的工业机器人还可以根据人工智能技术制定的策略行动。

工业机器人工作站在工业生产中能代替人去做某些单调、重复、耗时长的作业，或是在危险、恶劣环境中的作业，如冲压、压力铸造、热处理、焊接、涂装、塑料制品成型、机械加工和简单装配等工序的作业，还可以在原子能工业等部门，完成对有害物料的搬运或工艺加工。

工业机器人工作站配上外围辅助装置、辅助设备及输送线物流自动化系统后，用途广泛。其中，输送线物流自动化系统是工业机器人自动化生产线物流系统的一部分，工业机器人自动化生产线物流系统主要由以下几个部分组成：

1）自动化输送线实现了产品的自动输送，将产品工装板精确定位在各装配工位，并在装配完成后能使工装板自动循环；设有电动机过载保护，驱动链与输送链直接啮合，可保证输送过程平稳、可靠。

2）机器人在特定工位上准确、快速地完成部件的装配，能使生产线工业机器人工作站与应用达到较高的自动化程度；机器人可遵照预定的原则相互调整，以满足工序节拍要求，并保持与上层管理系统的通信。

3）自动化立体仓储供料系统自动规划和调度装配原料，并将原料及时向装配生产线输送，同时能够对库存原料进行实时统计和监控。

4）全线主控制系统基于现场总线进行控制，有极高的实时性和可靠性。

5）条码数据采集系统使各种产品制造信息具备了规范、准确、实时和可追溯的特点，系统采用高档文件服务器和大容量存储设备，能够快速采集和管理现场的生产数据。

6）产品自动化测试系统用以测试最终产品性能指标，并将不合格产品转入返修线。

7）生产线监控/调度/管理系统采用管理层、监控层和设备层三级网络对整个生产线进行综合监控、调度及管理，能够接收车间生产计划、自动分配任务、完成自动化生产。

我国工业机器人产业的发展对地区的工业基础和相关科研实力有较高要求。目前，我国工业机器人产业主要集中于东北、京津冀、长三角和珠三角地区。东北地区是我国老工业基地，是最早从事工业机器人生产的地区；京津冀地区因其技术优势，工业机器人产业也有所发展，主要企业覆盖领域包括工业机器人及其自动化生产线、工业机器人集成应用、工业机器人技术咨询等产品和服务；长三角地区是我国汽车制造业和电子制造企业集中地，也是重要的机器人公司集聚地，江苏省有五座城市正在建设机器人产业园；珠三角地区工业机器人企业主要集中在深圳、顺德、东莞、广州和中山。

1.1.2 工业机器人自动化生产线集成技术的发展现状及趋势

1. 工业机器人自动化生产线集成技术的现状

在工业机器人自动化生产线中，工业机器人是集成的核心，机器人本体的性能决定了集成的水平。

我国的工业机器人发展时间比较短，虽然在性能、功能以及工艺上跟国外很多工业机器人有很大的差距，但通过不懈努力，国产工业机器人研发水平已有显著提升，国家也正在大力推进智能制造行业的发展。

在我国的工业机器人领域，80%的机器人企业都集中在系统集成领域。系统集成主要围绕工业机器人进行整线集成。汽车制造产业是机器人应用体量最大的行业，随着汽车行业增速放缓，冲压、焊装、涂装等系统集成应用逐渐普及。从相关市场数据来看，现阶段我国集成公司规模都不大、年产值不高，且面临巨大的竞争压力。

现阶段工业机器人自动化生产线集成有如下特点：

（1）不能大批量生产

随着产业结构调整升级的不断深入和国际制造业中心向我国转移，我国的机器人市场将会进一步加大，市场扩展的速度也会进一步提高。但每个企业的集成需求是不一样的，使得机器人集成项目没有统一的标准，必须根据企业的不同需求进行设计，因此难以实现大批量生产。

（2）需要熟悉下游行业的工艺

机器人集成是次开发产品，因此每次都需要熟悉下游行业的工艺，同时完成重新编程、布放等工作。机器人如果针对某一行业进行系统集成，那么集成商必须了解该行业的工艺过程，技术壁垒形成后，集成商可依靠该行业生存。但是要跨行业拓展业务、打破行业技术壁垒是很难的，所以现阶段我国多数的系统集成商都是针对某一行业。

2. 工业机器人自动化生产线集成技术的发展趋势

基于机器人行业的多样化发展，我国的机器人产业同时也进入了高质量发展的阶段，针对工业、医疗、服务等各个领域，系统集成商如雨后春笋一般涌现，他们在自己擅长的领域中，不断开发新的、先进的集成系统。

（1）系统集成产业的规模和发展

现阶段，汽车行业是国内工业机器人最大的应用市场。随着市场对机器人产品认可度的不断提高，机器人产品应用正从汽车行业向其他行业延伸，不同行业的机器人将不断被研发、应用。

（2）项目标准化程度将持续提高

在市场经济的调配下，工业机器人自动化生产线集成产业将面临整合，而系统集成产业也将会打破汽车行业一家独大的局面，向其他行业延伸并细化，这就要求系统集成商能够掌握更多的行业工艺以适应行业发展的需要。如果只有机器人本体是标准化的，那么整个项目的标准化程度仅为 30%~50%。但现在很多机器人集成商也在推动机器人本体加工工艺的标准化，可使未来机器人集成项目的标准化程度有望达到75%。

（3）数字化智能工厂

数字化智能工厂是现代工厂信息化发展的一个新阶段，它的核心是数字化。智能化、数字化将贯穿生产的各个环节，降低从设计到生产制造之间的不确定性，缩短产品从设计到生产的转化时间，并且提高产品的可靠性与成功率。机器人集成商正在向数字化智能工厂的方向发展，将来不仅能做硬件设备的集成，更能做顶层架构设计和软件方面的集成。

【课后巩固】

1. 简述工业机器人工作站的定义。
2. 简述工业机器人生产线的组成以及工业机器人与工作站的区别。

3. 简述工业机器人工作站的分类。
4. 机器人输送线物流自动化系统主要由哪几部分组成？

任务 1.2　工业机器人自动化生产线典型工作站概述

【知识目标】

1. 熟悉工业机器人自动化生产线典型工作站的分类。
2. 掌握工业机器人工作站的应用。

【技能目标】

1. 能够识别不同种类的工业机器人工作站。
2. 能够说明各种工业机器人工作站的应用场合。

【素质目标】

1. 具有分析与决策能力。
2. 具有发现问题、解决问题的能力。
3. 具有团体协作能力。
4. 具有组织管理能力。

【任务情景】

工业机器人自动化生产线以智能制造应用为核心，完成零部件加工、打磨、检测识别、分拣入库等生产工艺环节。本任务的目标是认识工业机器人自动化生产线工作站的组成和功能。

【任务分析】

工业机器人自动化生产线集智能仓储物流、工业机器人、数控加工、智能检查等模块为一体，利用物联网、工业以太网实现信息互联，依托 MES 实现数据采集和联控，满足产品的定制生产。工业机器人自动化生产线工作站整体布置如图 1-7 所示。

【知识准备】

1.2.1　机床上下料工作站

近年来，随着工业自动化的不断发展和用人成本的逐渐增加，许多工厂、数控加工中心对机床上下料机械手的需求也越来越大。机械手具有动作快速、灵活、能适应危险和恶劣的环境、重复定位精度高以及可以长时间连续作业等优点，并且采用上下料机械手可减少工人的劳动量、降低生产成本、提高生产率。

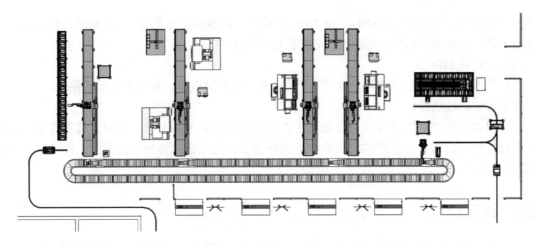

图 1-7 工业机器人自动化生产线工作站整体布置图

机床上下料工作站由上下料机器人、数控机床、PLC 控制柜、输送线等组成。上下料机器人是一种模拟人手操作的可自动控制、可重复编程、多功能、多自由度的操作机（固定式的或是移动式的），可用于搬运材料、工件，还可操纵工具、检测装置及完成各种作业。

上下料机器人通常用作机床或其他机器的附加装置，如在机床或生产线上装卸和传递工件，在加工中心中更换刀具等，一般没有单独的控制装置。上下料机器人可以代替人从事单调、重复或繁重的体力劳动，实现生产机器人和数控机床结合，两者通过 PLC 通信实现数控机床信号与机器人信号的传递，保证机器人在机床内放料、取料的同时机床不工作，门保持开启。夹具前端有视觉系统，抓取工件的同时可以判定工件的品质，并放置在不同的工件台上。机床上下料工作站整体布置如图 1-8 所示。

图 1-8 机床上下料工作站整体布置图

（1）数控机床

数控机床的任务是对工件进行加工，而工件的上下料由工业机器人完成。

（2）工业机器人及控制柜

在本项目中，数控机床加工的工件为圆柱体，重量≤1kg，机器人动作范围≤1300mm，故机床上下料机器人选用的是 FANUC M-20iA 机器人。末端执行器采用气动机械式二指单关节手爪夹持工件，控制手爪动作的电磁阀安装在机器人本体上。

（3）PLC 控制柜

PLC 控制柜用来安装断路器、PLC、开关电源、中间继电器、变压器等元器件。

（4）上下料输送线

上下料输送线的功能是将载有待加工工件的托盘输送到上料工位，机器人将工件搬运至数控机床进行加工，再将加工完成的工件搬运到托盘上，由输送线将加工完成的工件输送到装配工作站进行装配。

1.2.2 搬运工作站

搬运作业是用一种设备握持工件，从一个加工位置移到另一个加工位置的过程。如果采用工业机器人来完成这个任务，整个搬运系统便构成了工业机器人搬运工作站。搬运机器人是可以进行自动化搬运作业的工业机器人。给搬运机器人安装不同类型的末端执行器，可以完成不同形态和状态的工件搬运工作。目前搬运机器人被广泛应用于机床上下料输送线、冲压机自动化生产线、自动装配流水线、码垛搬运集装箱等场合。

搬运工作站是一种集成化的系统，它包括工业机器人、控制器、PLC、机器人手爪、托盘等，并与生产控制系统相连接，形成一个完整的、集成化的搬运系统，搬运工作站整体布置如图 1-9 所示。

图 1-9　搬运工作站整体布置图

搬运工作站一般具有以下特点：

1）应有物品的传送装置，其型式要根据物品的特点选用或设计。

2）可使物品准确定位，以便于机器人抓取。

3）多数情况下设有物品托盘，或机动或自动地交换托盘。
4）有些物品在传送过程中还要经过整形，以保证码垛质量。
5）要根据被搬运物品设计专用末端执行器。
6）应选用适合进行搬运作业的机器人。

1.2.3 焊接工作站

焊接机器人是一种高度自动化的焊接设备，采用机器人代替人工是焊接制造业的发展趋势，也是提高焊接质量、降低成本、改善工作环境的重要手段。采用机器人进行焊接时，只有一台机器人是不够的，还必须配备外围设备，即组成工作站系统。焊接工作站广泛应用于汽车及其零部件制造、摩托车、五金交电、工程机械、航空航天、化工等行业的焊接工程。

焊接工作站以焊接机器人为核心，与控制器、安全防护系统、操作台、回转工作台、变位机、焊接夹具、焊接系统（焊机、焊枪、自动送丝机构、水箱）等设备相结合，工作站系统结构合理、操作方便，适合大批量、高效率、高质量、柔性化生产。

焊接机器人是从事焊接的工业机器人。根据国际标准化组织（ISO）工业机器人术语标准中对焊接机器人的定义，工业机器人是一种多用途的、可重复编程的自动控制操作机，具有三个或更多可编程的轴，用于工业自动化领域。为了适应不同的用途，机器人最后一个轴的机械接口，通常是一个连接法兰，可接装不同工具或末端执行器。焊接机器人就是在工业机器人的末轴法兰处装接焊钳或焊（割）枪的工业机器人，能进行焊接、切割或热喷涂。焊接工作站整体布置如图1-10所示。

图1-10 焊接工作站整体布置图

焊接机器人可根据用途、结构、受控运动方式、驱动方式等进行如下分类：

1. 按用途分为两类

（1）弧焊机器人

弧焊机器人是包括各种电弧焊附属装置在内的柔性焊接系统，而不仅仅是一台以预定的速度和姿态夹持焊枪移动的单机，因而对其性能有着特殊的要求。

（2）点焊机器人

汽车工业是点焊机器人的典型应用领域，在装配每台汽车车体时，大约60%的焊点是由机器人完成的。最初，点焊机器人只用于增强焊作业（向已拼接好的工件上增加焊点），后来为了保证拼接精度，又应用机器人完成定位焊接作业。

2. 按结构坐标特点分为四类

焊接机器人按结构坐标特点可分为直角坐标系焊接机器人、圆柱坐标焊接机器人、极坐标焊接机器人和多关节焊接机器人。

3. 根据受控运动方式分为两类

（1）点位控制（PTP）型

点位控制（PTP）型焊接机器人的受控运动方式为自一个点位目标移向另一个点位目标，只在目标点上完成操作。要求机器人在目标点上有足够的定位精度，相邻目标点间的运动方式之一是各关节以最快的速度趋近终点，各关节因其转角大小不同而到达终点有先有后；另一种运动方式是各关节同时趋近终点，由于各关节运动时间相同，所以角位移大的运动速度较高。点位控制型焊接机器人主要用于点焊作业。

（2）连续轨迹控制（CP）型

连续轨迹控制（CP）型焊接机器人各关节同时做受控运动，使机器人终端按预期的轨迹和速度运动，为此各关节控制系统需要实时获取驱动机的角位移和角速度信号。连续轨迹控制型焊接机器人主要用于弧焊。

【课后巩固】

1. 简述搬运工作站的组成。
2. 简述焊接工作站的组成及分类。
3. 简述机床上下料工作站的组成。

任务1.3　本书的学习

【知识目标】

掌握课程学习方法，包括硬件的选型、方案的编写及软件的仿真等。

【技能目标】

能够说出课程的结构、了解学习任务内容、掌握学习课程方法。

【素质目标】

1. 具有分析与决策能力。
2. 具有发现问题、解决问题的能力。
3. 具有团体协作能力。

项目 1　认识工业机器人自动化生产线集成工作站

4. 具有组织管理能力。

【任务情景】

通过课程结构的知识导图，可掌握课程的结构，以便更好地理解课程内容、完成学习任务。

【任务分析】

本书主要介绍工业机器人自动化生产线的各部分组成及功能，包括机器人机床上下料工作站、搬运工作站、焊接工作站的系统设计与应用，最后进行数字化生产线整体的运行与仿真，由点到面介绍工业机器人自动化生产线的性能。

【知识准备】

1. 项目学习内容

（1）项目1：认知工业机器人自动化生产线集成工作站（见图1-11）

从本书的整体视角出发，将目前国内机器人的发展情况做初步分析，确定了机器人的发展前景，概括了工业机器人自动化生产线集成技术的现状和未来的发展方向，然后讲述了典型工业机器人工作站的组成与应用，最后结合知识导图总结出教学方法和设计方案。

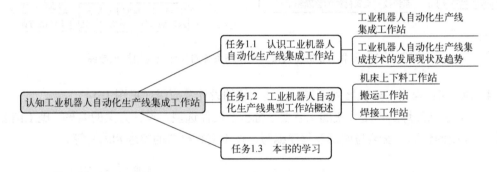

图1-11　认知工业机器人自动化生产线集成工作站知识导图

（2）项目2：典型工业机器人机床上下料工作站系统的设计及应用（见图1-12）

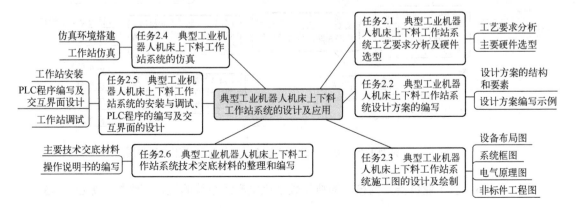

图1-12　典型工业机器人机床上下料工作站系统的设计及应用知识导图

项目 2 包括了机床上下料工作站系统的工艺要求分析及硬件选型、设计方案的编写、施工图的设计及绘制、系统的仿真、安装与调试及PLC程序的编写、技术交底材料的整理和编写等。

(3)项目3：典型工业机器人搬运工作站系统的设计及应用（见图1-13）

项目 3 包括搬运工作站系统的工艺要求分析及硬件选型、设计方案的编写、施工图的设计及建模、系统的仿真、视觉系统的调试、安装与调试及PLC程序的编写、技术交底材料的整理和编写等。

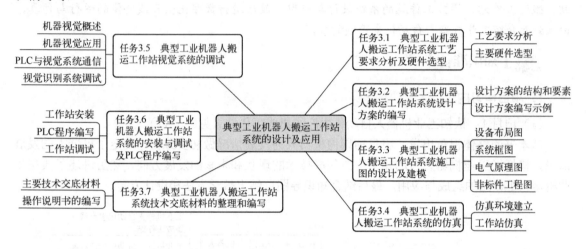

图1-13 典型工业机器人搬运工作站系统的设计及应用知识导图

(4)项目4：典型工业机器人弧焊工作站系统的设计及应用（见图1-14）

项目 4 包括弧焊工作站系统的工艺要求分析及硬件选型、设计方案的编写、施工图的设计及建模、系统的仿真、安装与调试及程序编写、技术交底材料的整理和编写等。

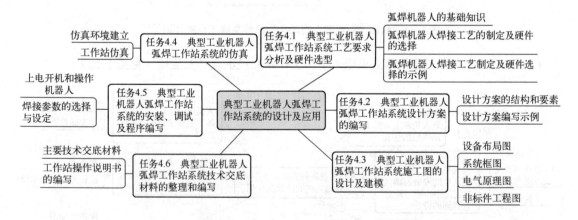

图1-14 典型工业机器人弧焊工作站系统的设计及应用知识导图

(5)项目5：以工业机器人为核心的典型数字化生产线系统的运行和维护（见图1-15）

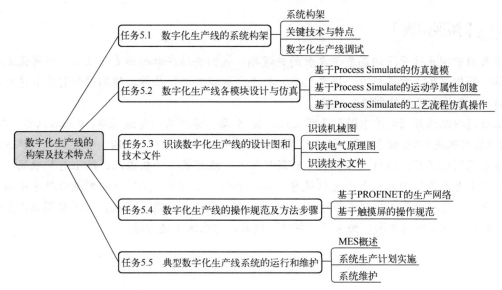

图1-15 以工业机器人为核心的典型数字化生产线系统的运行和维护知识导图

2. 课程学习思路（见图1-16）

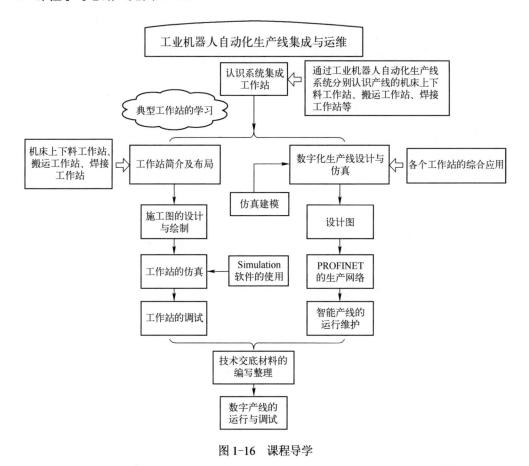

图1-16 课程导学

【拓展阅读】

今天的中国正处于迈向高质量发展的关键期，我们要站在新的历史起点上，统筹谋划、树立品牌、强化应用、完善标准、培育生态，打造"智能中国"品牌，研制引领智能制造发展的中国标准，加快打造智能制造升级版。

工业题材纪录片《智造中国》已经上线，共 5 集，分别为《智造浪潮》《慧眼识真》《得心应手》《机思敏捷》《智领未来》。纪录片通过摄像机镜头聚焦汽车、造船、航空航天、机器人、机床等智能制造工厂，通过"粉刷匠"建筑机器人、远程操控的机器人、海上智慧牧场、自动采油的海上无人石油平台、天和号机械臂……一个个生动故事，呈现中国制造业数字化转型、智能化升级的进程。在智能制造的时代，"天马行空"的创新没有天花板，人工智能正以全新的方式推动人类社会向前发展，为生产"智造"惊喜，为生活创造奇迹。

项目 2　典型工业机器人机床上下料工作站系统的设计及应用

【项目场景】

某企业有一数控加工工作站，由 2 台数控机床组成，如图 2-1 所示。该工作站可加工 3 种零件，如图 2-2 所示。当前该工作站机床的上下料工作全部由人工完成，为适应当今社会的发展需求、提高企业的生产率，需要在车间现有数控铣床和数控车床的基础上，对现有工作站进行设计和改造，将机床上下料的工作全部设计为由机器人完成。

企业机床上下料工作站运行演示视频

图 2-1　数控机床

图 2-2　工作站加工的零件

【项目描述】

项目主要设备为 2 台数控机床。现需要完成机器人机床上下料工作站系统的设计,本项目设计的机床上下料工作站的主要功能:实现通过触摸屏完成 3 个不同工件加工订单的下单,从滚筒线工位取料放入数控机床中进行加工,并将成品从数控机床中下料后,放入滚筒线工位,整个流程实现全自动化。

【知识目标】

1. 了解设计方案的结构和要素,学习设计方案的基本编制体例。
2. 掌握编写技术交底材料的方法和步骤。

【技能目标】

1. 学会根据任务要求分析硬件需求,并根据硬件需求进行硬件选型。
2. 能够依据硬件选型结果和设计方案,进行建模和仿真验证。
3. 能够运用所学知识,综合完成工业机器人机床上下料工作站的集成与调试。

【《工业机器人操作与运维职业技能等级标准》(中级)相关要求】

1.3.1 能对工业机器人的各轴进行归零调试、试运行功能调试。
1.3.2 能对工业机器人进行信号处理调试。
1.3.3 能对工业机器人及周边辅助设备(液压、气动、电气、夹具等)进行联调。
2.1.1 能使用工业机器人运动指令进行基础编程。
2.1.2 能完成工业机器人运动指令参数的设置。
2.1.3 能完成工业机器人手动程序调试。
2.1.4 能熟练应用中断程序,正确触发动作指令。
2.1.5 能通过编程完成对装配物品的定位、夹紧和固定。
2.1.6 能完成工业机器人的典型手动示教操作(矩形轨迹、三角形轨迹、曲线轨迹和圆弧轨迹等)。
2.1.7 能根据工业机器人典型应用(搬运码垛、装配)的任务要求,编写工业机器人程序。

任务 2.1 典型工业机器人机床上下料工作站系统工艺要求分析及硬件选型

【知识目标】

1. 掌握典型工业机器人机床上下料工作站硬件选型方法和步骤。

2. 掌握机器人机床上下料工作站工艺要求分析方法。

【技能目标】

1. 根据工艺要求完成主要硬件的选型。
2. 能编写机器人机床上下料工作站硬件选型方案。

【素质目标】

1. 树立乐观、积极、务实、进取的人生态度。
2. 加强专业技术应用能力、沟通协调能力和再学习能力。

【任务情景】

为顺利完成项目，需要完成对机器人机床上下料工作站的工艺要求分析和硬件选型，并编写选型报告。

【任务分析】

目标：用机器人代替人工自动地给2台数控机床上下料。

加工工件：电机转子（轴）、电机前端盖、电机后端盖。

设备：2台数控机床。

工件的加工节拍：180s/件。

需要根据工件的加工要求设计工艺流程，再根据设计出的工艺流程对整个工作站进行合理的布局和规划，然后对机器人、工控设备、行走轴等硬件设备进行选型，最后撰写选型报告。

【知识准备】

2.1.1 工艺要求分析

为实现本项目流程而形成了一整套的工序，可以根据要完成的工序选用相应的硬件，并进行电气电路连接以及编程调试。为避免危险的工作环境，可通过仿真软件设计机器人机床上下料工作站，构造虚拟工作环境，进行验证。电机转子（轴）、电机前端盖及电机后端盖，如图 2-3～图 2-5 所示，其工艺过程卡片见表 2-1～表 2-3。工业机器人机床上下料工作站的设备布局和工艺流程分别如图 2-6、图 2-7 所示。

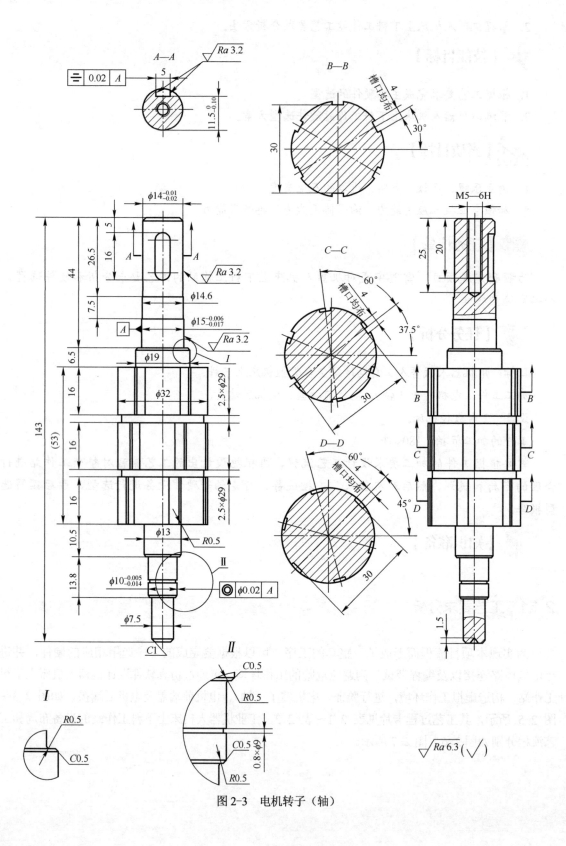

图 2-3 电机转子（轴）

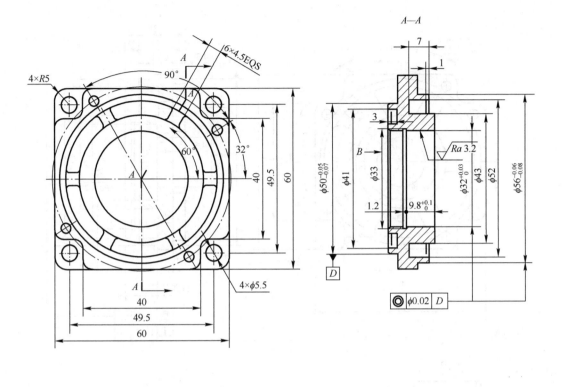

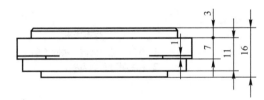

技术要求
1. 锐角、锐边倒钝,去除毛刺。
2. 未注明倒角均为C1,圆角均为R1。

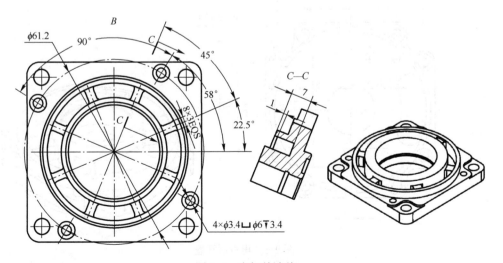

图 2-4 电机前端盖

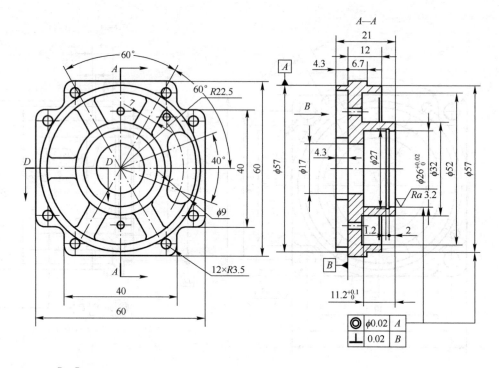

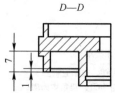

技术要求
1. 锐角、锐边倒钝,去除毛刺。
2. 未注明圆角均为R1。

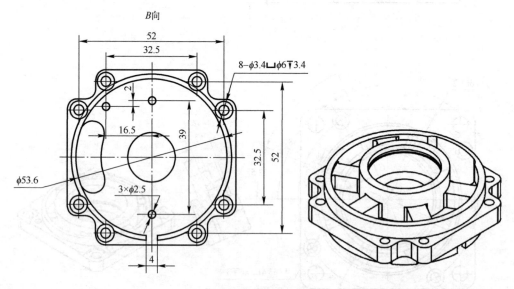

图2-5 电机后端盖

表2-1 电机转子（轴）工艺过程卡片

（单位：mm）

机械加工工艺过程卡片		产品型号		零（部）件图号				
		产品名称		零（部）件名称	电机轴	共（ ）页	第（ ）页	
材料牌号	毛坯种类	毛坯外形尺寸	ϕ35×180	每个毛坯可制件数	1	每台件数	1	备注

序号	工序名称	工序内容	设备	工艺装备
1	上料		机器人1	ϕ35专用夹具
2	装夹	装夹ϕ35，伸出120	斜轨车床1	自动卡盘（夹持长度60）
3	车端面	车端面，深度3	斜轨车床1	偏刀
4	粗车	精车ϕ14、ϕ14.6、ϕ15外圆，粗车ϕ19外圆，粗车ϕ32外圆	斜轨车床1	偏刀
5	精车	精车ϕ14、ϕ14.6、ϕ15外圆，精车ϕ19外圆，粗车ϕ32外圆，车转子槽	斜轨车床1	偏刀
6	铣键槽		斜轨车床1	铣刀
7	铣转子槽		斜轨车床1	铣刀
8	钻孔攻牙	M5×25	斜轨车床1	钻头，丝锥
9	下料	将成品放置到托盘成品架	机器人1	ϕ32专用夹具
10	上料		机器人2	ϕ35专用夹具
11	装夹	装夹ϕ32、伸出70	斜轨车床2	自动卡盘，需改造定位（夹持转子部位）
12	车端面	车端面，深度34	斜轨车床2	偏刀
13	粗车	粗车ϕ7.5、ϕ10、ϕ13外圆	斜轨车床2	偏刀
14	精车	粗车ϕ7.5、ϕ10、ϕ13外圆，车槽	斜轨车床2	偏刀
15	下料	将成品放置到托盘成品架	机器人2	ϕ10夹具（如果成品架有干涉，则需要进行二次中转）

							设计（日期）	审核（日期）	标准化（日期）	会签（日期）
标记	处数	更改文件号	签字	日期	标记	处数	更改文件号	签字	日期	

表 2-2　电机前端盖工艺过程卡片

（单位：mm）

机械加工工艺过程卡片		产品型号		零（部）件图号				
		产品名称		零（部）件名称	前端盖	共（ ）页	第（ ）页	
材料牌号	铝合金	毛坯种类	型材	毛坯外形尺寸	68×68×25	每个毛坯可制件数	1	每台件数	1	备注	

序号	工序名称	工序内容	设备	工艺装备
1	上料		机器人3	机器人对心抓手V形夹对象（68×68）
2	装夹	夹两侧底部高度8，上面剩余17	加工中心1或加工中心2	机床自动对心夹具V形夹对象（68×68）
3	钻孔	钻内孔ϕ32至ϕ20	加工中心1或加工中心2	ϕ20钻头
4	铣顶端面	铣顶端面	加工中心1或加工中心2	ϕ16立铣刀
5	粗铣	粗铣四周至61×61，粗铣ϕ56外圆，粗铣ϕ43外圆，粗铣内孔ϕ32	加工中心1或加工中心2	ϕ16立铣刀
6	铣槽	键铣刀铣槽到零件图尺寸	加工中心1或加工中心2	ϕ4键铣刀
7	精铣	精铣四周至60×60，粗铣ϕ56外圆，粗铣ϕ43外圆，粗铣内孔ϕ32	加工中心1或加工中心2	ϕ16立铣刀
8	铣台阶	换刀，铣台阶到零件图尺寸	加工中心1或加工中心2	ϕ5立铣刀，专用夹具
9	倒角	全部孔和外圆都倒角	加工中心1或加工中心2	0.5倒角刀
10	下料		机器人3	机器人对心抓手撑内孔（ϕ32）
11	中转		中转架	把半成品翻转180°
12	上料		机器人3	机器人对心抓手撑内孔（ϕ32）
13	夹紧	夹方轮廓高度6.5，上面剩余9	加工中心1或加工中心2	机床对心夹具V形夹对角（60×60）
14	找基准	自动测头找圆心	汉默欧对刀仪	
15	粗铣端面	粗铣端面	加工中心1或加工中心2	ϕ16立铣刀，专用夹具
16	粗铣	粗铣ϕ50外圆	加工中心1或加工中心2	ϕ16立铣刀，专用夹具
17	铣槽	键铣刀铣槽到零件图尺寸	加工中心1或加工中心2	ϕ5键铣刀，专用夹具
18	精铣	精铣ϕ50外圆	加工中心1或加工中心2	ϕ16立铣刀，专用夹具
19	钩槽	换刀，钩内孔槽钩到尺寸	加工中心1或加工中心2	1.2钩槽刀，专用夹具
20	钻孔	钻孔ϕ5.5（四处），钻孔ϕ3.4（四周），沉孔ϕ6（四处），深度孔3.4	加工中心1或加工中心2	ϕ5.5钻头，ϕ3.4钻头，ϕ6立铣刀
21	倒角	全部孔和外圆都倒角	加工中心1或加工中心2	0.5倒角刀，专用夹具
22	下料		机器人3	机器人对心抓手撑内孔（ϕ32）
			设计（日期）	审核（日期）	标准化（日期）	会签（日期）
标记	处数	更改文件号	签字	日期	标记	处数	更改文件号	签字	日期

表2-3 电机后端盖工艺过程卡片

(单位：mm)

机械加工工艺过程卡片			产品型号		零（部）件图号				
			产品名称		零（部）件名称	后端盖	共（ ）页	第（ ）页	
材料牌号	铝合金	毛坯种类	型材	毛坯外形尺寸	68×68×25	每个毛坯可制件数	1	每台件数	1	备注

序号	工序名称	工序内容	设备	工艺装备
1	上料		机器人3	机器人对心抓手V形夹对角（68×68）
2	装夹	夹两侧底部高度7，上面剩余18	加工中心1或加工中心2	机床自动对心夹具V形夹对角（68×68）
3	钻孔	钻内孔$\phi 17$至$\phi 16$	加工中心1或加工中心2	$\phi 16$钻头
4	铣顶端面	铣顶端面	加工中心1或加工中心2	$\phi 16$立铣刀
5	粗铣	粗铣四周至61×61，粗铣$\phi 57$外圆，精铣$\phi 32$外圆，精铣内孔$\phi 26$，粗铣腰孔	加工中心1或加工中心2	$\phi 16$立铣刀
6	铣槽	键铣刀铣槽到零件图尺寸，精铣腰孔	加工中心1或加工中心2	$\phi 4$键铣刀
7	精铣	精铣四周至60×60（按图轮廓），精铣$\phi 56$外圆，精铣$\phi 43$外圆精铣内孔$\phi 26$	加工中心1或加工中心2	$\phi 16$立铣刀
8	钩槽	钩内孔槽钩到尺寸	加工中心1或加工中心2	1.2钩槽刀
9	倒角	全部孔和外圆都倒角	加工中心1或加工中心2	0.5倒角刀
10	下料		机器人3	机器人对心抓手撑内孔（$\phi 26$）
11	中转		中转架	把半成品翻转180°
12	上料		机器人3	机器人对心抓手撑内孔（$\phi 17$）
13	夹紧	夹方轮廓高度6.2，上面剩余8.5	加工中心1或加工中心2	机床对心夹具V形夹对角（60×60）
14	找基准	自动测头找圆心	汉默欧对刀仪	
15	粗铣端面	粗铣端面	加工中心1或加工中心2	$\phi 16$立铣刀
16	粗铣	粗铣$\phi 57$外圆，粗铣$\phi 54$内圆	加工中心1或加工中心2	$\phi 16$立铣刀
17	铣槽	键铣刀铣槽到零件图尺寸	加工中心1或加工中心2	$\phi 4$键铣刀
18	精铣	精铣$\phi 50$外圆	加工中心1或加工中心2	$\phi 16$立铣刀
19	钻孔	钻孔沉头	加工中心1或加工中心2	
20	倒角	全部孔和外圆都倒角	加工中心1或加工中心2	0.5倒角刀，专用夹具
21	下料		机器人3	机器人对心抓手撑内孔（$\phi 17$）

							设计（日期）	审核（日期）	标准化（日期）	会签（日期）
标记	处数	更改文件号	签字	日期	标记	处数	更改文件号	签字	日期	

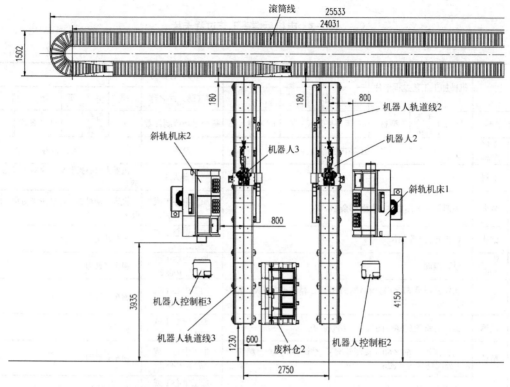

图 2-6　工业机器人机床上下料工作站设备布局图

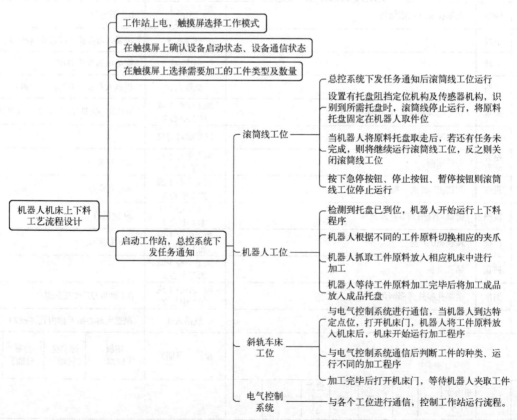

图 2-7　工业机器人机床上下料工作站工艺流程图

2.1.2 主要硬件选型

1. 工业机器人选型

工业机器人是本项目的核心设备，其选型尤为重要。由于不同品牌工业机器人的技术特点、擅长领域各不相同，所以首先根据工作任务的工艺要求和项目的预算来确定工业机器人的品牌；然后根据工作任务、操作对象以及工作环境等因素决定所需工业机器人的负载、最大运动范围、防护等级等性能指标，确定工业机器人的型号；之后再详细考虑如控制系统先进性、配套工艺软件、I/O 接口、总线通信方式、外部设备配合等问题，在满足工作任务要求的前提下，尽量选用控制系统更先进、I/O 接口更多、有配套工艺软件的工业机器人品牌和型号，以利于系统具有一定的冗余性和扩充性。

本项目工件毛坯最大重量不超过 5kg，夹具重量不超过 5kg，机器人工作半径要求不小于 1500mm。考虑到本项目中工件加工流程、加工机床及设备功能和布局，提供两款工业机器人以供选择，两款工业机器人分别为：1) FANUC 机器人，型号为 M-20iA/12L，负载 12kg，工作范围为 2009mm，如图 2-8 所示，其性能参数见表 2-4；2) 华中数控机器人，型号为 HSR-JR620L，负载 20kg，工作范围为 1848mm，如图 2-9 所示，其性能参数见表 2-5。所选的两款机器人都可满足本工作站的工艺要求。

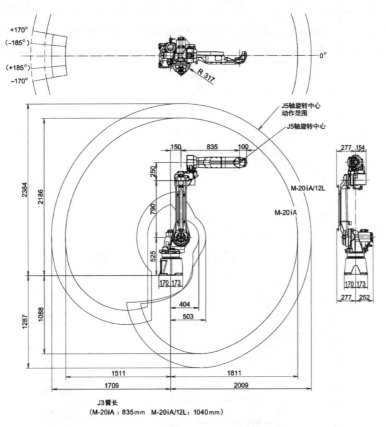

图 2-8　FANUC 机器人工作范围及外形尺寸

表 2-4 FANUC 机器人性能参数表

项目		参数			
		M-20iA	M-20iA/12L	M-10iA/10M	M-10iA/10MS
控制轴数		6 轴（J1、J2、J3、J4、J5、J6）			
可达半径		1811mm	2009mm	1422mm	1101mm
安装方式		地面安装、顶吊安装、倾斜角安装			
动作范围（最高速度）（注释 1），（注释 2）	J1 轴旋转	340°/370°（选项）(195°/s) 5.93 rad/6.45 rad（选项）(3.40 rad/s)	340°/370°（选项）(200°/s) 5.93 rad/6.45 rad（选项）(3.49 rad/s)	340°/360°（选项）(225°/s) 5.93 rad/6.28 rad（选项）(3.93 rad/s)	340°/360°（选项）(290°/s) 5.93 rad/6.28 rad（选项）(5.06 rad/s)
	J2 轴旋转	260°（175°/s）4.54 rad（3.05 rad/s）		250°（205°/s）4.36 rad（3.58 rad/s）	250°（280°/s）4.36 rad（4.89 rad/s）
	J3 轴旋转	458°（180°/s）8.00 rad（3.14 rad/s）	460°（190°/s）8.04 rad（3.32 rad/s）	445°（225°/s）7.76 rad（3.93 rad/s）	341°（315°/s）5.95 rad（5.50 rad/s）
	J4 轴手腕旋转	400°（360°/s）6.98 rad（6.28 rad/s）	400°（430°/s）6.98 rad（7.50 rad/s）	380°（420°/s）6.63 rad（7.33 rad/s）	
	J5 轴手腕摆动	360°（360°/s）6.28 rad（6.28 rad/s）	360°（430°/s）6.28 rad（7.50 rad/s）	280°（420°/s）6.63 rad（7.50 rad/s）	
	J6 轴手腕旋转	900°（550°/s）15.71 rad（9.60 rad/s）	900°（630°/s）15.71 rad（11.0 rad/s）	720°（700°/s）12.57 rad（12.22 rad/s）	720°（720°/s）12.57 rad（12.57 rad/s）
手腕部可搬运质量		20kg	12kg	10kg	
手腕允许负载转矩	J4 轴	44.0N·m	22.0N·m	26.0N·m	
	J5 轴	44.0N·m	22.0N·m	26.0N·m	
	J6 轴	22.0N·m	9.8N·m	11.0N·m	
手腕允许负载转动惯量	J4 轴	1.04kg·m²	0.65kg·m²	0.90kg·m²	
	J5 轴	1.04kg·m²	0.65kg·m²	0.90kg·m²	
	J6 轴	0.28kg·m²	0.17kg·m²	0.30kg·m²	
重复定位精度		±0.03mm			
机器人质量（注释 4）		250kg		130kg	
安装条件		环境温度：0～45℃ 环境湿度：通常在 75%RH 以下（无结露现象） 短期 95%RH 以下（1 个月内） 振动加速度：4.9m/s²（0.5g）以下			

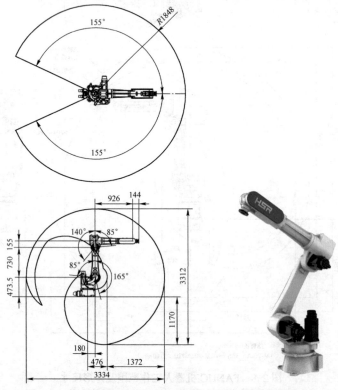

图 2-9 华中数控 HSR-JR620L 机器人工作范围及外形尺寸

表 2-5 华中数控 HSR-JR620L 机器人性能参数表

产品型号		HSR-JR620L
自由度		6
最大负载/kg		20
最大工作半径/mm		1848
重复定位精度/mm		±0.06
运动范围/(°)	J1 轴	±160
	J2 轴	−175～+75
	J3 轴	+40～+265
	J4 轴	±180
	J5 轴	±125
	J6 轴	±360
额定速度/(rad/s),[(°)/s]	J1 轴	1.73, 99
	J2 轴	1.52, 87
	J3 轴	2.51, 144
	J4 轴	3.14, 180
	J5 轴	3.14, 180
	J6 轴	3.92, 225
允许转动惯量/(kg·m^2)	J4 轴	10.9
	J5 轴	3.3
	J6 轴	0.8
允许扭矩/(N·m)	J4 轴	140.4
	J5 轴	73.4
	J6 轴	30.7
适用环境	温度/℃	0～45
	湿度(%)	20～80
	其他	避免与易燃易爆或腐蚀性气体、液体接触，远离电子噪声源（等离子）
防护等级		IP54
安装方式		地面安装
本体重量/kg		305

2. PLC 选型

由于本项目需要与触摸屏、数控机床进行网络通信，通过分析整个控制流程以及具体的硬件连接，实现整个动作流程需要的输入点数为 50，输出点数为 40，整个工作台的控制都采用数字量控制，没有模拟量的计算，整个项目控制并不复杂，因此只需要选用小型的 PLC，并且通信网络与数控机床和触摸屏只需兼容即可。通过对机床的分析得知，机床支持 PROFINET 通信协议,因为考虑到整个系统后续的可扩展性和网络接口备用性,所以选择了本体自带两个 PROFINET 通信接口的西门子 S7-1215C DC/DC/DC 型 PLC。S7-1200 PLC 性能参数见表 2-6,但是该类型 PLC 只有 14 个输入点数和 10 个输出点数,因此需要加入 3 个含有 16 个输入点数和 16 个输出点数的扩展模块 SM 1223 DC/RLY。

表 2-6 S7-1200 PLC 性能参数表

型号	CPU1211C	CPU1212C	CPU1214C	CPU1215C	CPU1217C
电源回路及输出类型	DC/DC/DC、AC/DC/RLY、DC/DC/RLY				DC/DC/DC
集成 I/O 数字量 模拟量	6DI/4DO	8DI/6DO	14DI/10DO	14DI/10DO	14DI/10DO
	2AI	2AI	2AI	2AI/2AO	2AI/2AO
过程映像大小	I 区:1024 字节,Q 区:1024 字节				
位存储器(M)	4096 个字节			8192 个字节	
可扩展信号模块(数量)	0	2	8	8	8
可扩展信号板(数量)	1	1	1	1	1
最大本地 I/O 数字量	14	82	284	284	284
最大本地 I/O 模拟量	3	19	67	69	69
可扩展通信模块(数量)	3 个(左侧扩展)				
高速计数器	3	5	6	6	6
高速脉冲输出	4	4	4	4	4
PROFINET 网口	1	1	1	2	2

3. 机器人行走轴选型

两个数控机床之间的工件抓取工作点布局间隔为 3.2m,机器人的重量为 305kg,此数据可作为行走轴选择的主要依据,行走轴选型具体参数见表 2-7。安装后的行走轴效果如图 2-10 所示。

表 2-7 行走轴选型具体参数表

项目	参数	备注
宽度/mm	920	
工作面高度/mm	350	
有效长度/mm	3.8	整个长度不超过 5m
驱动方式	伺服电动机+减速机	
传动方式	齿轮齿条	
控制方式	机器人示教器控制	
线速度/(m/s)	最大速度大于 1.5	
润滑方式	手动润滑泵	
负载/kg	大于 500	
重复定位精度/mm	±0.2	
安装后导轨平面度/mm	±0.3	

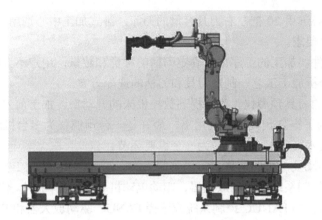

图 2-10　安装后的行走轴效果图

4．数控机床选型

（1）确定加工中心类型

1）箱体类零件应选择卧式加工中心。

2）板类零件应选择立式加工中心。

3）轴类零件应选择车削加工中心。

（2）选择数控机床规格

1）机床工作台面积应大于典型零件尺寸以便于安装夹具。

2）机床行程应大于典型零件加工范围以便出刀。

3）机床工作台承重能力应大于零件和夹具的重量。

4）主电机功率：主电机功率越大，其每分钟可切除的金属余量就越多，表明机床切削能力越强，刚性也越高。

（3）选择数控机床的精度

1）应统一使用相关国际标准衡量机床的定位和重复定位精度值。机床的重复定位精度反映了该控制轴在行程内任意定位点的定位稳定性，是衡量该控制轴能否稳定可靠运行的基本指标。

2）零件在单轴上移动加工两孔的孔距精度约为机床单轴定位精度的 2 倍，双轴移动则为机床单轴定位精度的 3 倍左右。

（4）数控系统的选择

1）铣削应选择铣床系统，车削应选择车削系统，钻削应选择钻削系统。

2）进口系统性能稳定，但价格高；国产系统可靠性差，但价格低。

3）系统基本功能都已固化，必须选择；特殊选项价格特别贵，可根据实际需要适当选择，如 FANUC-0i-MC 铣床系统中的图形显示功能、自动编程软件、刀具测量系统、工件测量系统、以太网接口及通信功能会增加成本 20 多万元。

（5）估算工时和生产节拍

1）选择机床时必须做可行性分析，并估算该机床一年内能加工出典型零件的数量。

2）根据典型零件确定数控机床加工工序的内容；根据准备给机床配置的刀具种类和数量来确定切削用量，并计算每道工序的切削时间及相应的辅助时间，一般换刀时间按 10s 计算。

（6）刀库的选择及刀柄的配置

1）刀库容量越大，价格越贵，故障率也越高，加工中心 50%以上的故障都与刀库有关。

2）立式加工中心选用 20 把左右刀具容量的刀库，卧式加工中心选用 40 把左右刀具容量的刀库，基本上能满足要求。

3）根据典型零件要加工的工序内容确定刀柄的种类和数量，用户不太熟悉时可由机床厂家或刀具供应商协助分析加工工艺、制定刀具和刀柄的选配方案。

4）选用复合式的刀具预调仪。为了提高数控机床的开动率，加工前刀具的准备工作尽量不要占用机床工时。为了提高预调仪的利用率，最好是一台预调仪为多台机床服务，将调试预调仪纳入数控机床的技术准备工作中，作为一个重要环节。

（7）数控机床驱动及电机的选择

1）数控机床的控制系统、驱动放大器、驱动电动机最好选用同一厂家的，其性能才能得到最佳匹配和最大发挥。如 FANUC 控制系统应选择 FANUC 驱动放大器和 FANUC 驱动电动机。对于同一控制系统，若驱动不同、电动机不同，则性能和价格相差悬殊。

2）进给电动机功率转矩越大，其响应能力（即起动、制动、加减速、准确定位、换向）越强，价格也越高。

3）电动机功率越大，其每分钟可切除的金属余量就越多，表明机床承受切削的能力越强，刚性也越高。

综上所述，再根据零件加工工艺要求，数控机床选型结果如下：

（1）型号：T2C/500；生产公司：沈阳一机；机床运行参数和加工精度见表 2-8、表 2-9。

表 2-8　T2C/500 型号机床运行参数表

项目		参数	备注
床身上最大回转直径/mm		560	
最大切削长度/mm		500	标准配置
最大切削直径/mm		280	标准配置
滑板上最大回转直径/mm		350	
主轴端部型式及代号		A2-6	
主轴孔直径/mm		65	
最大通过棒料直径/mm		50	标准配置
单主轴主轴箱	主轴转速/(r/min)	50～4500	FANUC 0i-TF
	主轴最大输出转矩/(N·m)	235	
主轴电动机输出功率/kW	30min	15	β iIP22/6000
	连续	11	
标准卡盘	卡盘直径/in①	8	
X 轴快移速度/(m/min)		30	滚动导轨
Z 轴快移速度/(m/min)		30	滚动导轨
X 轴行程/mm		200	
Z 轴行程/mm		560	
尾座行程/mm		450	
尾座主轴锥孔莫氏锥度		5#	
标准刀架形式		卧式 12 工位伺服动力刀架	
刀具尺寸/mm	外圆刀（高×宽）	25×25	
	镗刀杆直径	40，32，25，20	
刀盘可否就近选刀		可	
机床重量/kg		4050	
最大承重/kg	盘类件	200（含卡盘等机床附件）	
	轴类件	500（含卡盘等机床附件）	
机床外型尺寸/mm（长×宽×高）		2950×1860×1850	不含排屑器

注：1in=0.0254m，后同。

表2-9 T2C/500型号机床加工精度表

检验项目		工厂标准
加工精度		标准公差等级 IT6
加工工件圆度/mm		0.0025（ϕ75）
加工工件圆柱度/mm		0.010（150mm）
加工工件平面度/mm		0.010（ϕ200）
加工工件表面粗糙度/μm		Ra1.25
定位精度/mm	X轴	0.010
	Z轴	0.010
重复定位精度/mm	X轴	0.004
	Z轴	0.005

（2）型号：Viva T2C/500 的斜轨车床或 Viva T2Cm/500。两种型号车床的参数基本一致，Viva T2Cm/500 比 Viva T2C/500 增加了两个动力头，是铣削复合式车床。Viva T2C/500 斜轨车床参数见表 2-10。

表2-10 Viva T2C/500斜轨车床参数表

名称			参数
工作台	工作台尺寸/mm（长×宽）		1000×500
	允许最大荷重/kg		600
	T形槽长度/mm		18（5个）
加工范围	工作台最大行程（X轴）/mm		850
	滑座最大行程（Y轴）/mm		560
	主轴最大行程（Z轴）/mm		650
	主轴端面至工作台面距离/mm	最大	800
		最小	150
	主轴中心到导轨基面距离/mm		665
主轴	锥孔		HSK A63
	转速范围/（r/min）		50～18000
	最大输出转矩/（N·m）		29.4（额定功率时），43.6（最大功率时）
	主轴电动机功率/kW		18.5（额定功率），26（最大功率）
	主轴传动方式		电主轴形式
刀具	刀柄型号		HSK 63A
进给	快速移动速度/（m/min）	X轴	32
		Y轴	32
		Z轴	30
	三轴拖动电动机功率/kW	X轴	2.5
		Y轴	2.5
		Z轴	3
	三轴拖动电动机转矩/（N·m）	X轴	20
		Y轴	20
		Z轴	27
	进给速度/（mm/min）		1～20000

(续)

名称		参数
刀库	刀库形式	机械手
	选刀方式	双向就近选刀
	刀库容量（把）	24
	最大刀具长度/mm	300
	最大刀具重量/kg	7
	最大刀盘直径/mm 满刀	⌀80
	最大刀盘直径/mm 相邻空刀	⌀150
	换刀时间/s	2.5
定位精度/mm		GB/T 18400.4—2010
	X轴	±0.016
	Y轴	±0.012
	Z轴	±0.012
重复定位精度/mm	X轴	±0.010
	Y轴	±0.008
	Z轴	±0.008
机床重量/kg		6800
电气总容量/(kV·A)		25
机床轮廓尺寸/mm（长×宽×高）		4355×2275×2920

5. 其余零部件选型

除主要设备外，根据工艺需要，其余设备清单见表 2-11，软件配置清单见表 2-12。

表 2-11 项目其余设备清单

序号	名称	数量	备注
1	机器人夹具	1	三种夹具，配快换夹具
2	立体仓库	1	设 5 层 6 列共 30 个仓位，含安全门、开关按钮、RFID 检测设备、光电开关及指示灯
3	在线测量装置	1	用于加工中心
4	雄克零点定位系统	1	用于加工中心
5	触摸屏	1	TP900 精智面板，TFT 显示屏，PROFINET/工业以太网接口（2 个端口）
6	安全防护系统	1	防止意外闯入、保护人员安全
7	电气控制柜	1	用于放置电气元器件和电气设备

表 2-12 软件配置清单

序号	软件名称	基本功能
1	TIA 软件	负责控制周边设备及机器人，实现智能制造单元的流程和逻辑总控
2	机器人仿真软件	模拟单元设备及安装调试过程，优化布局
3	SolidWorks 或 NX 软件	三维模型设计和编程，编制工件加工工艺文件

【课后巩固】

1. 要满足项目当中的生产需求，除了 FANUC M-20iA/12L 机器人与华中数控 HSR-JR620L 机器人，还可以选用什么型号的机器人？
2. 工业机器人有几种切换手爪的方式？

任务 2.2　典型工业机器人机床上下料工作站系统设计方案的编写

【知识目标】

1. 了解工业机器人机床上下料工作站的工作流程及控制要求。
2. 了解工业机器人机床上下料工作站的设备清单。
3. 了解工业机器人机床上下料工作站设计方案的结构和要素。

【技能目标】

1. 能根据工艺要求说明工作流程及控制要求。
2. 能编写工业机器人机床上下料工作站的设计方案。

【素质目标】

1. 养成良好的自主学习习惯。
2. 增强团队协作精神。

【任务情景】

根据项目工艺分析及硬件选型的结果，完成机器人机床上下料工作站设计方案的编写。

【任务分析】

1. 了解设计方案所需的结构和要素。
2. 将设计方案中所需的结构、要素用语言流畅地描述出来。

【知识准备】

2.2.1　设计方案的结构和要素

在项目实施的过程中，必须编写出设计方案交给客户，设计方案必须详细地叙述出项目实施的优势、项目能够给企业带来的利益和生产率的提升、项目实施过程中的设备选型和布局、项目的工程预算等，一个好的设计方案对于项目的推进和实施有着重要的意义和作用。

常见的设计方案的结构与要素如图 2-11 所示，主要包括工作站简介及布局、工作站的工艺流程、加工工件说明、工作站设备清单、工作站硬件设备介绍及工作站操作使用说明。

2.2.2 设计方案编写示例

这里以"工作站简介及布局"的内容编写为例,进行设计方案文档的编写,方案的其他内容的具体任务要求及文档编写规则请按照本教材配套的实训工作手册中介绍的方法和步骤实施。

目前,机床加工行业要求加工精度高、批量加工速度快,这要求生产线自动化程度要有很大的提升,首先就是针对机床进行全方位自动化处理,使人力从中解放出来。

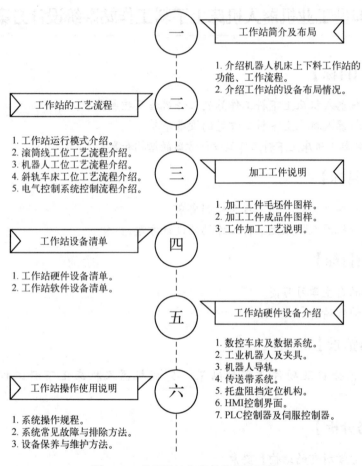

图 2-11 常见设计方案的结构与要素

在机器人机床上下料工作站中,机床几乎要 24h 运行。机器人要根据工件的形状及加工工艺的不同,采用不同的手爪抓取系统。完成抓取、搬运和取走过程的运动机构就是大型直角坐标机器人,它们通常包括一个水平运动轴(X 轴)和上下运动轴(Z 轴)。本方案机器人采用 FANUC 品牌的 M-20iA/12L 型号的工业机器人来完成机床上下料的工作,手爪的类型及尺寸要根据具体的工件及加工工艺来定。

在上下料过程中机器人要与机床工作台运动及卡盘胀紧等精确协调,严格按信号流顺序来控制上下料过程,在放下加工好的工件和取待加工的工件时也必须与其配套的设备精确同步协调,在考虑工作站的工作流程、安全保障等事项后,设计出的工业机器人机床上下料工作站设备布局和仿真设计布局如图 2-6 和图 2-12 所示。

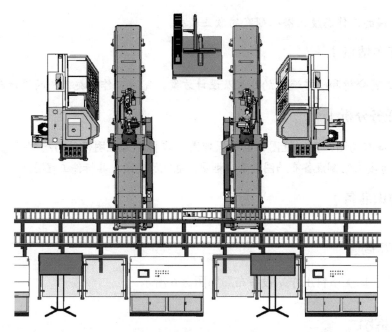

图 2-12　工业机器人机床上下料工作站仿真设计布局图

【课后巩固】

1. 收集机床上下料工作站系统设计方案相关资料,同时了解不同品牌设备的设计方案的区别。
2. 说明设计工业机器人机床上下料工作站系统方案时使用不同品牌设备的优缺点。

任务 2.3　典型工业机器人机床上下料工作站系统施工图的设计及绘制

【知识目标】

1. 掌握设备布局图设计与绘制的基本方法。
2. 掌握系统框图设计与绘制的基本方法。
3. 掌握电气原理图设计与绘制的基本方法。
4. 掌握非标件工程图设计与绘制的基本方法。

【技能目标】

1. 能够根据任务要求绘制设备布局图。
2. 能够根据任务要求绘制系统框图。
3. 能够根据任务要求绘制电气原理图。
4. 能够根据任务要求绘制非标件工程图。

【素质目标】

1. 具备善于观察、归纳总结的能力。

2. 养成严谨的工作态度、潜心研究的敬业精神。

【任务情景】

根据项目工艺分析和硬件选型的结果及设计方案，完成工作站施工图的设计及绘制。

【任务分析】

1. 掌握设备布局图、系统框图、电气原理图、非标件工程图设计与绘制的基本方法。
2. 根据任务要求绘制设备布局图、系统框图、电气原理图、非标件工程图。

【知识准备】

2.3.1 设备布局图

工业机器人机床上下料工作站设备布局如图2-6所示。

2.3.2 系统框图

图2-13所示为工业机器人机床上下料工作站系统框图，展示了工作站各主要设备之间的连接关系及控制关系，它为后续电气原理图的绘制提供了基础。

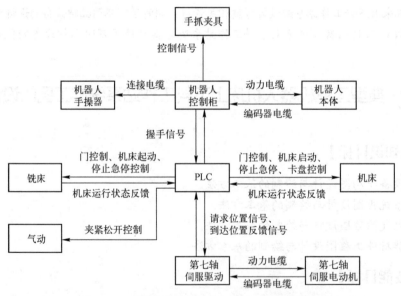

图2-13 工业机器人机床上下料工作站系统框图

2.3.3 电气原理图

电气原理图是用来表明电气设备的工作原理及各电器元件的作用和关系的。电气原理图对于分析电气线路，排除电路故障和程序编写是十分有益的。电气原理图一般由电气元件分布图、主回路电气原理图、开关电源电路原理图、信号分配电气原理图、接线端子与现场信号接线原理图等几部分组成。

这里以部分电气原理图为例演示如何绘制电气原理图,其他图样的具体任务要求及绘制规则请按照本教材配套的实训工作手册中介绍的方法和步骤实施。

1. 电气元器件分布图

图 2-14 所示为电气元器件分布图。

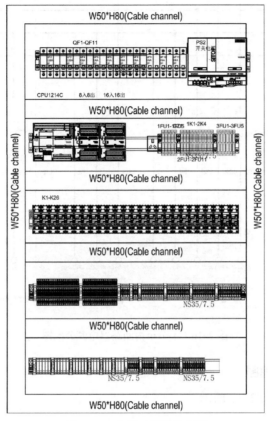

图 2-14 电气元器件分布图

第一层为断路器和开关电源,第二层为 PLC 模块和熔断器,第三层为继电器,第四、第五层为信号接线端子。

2. 主回路电气原理图

1)电柜进线经过柜门总的断路器进入柜内第一层断路器,这是整个电柜的进线,如图 2-15 所示。

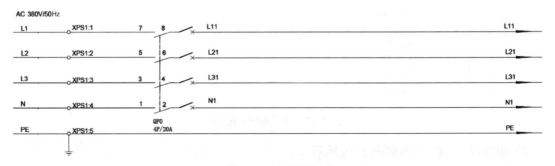

图 2-15 电柜进线图

2）柜内断路器分别对变频器机器人、开关电源等分配控制电源，部分柜内断路器电源分配如图 2-16 所示。

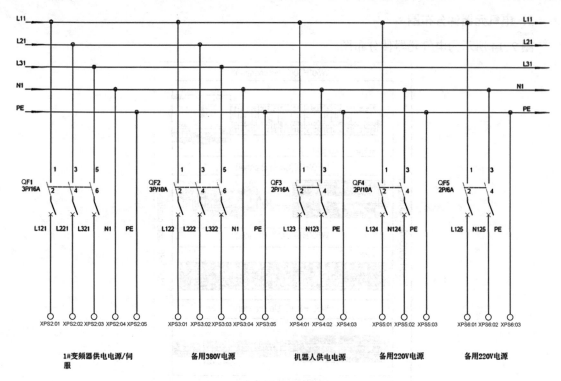

图 2-16　部分柜内断路器电源分配图

3. 开关电源电路原理图

1）开关电源分配如图 2-17 所示。

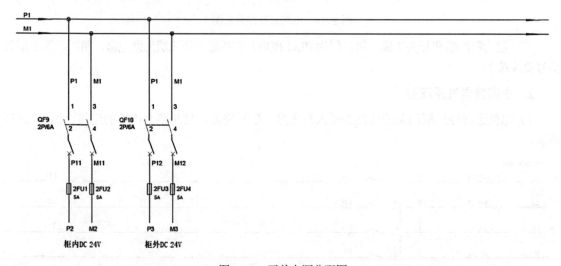

图 2-17　开关电源分配图

2）柜内设备 24V 供电如图 2-18 所示。

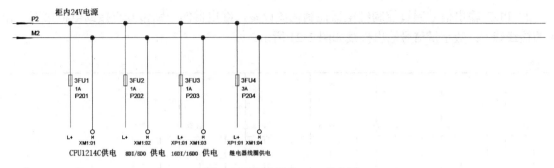

图 2-18 柜内设备 24V 供电图

3）柜外设备 24V 供电如图 2-19 所示。

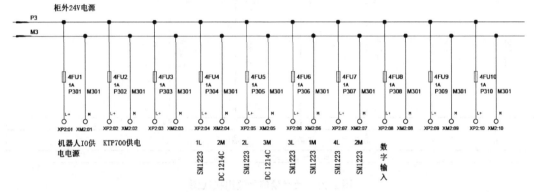

图 2-19 柜外设备 24V 供电图

4. 信号分配电气原理图

1）PLC 的信号输入全部由 PLC 模块端子接到电柜第四层对应的接线端子，外围信号接入到接线端子然后完成信号采集，数字量信号输入接线如图 2-20 所示。

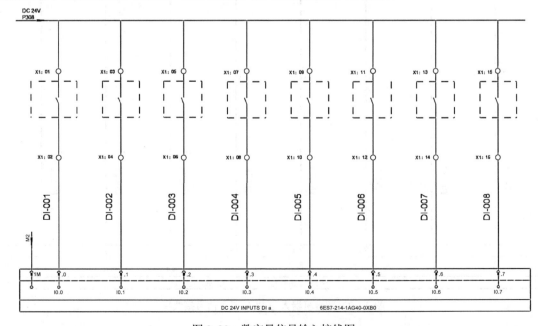

图 2-20 数字量信号输入接线图

2）PLC 输出信号通过控制继电器控制现场设备，继电器的一路常开点接到电柜第五层相应的接线端子，数字量信号输出接线如图 2-21 所示。

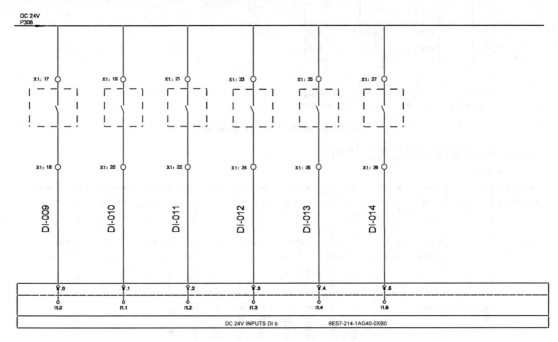

图 2-21　数字量信号输出接线图

3）PLC 的 16 入 16 出扩展模块为继电器输出模块，模块的输出直接与机器人输入相连接，部分机器人与 PLC 握手信号接线如图 2-22 所示。

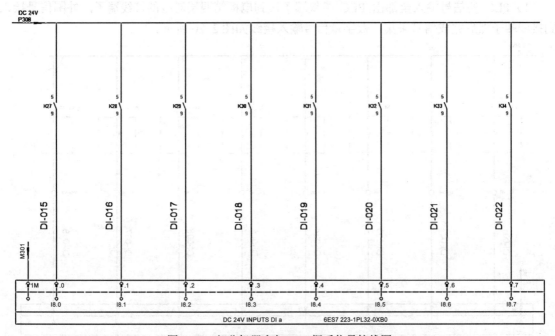

图 2-22　部分机器人与 PLC 握手信号接线图

5. 接线端子与现场信号接线原理图

这里以电源端子接线图为例,展示接线端子接线原理图的绘制方法,电源端子接线如图 2-23 所示。请按示例绘制接线端子的现场信号输入图、PLC 信号输入图、PLC 与机器人握手信号图。

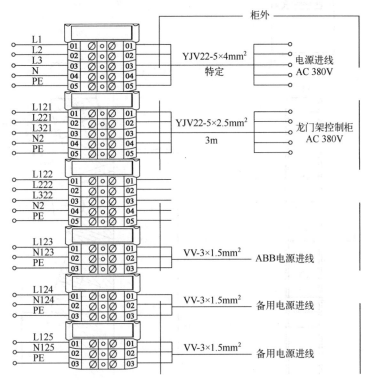

图 2-23 电源端子接线图

2.3.4 非标件工程图

本项目需要针对 3 个工件,应设计出安装在工业机器人第 6 轴法兰盘上的夹具。本项目采用快换的方式进行夹具的更换,因此需要针对 3 个工件设计快换夹具,根据电机上端盖、下端盖、转子(轴)的外形特征,可以共用一个夹具。这些夹具和快换夹具没有标准件,因此需要用三维软件进行设计,如 SolidWorks 软件或者 NX 软件。

本项目除了需要设计夹具,还需要设计固定在机器人法兰盘上的快换固定装置。这里以圆形棒料夹具设计为例讲述夹具设计的具体步骤及方法。

1)设计出圆形棒料夹具夹头,设计这个夹具夹头要考虑工件毛坯的尺寸、夹取位置、放置位置、气缸安装尺寸等因素,根据以上因素设计出的圆形棒料夹具夹头如图 2-24 所示。

2)设计机器人夹具法兰,设计夹具法兰要考虑快换头连接尺寸、气缸连接尺寸以及夹具总体长度等因素,设计出的机器人夹具法兰如图 2-25 所示。

3)最后完成装配图,如图 2-26 所示。

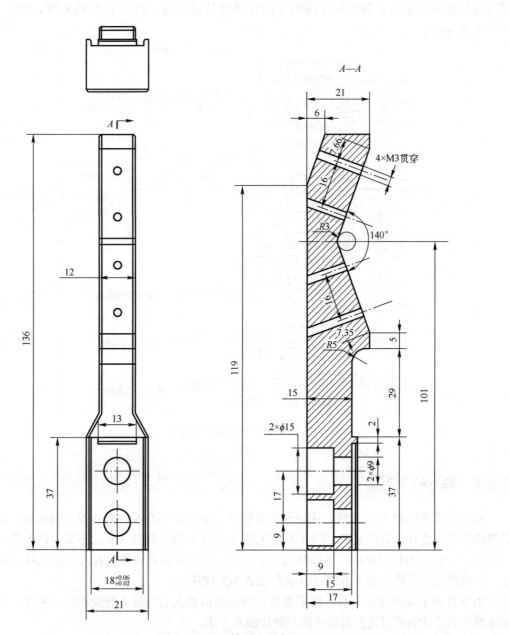

图 2-24 圆形棒料夹具夹头图

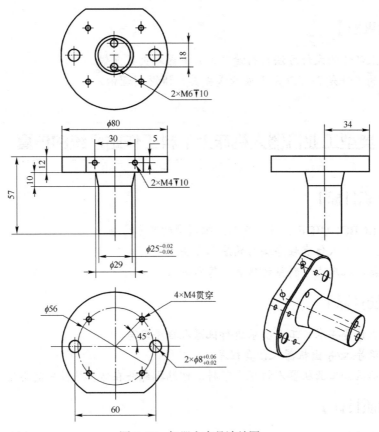

图 2-25 机器人夹具法兰图

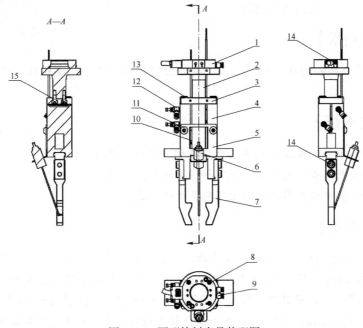

图 2-26 圆形棒料夹具装配图

1—快换工具盘 2—机器人夹具法兰 3—气缸安装板 4—气缸手指 5—光电开关安装板 6—国赛柱状光电开关
7—圆形棒料夹具夹头 8—不锈钢圆柱头螺钉 M4×20 9—管接头 10—磁感应开关 11—不锈钢平圆头螺钉 M8×10
12—调速阀 13—不锈钢圆柱头螺钉 M8×16 14—不锈钢圆柱头螺钉 M3×25 15—不锈钢圆柱头螺钉 M6×12

【课后巩固】

1. 依据以上部件的设计方法自行绘制工业机器人夹具支架。
2. 该项目的工件是否可以采用吸盘式夹具？请说明理由。

任务 2.4　典型工业机器人机床上下料工作站系统的仿真

【知识目标】

1. 掌握在 ROBOGUIDE 软件中导入三维模型的基本方法。
2. 掌握工业机器人仿真程序编写的基本方法。
3. 掌握机器人机床上下料系统仿真的基本方法。

【技能目标】

1. 能够根据任务要求、工艺要求进行机器人程序编写。
2. 能够正确导入/导出机器人仿真程序。
3. 能够准确区分工业机器人机床上下料工作站各部件在仿真软件中的类型及仿真布局。

【素质目标】

1. 具备自主学习、自主探索的能力。
2. 具备善于观察、总结归纳的能力。

机床上下料工作站仿真演示视频

【任务情景】

根据项目工艺分析和硬件选型的结果、设计方案及施工图，完成机器人机床上下料工作站的仿真。

【任务分析】

1. 根据工作站布局图及现场环境情况搭建相应的仿真环境。
2. 根据任务要求完成机器人机床上下料仿真程序的编写。
3. 根据任务要求完成机器人机床上下料系统的仿真。

【知识准备】

完成系统硬件的建模和工程图样的设计后，还需要对设计出来的模型以及整个系统的功能进行仿真，通过仿真检验前期设计出来的方案是否可行，因此仿真是项目正式开展现场施工之前的一个非常重要的环节。在本项目中，可以通过利用与 FANUC 机器人配套的软件 ROBOGUIDE 进行仿真，也可以用 VisiualOne 和 Process Simulate 软件进行仿真，具体选用哪款仿真软件，可根据自身具备的条件进行选用，本任务将以 ROBOGUIDE 作为案例进行讲解。

2.4.1 仿真环境搭建

根据工作站布局图及现场环境情况搭建出相应的机器人机床上下料工作站仿真环境,如图 2-12 所示。

2.4.2 工作站仿真

1. 工作站机器人程序编写

仿真环境建立后,必须在仿真软件中按照工作站工艺流程编写相应的机器人程序才能够进行运动仿真。机器人程序介绍见表 2-13。

表 2-13 机器人程序介绍

程序	程序注释
CNC1-FEED	工件放置机床 1
CNC1-TAKE	工件抓取机床 1
CNC2-FEED	工件放置机床 2
CNC2-TAKE	工件抓取机床 2
GO HOME	回原点
I/O_INIT	I/O 初始化
DOOR1-DETE	机床 1 门信号
DOOR2-DETE	机床 1 门信号
FEED-001	工件放置工位 1
FEED-002	工件放置工位 2
FEED-003	工件放置工位 3
GET-DATA	接收数据
READ-ID-01	读取 RFID 信号 1
TAKE-001	抓取工位 1
TAKE-002	抓取工位 2
TAKE-003	抓取工位 3
VISI/ON	视觉程序
RSR001	主程序
SENDDATA	发送数据
SENDEVNT	发送结果

机器人上料、机器人上料检测及机器人控制机床运行程序及程序注释见表 2-14~表 2-16。

表 2-14 机器人上料程序

程序	程序注释
1: UTOOL_NUM=9;	坐标系 9
2: UFRAME_NUM=1;	坐标系 1
3: WAIT RI[2:OFF:Jigl jiawei]=ON AND DI[16:OFF:lingjia OK]=ON];	等待放松到位和料架停止到位
4: WAIT R[3]>=121 AND R[3]<=150;	等待料架到达指定位置

(续)

程序	程序注释
5: WAIT DI[16:OFF:lingjia OK]=ON;	料架停止到位
6: DO[1:ON　:Rackl Action LN]=OFF;	禁止料架旋转打开
7: L PR[11:lian jia WEI]　200mm/sec CNT30;	移动
8: J PR[31:lianjia FANG]　50% CNT30;	移动
9: DO[1:ON　:Rack1 Action LN]=OFF;	禁止料架旋转打开
10: L P[1] 400mm/sec FINE;	料架入口
11: L P[2] 50mm/sec FINE;	上升位置
12: RO[1:OFF:jiazhuaogl]=OFF;	夹爪放松
13: WAIT RI[1:ON　:Jigl songwei]=ON;	夹爪放松等待时间
14: WAIT　.20(sec);	等待时间
15: L P[3] 30mm/sec FINE;	移动
16: L P[4] 50mm/sec FINE;	移动
17: DO[1:ON　:Rack1 Action LN]=ON;	料架可旋转
18: L PR[31:lianjia PANG]　400mm/sec CNT30;	移动
19: J PR[11:lian jia WEI]　50% CNT30;	移动
20: L P[5] 30mm/sec CNT30;	移动
21:　;	结束
22:　;	结束
23: END;	结束

表 2-15　机器人上料检测程序

程序	程序注释
1: UTOOL_NUM=9;	坐标系 9
2: UFRAME_NUM=7;	坐标系 7
3: WAIT R[4]=1;	机床号
4: IF R[3]<>0, JMP_LBL[1];	判断是否直接放料
5: L P[2] 300mm/sec CNT30;	移动
6: J P[3] 50% PINE;	移动
7: WAIT　.50(sec);	等待时间
8: WAIT RI[3:ON　:jial guan wei]=ON AND DI[14:OFF:CNC1 kai men OK]=ON;	等待和门打开到位
9: L P[4] 400mm/sec FINE;	移动
10: L P[5] 400mm/sec FINE;	移动
11: LBL[1];	标签
12: L P[8] 300mm/sec FINE;	移动
13: L P[9] 100mm/sec FINE;	移动
14: DO[3:OFF:CNC1 kapan kai]=ON;	卡盘打开
15: RO[2:OFF:jiazhuang2]=OFF;	夹爪放到位
16: WAIT RI[4:ON　:Jig2 songwei]=ON;	等待夹爪放到位
17: WAIT　.50(sec);	等待时间
18: DO[10:OFF:CNC1 chuiqi]=ON;	吹气

（续）

程序	程序注释
19: L P[1] 50mm/sec PINE;	移动
20: L P[10] 50mm/sec PINE;	移动
21: DO[3:OFF:CNC1 kapan kai]=OFF;	卡盘关闭
22: L P[7] 300mm/sec PINE;	移动
23: L P[11] 350mm/sec PINE;	移动
24: DO[10:OFF:CNC1 chuiqi]=ON;	吹气打开
25: L P[12] 300mm/sec PINE;	移动
26: ;	
27: WAIT DI[1:OFF:CNC1-kapan-ok]=ON;	气密检测 OK
28: DO[10:OFF:CNC1 chuiqi]=OFF;	吹气关闭

表 2-16 机器人控制机床运行程序

程序	程序注释
1: UTOOL_NUM=9;	坐标系 9
2: UFRAME_NUM=1;	坐标系 1
3: WAIT R[4]=2;	机床号
4: IF R[3]<>0, JMP LBL[2];	判断是否直接放料
5: L PR[22:CNC2 ruo kou] 200mm/sec FINE;	移动
6: J P[2] 50% FINE;	移动
7: WAIT RI[3:ON :jial guan wei]=ON AND DI[9:OFF:CNC2 kai men OK]=ON;	等待开门到位
8: L P[3] 400mm/sec FINE;	移动
9: WAIT .80(sec);	等待时间
10: WAIT RI[3:ON :jial guan wei]=ON;	等待开门到位
11: L P[1] 300mm/sec FINE;	移动
12: ;	
13: LBL[2];	标签
14: L P[4:fang lian kou] 250mm/sec FINE;	移动
15: L P[11] 150mm/sec FINE;	移动
16: DO[4:OFF;CNC2 kapan kai]=ON;	卡盘打开
17: RO[2:OFF:jiazhuang2]=OFF;	夹爪放到位
18: WAIT RI[4:ON :Jig2 songwei]=ON;	等待夹爪放到位
19: WAIT .20(sec);	等待时间
20: DO[11:OFF:CNC2 chuiqi]=ON;	吹气
21: L P[5:xia jiang wei] 500mm/sec FINE;	移动
22: L P[6:hou tui wei] 70mm/sec FINE;	移动
23: DO[4:OFF:CNC2 kapan kai]=OFF;	卡盘关闭
24: L P[12] 350mm/sec FINE;	移动
25: L P[7] 350mm/sec PINE;	移动
26: L P[8] 300mm/sec PINE;	移动
27: DO[11:OFF:CNC2 chui qi]=ON;	吹气打开
28: WAIT DI[2:OFF:CNC2 kapan OK]=ON;	气密检测 OK

2. 仿真验证

在创建的工作站仿真环境中,依据工作站工艺流程进行结构仿真和运动仿真,仿真流程 1~5 如图 2-27~图 2-31 所示,用来完成以下工作。

(1)机器人抓取毛坯及放到工作台卡盘上的过程

毛坯料通常由链条式传送带运输到指定的位置,由气动或电动定位机构进行初步定位,保证每次机器人都从同一位置抓取工件。当 X 轴向右运动到毛坯料前方时停止运动,Z 轴向下运动使张开的手爪刚好能抓住毛坯件。这时闭合手爪抓住毛坯。然后 Z 轴向上运动到指定高度后(不会发生碰撞),X 轴向左运动到工作台卡盘正上方,然后 Z 轴向下运动把毛坯装入卡盘或工装内。然后卡盘夹紧,Z 轴上升到超出机床防护罩上方,X 轴再运动到毛坯上方或等待卡盘上方。

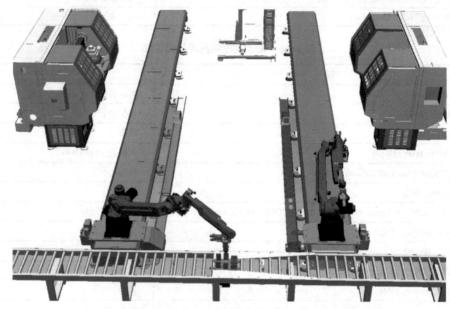

图 2-27 仿真流程 1

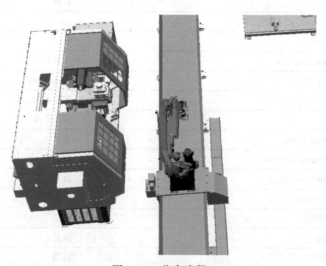

图 2-28 仿真流程 2

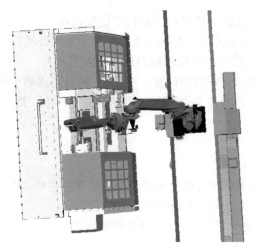

图 2-29 仿真流程 3

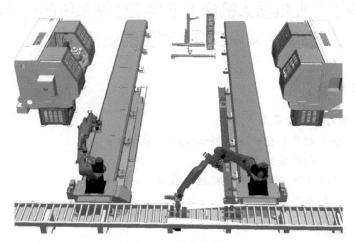

图 2-30 仿真流程 4

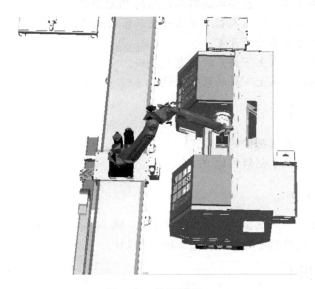

图 2-31 仿真流程 5

(2) 从工作台卡盘取下工件并将其放置到特定位置过程

当 X 轴运动到卡盘的正上方后，Z 轴向下运动使手爪刚好能抓住工件，然后给气压使手爪合并抓住工件，这时机械手的控制系统控制液压卡盘使其松开，当控制系统得到卡盘松开信号后，Z 轴向上运动到远离机床防护板的位置，然后 X 轴向左运动（取决于放下料的位置）使工件运动到放料位置正上方。这时 Z 轴下降使工件落到放料件上，然后张开手爪及提升 Z 轴，从而完成取料及放料过程。

【课后巩固】

1. 能导入 Process Simulate 仿真软件中的模型一般有哪些格式？
2. ROBOGUIDE 仿真软件是哪个公司开发的？
3. Process Simulate 仿真软件可以仿真哪些品牌的机器人？

任务 2.5 典型工业机器人机床上下料工作站系统的安装与调试、PLC 程序的编写及交互界面的设计

【知识目标】

1. 掌握 PLC 编写程序的基本方法。
2. 掌握机器人仿真程序导出、导入及调试的基本方法。
3. 掌握人机交互界面开发的基本方法。
4. 掌握机器人机床上下料系统电气接线的基本方法。
5. 掌握系统联调的基本方法。

【技能目标】

1. 能够根据任务要求、工艺要求编写工作站的 PLC 程序。
2. 能够将仿真项目中的机器人程序导出并重新示教点位。
3. 能够完成人机交互界面的开发。
4. 能够完成机器人机床上下料系统的电气接线。
5. 能够完成机器人机床上下料的系统联调。

【素质目标】

1. 具备务实求真、自主探索的能力。
2. 具备大胆探索、敢于创新的能力。

【任务情景】

根据项目工艺分析和硬件选型的结果、设计方案、施工图及仿真结果，完成机器人机床上下料工作站的安装与调试、PLC 程序的编写及交互界面的设计。

【任务分析】

1. 根据工作站的设计方案及仿真项目，编写工作站的 PLC 程序。

2. 将仿真项目中的机器人程序导出并重新示教点位。
3. 根据任务要求完成机器人机床上下料工作站的人机交互界面的开发。
4. 根据任务要求完成机器人机床上下料系统的电气接线。
5. 根据任务要求完成机器人机床上下料的系统联调。

【知识准备】

通过仿真已经对前期设计好的图样和模型进行了可行性论证，并对仿真出来不合理的设计进行修改和调整，下一步即可进入工作站的安装与调试环节，工作站的安装与调试通过前期设计好的相关施工图样进行规范施工即可，本项目中，在进行现场硬件的安装与调试的同时，即可进行 PLC 程序的编写和触摸屏工程的设计，在完成硬件安装和调试后，即可进行系统联调。

2.5.1 工作站安装

1. 设备及部件安装

根据施工图样完成各设备及部件的安装，机器人机床上下料工作站安装效果如图 2-32 和图 2-33 所示。

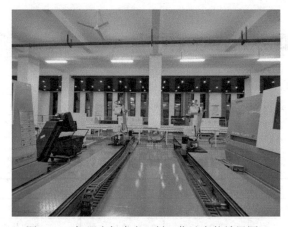

图 2-32 机器人机床上下料工作站安装效果图 1

图 2-33 机器人机床上下料工作站安装效果图 2

2. 电气安装

按照电气原理图及硬件安装位置，完成电气设备安装及接线，机器人机床上下料工作站电气安装效果如图 2-34 所示。

图 2-34　机器人机床上下料工作站电气安装效果图

2.5.2　PLC 程序编写及交互界面设计

1. I/O 通信变量表

首先根据规划创建 PLC 的 I/O 变量，PLC 的输入变量和输出变量见表 2-17、表 2-18，然后分别编写各部分程序。

表 2-17　PLC 的输入变量表

序号	符号	格式	地址	注释	槽号
1	ESTOP	Bool	I0.0	急停	
2	Enable	Bool	I0.1	输出使能	
3	Safety_Confirm	Bool	I0.2	安全确认	
4	System_Start	Bool	I0.3	系统启动	
5	System_Stop	Bool	I0.4	系统停止	
6	Check_Signal	Bool	I0.5		
7	CNC1_DoorOpend	Bool	I0.6	机床门 1 开到位	1214C
8	CNC1_DoorClosed	Bool	I0.7	机床门 1 关到位	
9	CNC2_DoorOpend	Bool	I1.0	机床门 2 开到位	
10	CNC2_DoorClosed	Bool	I1.1	机床门 2 关到位	
11	KP_Open_Back	Bool	I1.2	卡盘打开动作反馈	
12		Bool	I1.3		
13		Bool	I1.4		
14		Bool	I1.5		

（续）

序号	符号	格式	地址	注释	槽号
15	Rob_DO1	Bool	%I2.0	自动启动	
16	Rob_DO2	Bool	%I2.1	循环启动	
17	Rob_DO3	Bool	%I2.2	急停状态	
18	Rob_DO4	Bool	%I2.3	机器人报错	
19	Rob_DO5	Bool	%I2.4	机器人已经回原位	
20	Rob_DO6	Bool	%I2.5	机器人请求工作1	
21	Rob_DO7	Bool	%I2.6	机器人请求工作2	
22	Rob_DO8	Bool	%I2.7		16DI/16DO
23	CNC1_Work	Bool	%I3.0	机床1作业中	
24	CNC1_Stoped	Bool	%I3.1	机床1已停止	
25	CNC1_Fault	Bool	%I3.2	机床1故障	
26	CNC2_Work	Bool	%I3.3	机床2作业中	
27	CNC2_Stoped	Bool	%I3.4	机床2已停止	
28	CNC2_Fault	Bool	%I3.5	机床2故障	
29		Bool	%I3.6		
30		Bool	%I3.7		
15	Rob_DI1	Bool	DI0	机器人上电	
16	Rob_DI2	Bool	DI1	机器人启动	
17	Rob_DI3	Bool	DI2	机器人停止	
18	Rob_DI4	Bool	DI3	机器人急停	
19	Rob_DI5	Bool	DI4	机器人复位	
20	Rob_DI6	Bool	DI5	工作1完成	
21	Rob_DI7	Bool	DI6	工作2完成	
22	Rob_DI8	Bool	DI7		
23	Rob_ClampClosed	Bool	DI8	机器人夹具夹紧到位	DSQC651
24	Rob_ClampOpend	Bool	DI9	机器人夹具打开到位	
25	Rob_7_Pos0	Bool	DI10	机器人在龙门架原点	
26	Rob_7_Pos1	Bool	DI11	机器人在龙门架位置1	
27	Rob_7_Pos2	Bool	DI12	机器人在龙门架位置2	
28		Bool	DI13		
29		Bool	DI14		
30		Bool	DI15		

表2-18 PLC的输出变量表

序号	符号	格式	地址	注释	槽号
1	LIG-R	Bool	%Q0.0	机床2卡盘松开	
2	LIG-G	Bool	%Q0.1	机床2卡盘夹紧	
3	LIG-O	Bool	%Q0.2		1214C
4	LIG-Buzzer	Bool	%Q0.3		
5	Hyd_Close	Bool	%Q0.4	机床1液压松开	

（续）

序号	符号	格式	地址	注释	槽号
6	Hyd_Open	Bool	%Q0.5	机床1液压夹紧	
7	OpenDoor_CNC1	Bool	%Q0.6	机床门1开门	
8	CloseDoor_CNC1	Bool	%Q0.7	机床门1关门	
9	OpenDoor_CNC2	Bool	%Q1.0	机床门2开门	1214C
10	CloseDoor_CNC2	Bool	%Q1.1	机床门2关门	
11		Bool			
12		Bool			
13		Bool			
14		Bool			
15	Rob_DI1	Bool	%Q2.0	机器人上电	
16	Rob_DI2	Bool	%Q2.1	机器人启动	
17	Rob_DI3	Bool	%Q2.2	机器人停止	
18	Rob_DI4	Bool	%Q2.3	机器人急停	
19	Rob_DI5	Bool	%Q2.4	机器人复位	
20	Rob_DI6	Bool	%Q2.5	工作1完成	
21	Rob_DI7	Bool	%Q2.6	工作2完成	
22	Rob_DI8	Bool	%Q2.7		
23	CNC1_Start	Bool	%Q3.0	机床1启动	
24	CNC1_Stop	Bool	%Q3.1	机床1停止	
25	CNC1_Estop	Bool	%Q3.2	机床1急停	
26	CNC2_Start	Bool	%Q3.3	机床2启动	
27	CNC2_Stop	Bool	%Q3.4	机床2停止	
28	CNC2_Estop	Bool	%Q3.5	机床2急停	
29	Axis7_Estop	Bool	%Q3.6	天轨急停	
30		Bool	%Q3.7		16DI/16DO
15	Rob_DO1	Bool	DO0	自动启动	
16	Rob_DO2	Bool	DO1	循环启动	
17	Rob_DO3	Bool	DO2	急停状态	
18	Rob_DO4	Bool	DO3	机器人报错	
19	Rob_DO5	Bool	DO4	机器人已经回原位	
20	Rob_DO6	Bool	DO5	机器人请求工作1	
21	Rob_DO7	Bool	DO6	机器人请求工作2	
22	Rob_DO8	Bool	DO7		
23	Rob_ClampClose	Bool	DO8	机器人夹具夹紧	
24	Rob_ClampOpen	Bool	DO9	机器人夹具打开	
25	Ask_Rob_7_Pos0	Bool	DO10	请求到龙门架原点	
26	Ask_Rob_7_Pos1	Bool	DO11	请求到龙门架位置1	
27	Ask_Rob_7_Pos2	Bool	DO12	请求到龙门架位置2	
28		Bool	DO13		
29		Bool	DO14		
30		Bool	DO15		

2. PLC 程序编写

依据 PLC 的 I/O 通信变量及工艺流程要求编写机器人程序。

1) PLC 程序结构如图 2-35 所示。

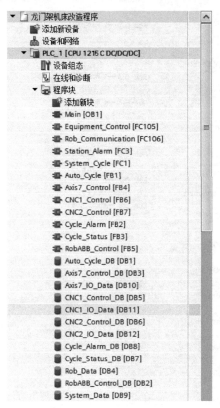

图 2-35　PLC 程序结构图

2) PLC 主程序如图 2-36 所示。

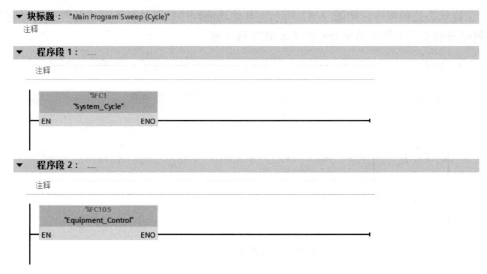

图 2-36　PLC 主程序

▼ 程序段 3：......
　注释

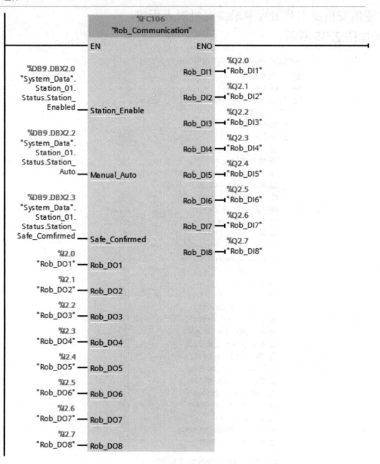

图 2-36　PLC 主程序（续）

3）工位状态处理程序，如图 2-37 所示，其他功能程序的具体任务要求及程序编写规则请按照本教材配套的实训工作手册中介绍的方法和步骤实施。

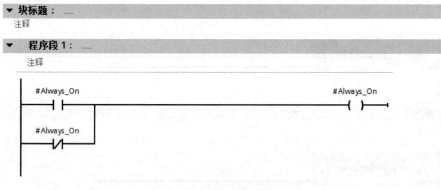

图 2-37　工位状态处理程序

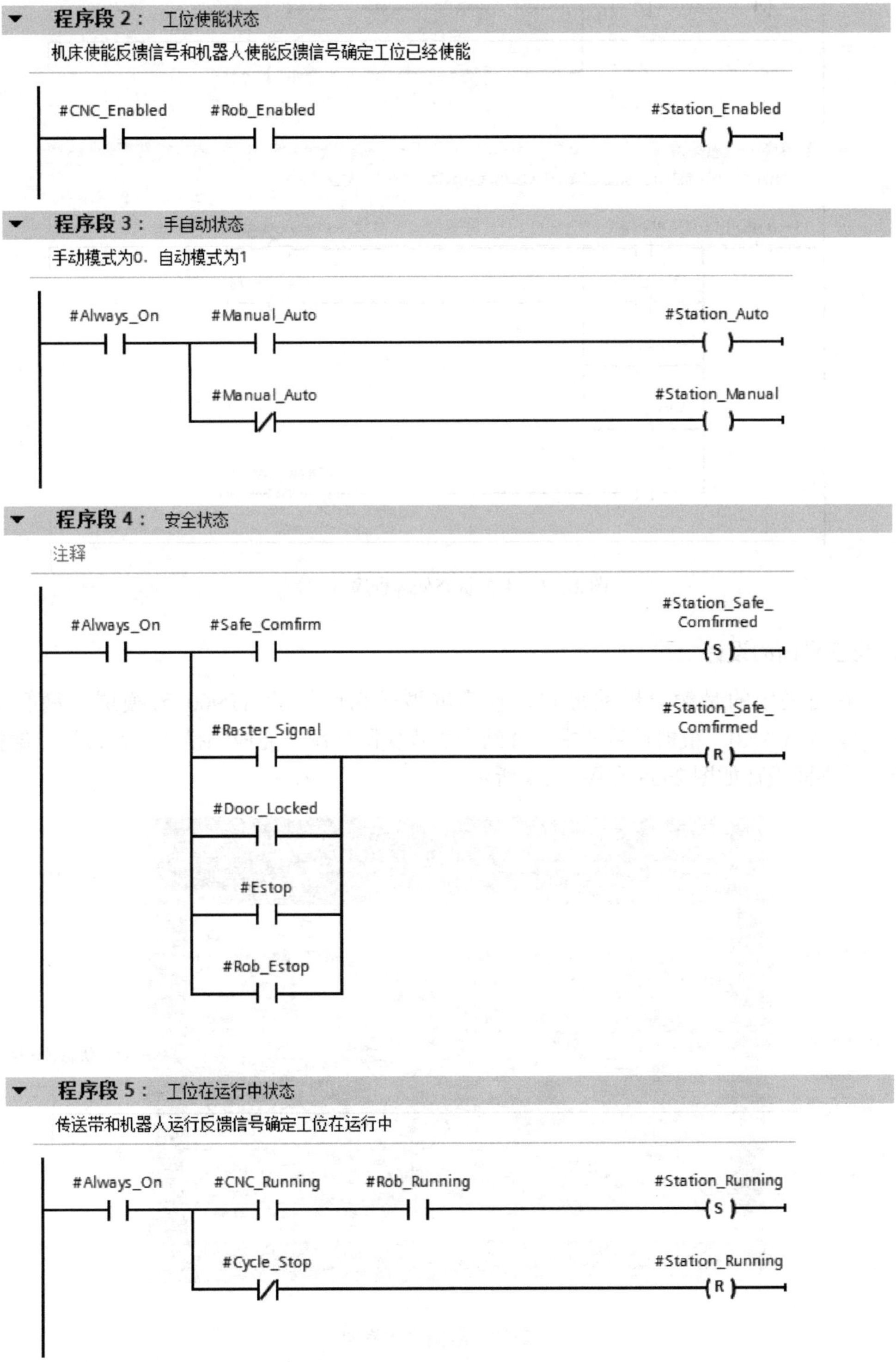

程序段 2： 工位使能状态

机床使能反馈信号和机器人使能反馈信号确定工位已经使能

```
    #CNC_Enabled    #Rob_Enabled                              #Station_Enabled
───────┤ ├───────────────┤ ├──────────────────────────────────────( )──────
```

程序段 3： 手自动状态

手动模式为0，自动模式为1

```
    #Always_On      #Manual_Auto                              #Station_Auto
───────┤ ├───────────────┤ ├──────────────────────────────────────( )──────
                    #Manual_Auto                              #Station_Manual
                   ──┤/├──────────────────────────────────────────( )──────
```

程序段 4： 安全状态

注释

```
                                                              #Station_Safe_
                                                                Comfirmed
    #Always_On      #Safe_Comfirm                             
───────┤ ├───────────────┤ ├──────────────────────────────────────( S )────
                                                              #Station_Safe_
                                                                Comfirmed
                    #Raster_Signal                            
                   ──┤ ├──────────────────────────────────────────( R )────
                    #Door_Locked
                   ──┤ ├──
                    #Estop
                   ──┤ ├──
                    #Rob_Estop
                   ──┤ ├──
```

程序段 5： 工位在运行中状态

传送带和机器人运行反馈信号确定工位在运行中

```
    #Always_On    #CNC_Running   #Rob_Running                 #Station_Running
───────┤ ├───────────┤ ├──────────────┤ ├─────────────────────────( S )────
                    #Cycle_Stop                               #Station_Running
                   ──┤/├──────────────────────────────────────────( R )────
```

图 2-37 工位状态处理程序（续）

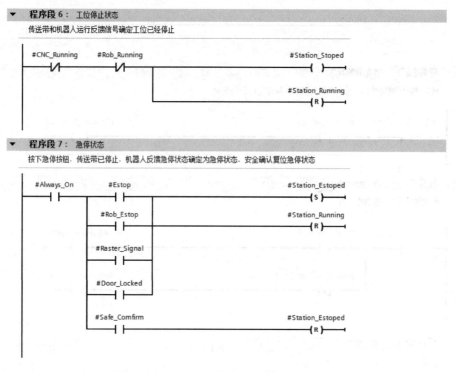

图 2-37 工位状态处理程序（续）

3. 交互界面的设计

交互界面采用的是触摸屏的形式，触摸屏型号为西门子 TP900 触摸屏（精智面板）6AV2124-0JC01-0AX0，根据项目要求，并结合工程实际情况，完成触摸屏工程设计，触摸屏主界面和调试界面设计如图 2-38 和图 2-39 所示。

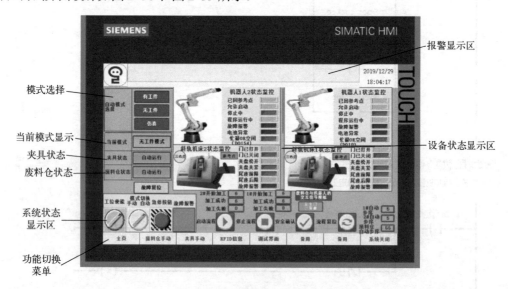

图 2-38 触摸屏主界面

图 2-39 调试界面设计

2.5.3 工作站调试

在完成工业机器人机床上下料工作站的安装与程序编写后,需对它进行调试,调试的基本步骤如下。

1. 熟悉操作规范

① 机器人周围区域必须保持清洁,无油、水及杂质等。

② 装卸工件前,应先将机械手运动至安全位置,严禁在装卸工件过程中操作机器人。

③ 不要戴着手套操作示教盘和操作盘。

④ 如需要手动控制机器人时,应确保在机器人动作范围内无任何人员或障碍物,由慢到快、逐步调整速度,避免速度突变造成人员伤害或经济损失。

⑤ 执行程序前,应确保无关的人员、工具、物品等不在机器人工作区内,保证工件摆放位置正确、工作程序与工件对应。

⑥ 机器人动作速度较快,存在危险性,操作人员应负责维护工作站正常运转秩序,严禁非工作人员进入工作区域。

⑦ 机器人运行过程中, 严禁操作者离开现场,以确保意外情况的及时处理。

⑧ 机器人工作时,操作人员应注意查看夹具引线状况,防止其缠绕在机器人上。

⑨ 线缆不能绕成麻花状或与硬物摩擦,以防内部线芯折断或裸露。

⑩ 示教器和线缆不能放置在工作区域，应随身携带或挂在操作位置。

⑪ 当机器人停止工作时，不要认为其已经完成工作了，因为机器人很可能是在等待让它继续移动的输入信号。

⑫ 离开设备工作区域前应按下停止开关，避免突然断电或者关机零位丢失，并将示教器放置在安全位置。

⑬ 工作结束时，应使机械手置于零位位置或安全位置。

⑭ 严禁在控制柜内随便放置配件、工具、杂物、安全帽等，以免影响到部分线路，造成设备的异常。

2. 操作前准备

（1）短路与电压检查

利用万用表检查主回路是否存在短路故障，检查主回路与各设备供电电压等级是否正常。

（2）气路与气压检查

在启动工位前，检查夹具气路情况，检查各连接器是否存在漏气情况，检查气管是否有磨损、漏气的情况，检查压力表示值是否足够。

（3）工位内安全检查

检查机器人第七轴附近是否有阻挡其运动的物体，有则清理；检查机器人工作区域是否有阻挡物体，检查机床内是否有遗留未加工完工件，有则进行清理。

3. 机器人机床上下料工作站启动流程

① 合闸，给机床、空压机和操作台上电。

② 斜轨机床分别合闸，系统上电，选择手动模式→按液压启动按钮→按 Reset 按钮→选择自动模式，运行 O0010 号程序进行回零。

③ 按工位上电按钮，给操作台和机器人上电。检查机器人是否在初始位置，如不在初始位置则需要用机器人示教器手动回零。

④ 根据需要运行的模式在传送带上放置相应托盘，注意托盘方向不能放反。

⑤ 确认触摸屏上各信号点正常后，将工位使能旋钮拨至右边、模式切换旋钮拨至右边，自动模式选择窗选择有工件模式或无工件模式，按下安全确认按钮，按下启动流程按钮。

【课后巩固】

1. 请描述 PLC 程序中用于进行安全防护的程序功能。
2. 在机器人机床上下料工作站中，机器人、PLC 和机床是如何进行通信的？

任务 2.6　典型工业机器人机床上下料工作站系统技术交底材料的整理和编写

【知识目标】

1. 掌握机器人机床上下料工作站技术交底材料的整理方法。
2. 掌握机器人机床上下料工作站使用说明书的编写方法。

【技能目标】

1. 能够根据任务要求完成工业机器人机床上下料工作站技术交底材料的整理。
2. 能够编写工业机器人机床上下料工作站的使用说明书。

【素质目标】

1. 养成严谨、全面、规范、标准、熟练的工作态度和工作作风。
2. 具备善于观察、总结归纳的能力。

【任务情景】

根据已有所有任务的材料,完成机器人机床上下料工作站技术交底材料的整理和编写。

【任务分析】

1. 整理有关机器人机床上下料工作站有关的材料。
2. 了解机器人机床上下料工作站的操作说明书中包含的内容、目录。
3. 编写机器人机床上下料工作站的操作说明书。

【知识准备】

完成机器人机床上下料工作站调试后,应开展技术材料的整理和编写工作,让使用、维护人员能明确本工作站的技术特点、系统构成、操作流程、注意具体技术要求和有针对性的关键技术措施,也能系统掌握工作站操作过程全貌和操作中的关键步骤。使参与工作站操作每一个人,都可以通过技术资料来了解机器人机床上下料工作站及其主要组成设备的情况,提高其使用效率。

2.6.1 主要技术交底材料

机器人机床上下料工作站的技术交底材料主要有以下几项:

1. 工作站操作说明书

1)工作站概况和基本软硬件组成。
2)基本操作流程,关键性的技术及操作中可能会存在的问题。
3)特殊设备的操作处理细节及其操作须知。
4)工作站开关机流程及注意事项。
5)工作站常见故障的现象描述及处理方法。
6)工作站的程序及注解。

2. 工作站全套图样

1)工作站布局图及网络拓扑图。
2)电气原理图及接线图。
3)工作站系统安装图。

4)非标件零件图及装配图。

3. 工作站内设备程序

将调试后的设备程序,如工业机器人程序、PLC 程序、HMI 工程文件、变频及伺服设置文件以及数控程序等,全部整理并标注好后交付给使用方。

4. 工作站设备说明书

将工作站中使用的成品设备说明书整理好后交付给使用方,以确保使用方在使用过程中可以方便地查阅资料。

5. 工作站仿真项目

将工作站仿真项目进行打包,并说明仿真工作站的使用方法。

2.6.2 操作说明书的编写

1. 目录编写

典型工业机器人机床上下料工作站操作说明书的目录样式如图 2-40 所示。

```
一、工位简介 .................................................................... 1
    1.1 OP2 工位(斜轨车床工位) ..................................... 1
    1.2 OP3 工位(滚筒线工位) ......................................... 2
    1.3 OP4 工位(加工中心工位) ..................................... 2
二、设备参数 .................................................................... 3
    2.1 机器人 ...................................................................... 3
    2.2 斜轨车床 .................................................................. 4
        2.2.1 立式加工中心 ................................................. 5
        2.2.2 托盘阻挡定位机构 ......................................... 7
        2.2.3 废料仓 ............................................................. 8
        2.2.4 界面说明 ......................................................... 8
            2.2.4.1 主界面 ..................................................... 8
            2.2.4.2 废料仓手动界面 ................................... 11
            2.2.4.3 夹具手动界面 ....................................... 13
            2.2.4.4 RFID 信息界面 ..................................... 14
            2.2.4.5 调试界面 ............................................... 15
三、系统操作规程 ............................................................ 16
    3.1 操作步骤 ................................................................ 16
    3.2 有无工件模式说明 ................................................ 17
四、设备保养与维护 ........................................................ 18
    4.1 关于维修保养·检修 .............................................. 18
    4.2 日常检修和维护 .................................................... 18
    4.3 定期检修和维护 .................................................... 19
五、系统常见故障与排除方法 ........................................ 21
    5.1 机器人、机床部分故障 ........................................ 21
    5.2 导向定位机构部分故障 ........................................ 21
    5.3 输送线及自动控制系统部分故障 ........................ 21
```

图 2-40 典型工业机器人机床上下料工作站操作说明书的目录样式

2. 正文编写

这里以"工位简介""设备参数""系统操作规程"的内容编写为例,进行操作说明书的编写。

(1)工位简介

OP2 工位(斜轨机床工位)由 2 台机器人、2 台斜轨车床、1 套废料仓仓库组成,如图 2-41

所示，其中机器人轨道线和机器人控制柜属于机器人系统。该工位主要完成轴类工件的自动上下料和加工过程。

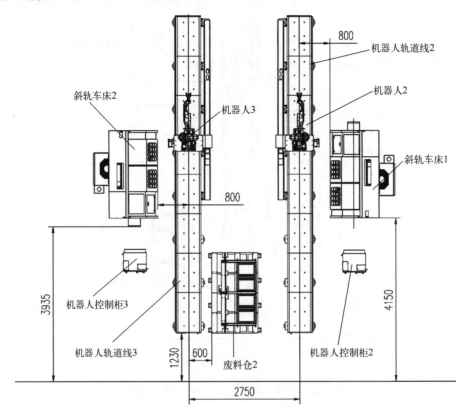

图 2-41　OP2 工位（斜轨机床工位）示意图

OP3 工位（滚筒线工位）由 6 条 8m 长的直线滚筒线、2 个 180°转弯滚筒线、4 套托盘阻挡定位机构、1 个显示看板组成，电动机由变频器控制，如图 2-42 所示。

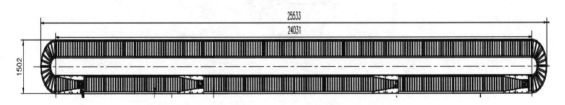

图 2-42　OP3 工位（滚筒线工位）示意图

OP4 工位（加工中心工位）由 1 台机器人、2 台立式加工中心、1 套废料仓仓库组成，如图 2-43 所示。该工位主要完成法兰类工件的自动上下料和加工过程。

（2）设备参数

OP2 斜轨机床和 OP4 加工中心工位的机器人为 6 轴 FANUC M-20iA 机器人，如图 2-44 所示，其参数见表 2-19。

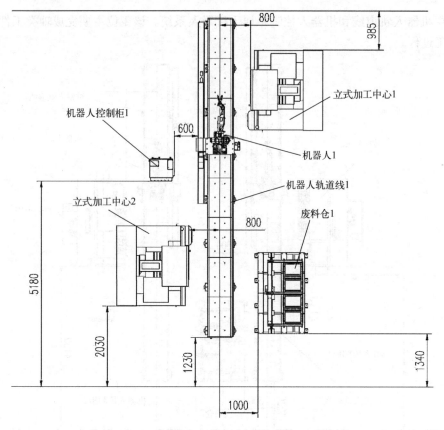

图 2-43 OP4 工位（加工中心工位）示意图

图 2-44 FANUC M-20iA 机器人

表 2-19　FANUC M-20iA 机器人参数表

	项目	参数
机器人基本参数	轴数	6 轴
	负载/kg	20
	重复定位精度/mm	±0.04
	重量/kg	250
	能耗	3
	可达半径/mm	1811
	本体防护等级	IP65
	电柜防护等级	IP43
机器人活动范围/[(°)/s]	1 轴	340
	2 轴	260
	3 轴	458
	4 轴	400
	5 轴	360
	6 轴	900

斜轨车床 1 的型号为 Viva T2C/500，斜轨车床 2 的型号为 Viva T2Cm/500。Viva T2Cm/500 比 Viva T2C/500 增加了 2 个动力头，是铣削复合式车床，斜轨车床参数见表 2-20。

表 2-20　Viva T2Cm/500 斜轨车床参数表

项目		参数	备注
床身上最大回转直径/mm		560	
最大切削长度/mm		500	标准配置
最大切削直径/mm		280	标准配置
滑板上最大回转直径/mm		350	
主轴端部型式及代号		A2-6	
主轴孔直径/mm		65	
最大通过棒料直径/mm		50	标准配置
单主轴的主轴箱	主轴转速范围/(r/min)	50~4500	FANUC 0i –TF
	主轴最大输出转矩/(N·m)	235	
主电动机输出功率/kW	30min	15	βiIP22/6000
	连续	11	
标准卡盘	卡盘直径/in	8	
X 轴快移速度/(m/min)		30	滚动导轨
Z 轴快移速度/(m/min)		30	滚动导轨
X 轴行程/mm		200	
Z 轴行程/mm		560	
尾座行程/mm		450	
尾座主轴锥孔莫氏锥度		5#	
标准刀架形式		卧式 12 工位伺服动力刀架	

(续)

项目		参数	备注
刀具尺寸/mm	外圆刀（高×宽）	25×25	
	镗刀杆直径	40，32，25，20	
刀盘可否就近选刀		可	
机床重量/kg		4050	
最大承重/kg	盘类件	200(含卡盘等机床附件)	
	轴类件	500(含卡盘等机床附件)	
机床外形尺寸/min（长×宽×高）		2950×1860×1850	不含排屑器

立式加工中心型号为 VMC850B，其中立式加工中心 1 的最高转速为 10000r/min，使用 BT40 刀具；立式加工中心 2 的最高转速为 18000r/min，使用刀柄型号为 HSK63A 的刀具，其余参数基本一致。立式加工中心 2 的参数见表 2-21，设备使用环境见表 2-22。

表 2-21 立式加工中心 2 参数表

项目		参数	
控制系统		三菱 M70 系列/FANUC 0i 系列	
三轴行程	X 轴行程/mm	800	
	Y 轴行程/mm	500	
	Z 轴行程/mm	550	
	主轴中心至立柱导轨距离/mm	550	
	主轴端面至工作台面距离/mm	105～655	
工作台	工作台尺寸/mm（长×宽）	500×1050	
	T 型槽尺寸/mm（槽数×宽×间距）	5×18×90	
	工作台最大荷重/kg	600	
主轴	主轴锥孔型号，安装尺寸	BT40, ϕ150	
	主轴转速/(r/min)	8000	
进给	快速位移速度/(m/min)	16/16/16	
	切削位移速度/(mm/min)	6000	
电动机	主轴电动机功率/kW	30min	7.5（三菱）；11（FANUC）
		连续	5.5（三菱）；7.5（FANUC）
	伺服马达	3（三菱）；1.4（FANUC）	
电源	机床电压/V，频率/Hz	380, 50	
	最大电机功率/(kV·A)	15	
	气源压力/MPa	0.5～0.6	
机器尺寸及重量	高度/mm	2800	
	占地面积/mm^2	(2530×2350)	
	净重/kg	4300	
	装箱重量/kg	4500	
精度（JIS 标准）	定位精度/mm	±0.005(300)	
	重复定位精度/mm	±0.003	

表 2-22 设备使用环境

项目	参数
环境温度/℃	2～40
相对湿度（%）	≤85
空气粉尘含量/（mg/m³）	≤10
工作环境	周围无腐蚀性气体、导电粉尘及爆炸气体
压缩气体压强/MPa	≥0.55

托盘阻挡定位机构部件包括前阻挡气缸、定位气缸、后阻挡气缸等，如图 2-45 所示。

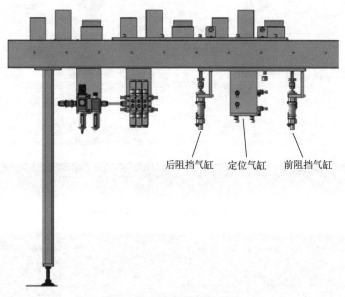

图 2-45 托盘阻挡定位机构

废料仓仓库包括 X、Y、Z 轴的滑台、12 个仓位（3 行 4 列）等，如图 2-46 所示。废料仓伺服电动机为增量式编码器，运行时会自动进行回零，也可以手动进行回零。

触摸屏主界面上部为报警信息显示区，中间部分为设备运行状态及操作区域，下部为功能切换按钮，OP2 工位、OP3 工位及 OP4 工位的触摸屏主界面如图 2-47～图 2-49 所示。

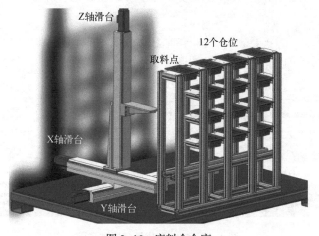

图 2-46 废料仓仓库

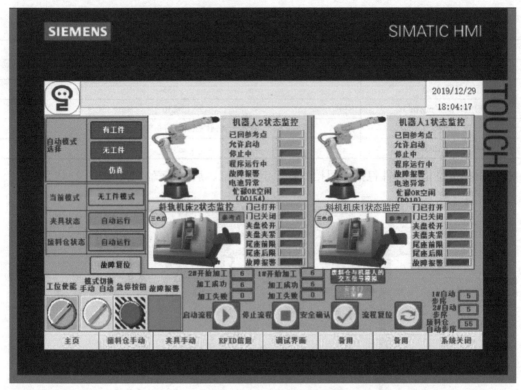

图 2-47 OP2 工位触摸屏主界面

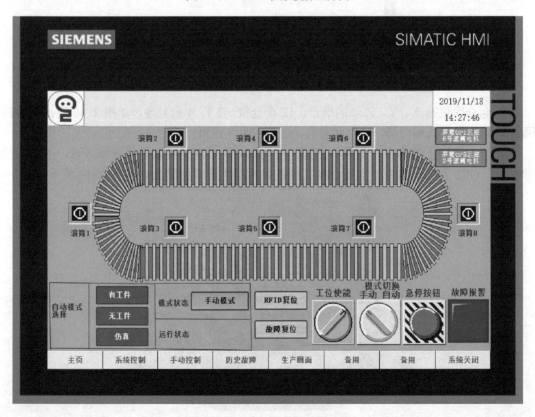

图 2-48 OP3 工位触摸屏主界面

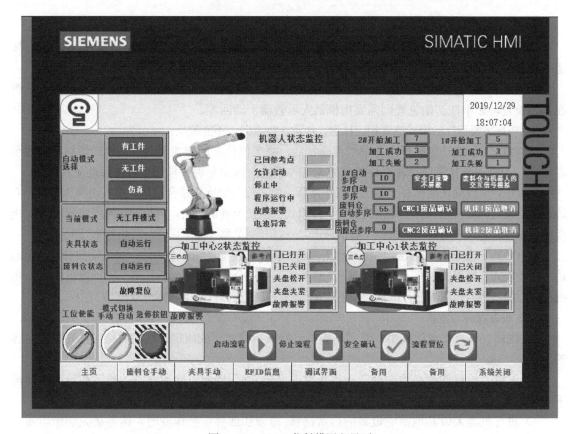

图 2-49 OP4 工位触摸屏主界面

触摸屏主界面说明

模式选择栏:"有工件"模式为上料真实加工的模式;"无工件"模式为模拟加工的演示模式。需人工进行选择。

当前模式显示栏:选择模式后自动显示当前的模式状态。

夹具状态栏:显示托盘阻挡定位机构是否处于初始位置,如显示"未初始化",则需要人工操作使定位机构处于初始位置,否则工位不能运行。

废料仓状态栏:本工位自动运行后废料仓会自动进入自动运行状态。

机器人状态监控栏:显示机器人的状态。

机床状态监控栏:显示机床的状态。

机床三色灯:显示当前机床信号灯颜色。

机床参考点:当机床各轴处于初始位置且机床门打开时,机床参考点图标显示绿色。

故障复位按钮:当本工位有故障或警告发生时按此按钮进行复位。

废品确认按钮:当此按钮出现时可以按确认按钮,定义当前工件加工完毕后作为废品进入废料仓。

安全门报警屏蔽按钮:此按钮按下后,安全门打开不会导致产线停机。默认状态为未按下,此时安全门打开后,该工位会暂停。

(3) 系统操作规程

1) 合闸,给机床、空压机和操作台上电。

2)2 台加工中心分别合闸，系统上电后，选择自动模式，运行 O0010 号程序进行回零。

3)2 台斜轨车床分别合闸，系统上电后，选择手动模式→按液压启动按钮→按 Reset 按钮→选择自动模式，运行 O0010 号程序进行回零。

4)OP2、OP4 工位分别合闸，按工位上电按钮，给操作台和机器人上电。检查机器人是否在初始位置，如不在初始位置则需要用机器人示教器手动回零。

5)根据需要运行的模式放置相应托盘，注意托盘方向，不能放反。

6)OP4 工位确认触摸屏上各信号点正常后，将工位使能旋钮拨至右边、模式切换旋钮拨至右边，自动模式选择窗选择有工件模式或无工件模式，按安全确认按钮，再按启动流程按钮。

7)OP3 工位确认触摸屏上各信号点正常后，将工位使能旋钮拨至右边、模式切换旋钮拨至右边，自动模式选择窗选择有工件模式或无工件模式，按安全确认按钮，再按启动流程按钮。OP3 电视使用遥控器进入应用界面，选择"我的应用"→打开浏览器→插上鼠标→双击 CNC 图标。

8)OP2 工位确认触摸屏上各信号点正常后，将工位使能旋钮拨至右边、模式切换旋钮拨至右边，自动模式选择窗选择有工件模式或无工件模式，按安全确认按钮，再按启动流程按钮。OP2 电视使用遥控器进入应用界面，选择"我的应用"→打开浏览器→插上鼠标→双击 CC 图标。

(4) 设备保养与维护

1)维修、检修作业的人员，必须是接受过特殊指导教育或规定时间的教育、熟知相关内容的人员。

2)维修、检修作业必须在确认周围环境的安全、确保躲避危险所必需的通道和场所的前提下安全地进行。

3)进行机器人或其他带电设备的日常检修、修理和部件更换作业时，请务必先切断电源，然后再进行。另外，为了防止其他作业者不小心接通电源，请在一级电源等位置挂上"禁止接通电源"的警示牌。

4)进行维修、检修作业时，可能会发生机器人机械臂落下、移动等原因而导致的危险情况，请务必在机械臂固定后再进行作业。

日常维护为每次开机前进行的维护和保养，具体项目见表 2-33。

表 2-23 日常维护的具体项目

设备	部件	项目	维修措施
整体	所有部件	清理铝屑、污垢，保持设备整体干净	及时清理
导向定位机构	传感器及电磁阀接线	是否松动或断开	紧固或更换
	气缸	安装螺栓是否有松动	拧紧
	导向条	导向条是否松动	紧固或更换
传感器	传感器	定期检查各传感器和开关是否工作正常	紧固或更换
机床	切削液	检查切削液液位高度是否不足	添加切削液
	加工平台和导轨护板	检查是否生锈	清理锈迹
	润滑油	检查润滑油液位高度是否不足	添加 46 号机油
	液压站液压油	检查液压油液位高度是否不足	添加 46 号机油
机器人	机器人手爪	检查是否有损坏	修复或更换
	油水过滤器	检查油水过滤器中是否有杂物	及时清理
	接近开关及电磁阀接线	是否松动或断开	紧固或更换

【课后巩固】

1. 编写一份工业机器人机床上下料仿真工作站的使用说明书,并将仿真工作站的运行流程录制成视频。

2. 将工业机器人机床上下料仿真工作站的实际接线图拍照,并将照片存档于技术交底材料中。

【拓展阅读】

技术工人队伍是支撑中国制造、中国创造的重要基础,对推动经济高质量发展具有重要作用。要健全技能人才培养、使用、评价、激励制度,大力发展技工教育,大规模开展职业技能培训,加快培养大批高素质劳动者和技术技能人才。

许超从一名大专学生,到全国职业院校技能大赛一等奖获得者,再到进入大学完成本科阶段的学习,并最终成为一名职业院校的老师,他用自己的成长经历诠释了"技能成就精彩人生"。

2005 年,许超高中毕业后来到天津机电职业技术学院数控专业学习。在校期间,许超刻苦学习知识、苦练专业技能。2008 年,许超代表学校参加全国职业院校技能大赛并荣获一等奖,随后被保送到大学本科继续学习。本科毕业后,许超选择回到天津机电职业技术学院任教。为培养学生的专业兴趣和技术能力,许超参与创建了学校的索源数控社团。在社团实训中,从量具摆放到规范测量动作,许超在一点一滴的细节中向学生传授着工匠精神的内涵。在他的指导下,很多学生在国家级、省市级技能大赛中获奖。

项目 3　典型工业机器人搬运工作站系统的设计及应用

【项目场景】

某汽车企业在汽车门饰板生产过程中需要对门饰板进行焊接，并通过 2D 视觉技术检测焊接的质量是否合格。因为汽车门饰板体积大，重量重，需要多人合作进行搬运，增加了人工成本，降低了生产率。为了提高生产率、降低生产成本，需要设计和改造检测、搬运工艺，将汽车门饰板的检测、搬运工作实现自动化。搬运工作站整体布局如图 3-1 所示。需检测、搬运的汽车门饰板，如图 3-2 所示。

企业搬运工作站运行演示视频 1

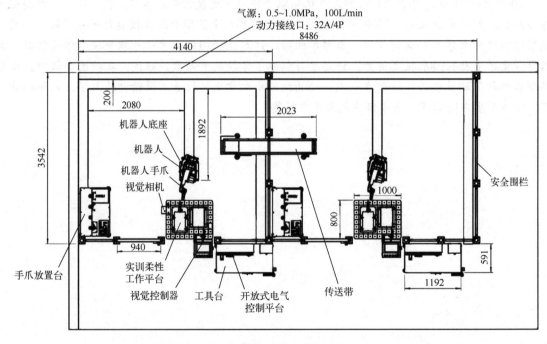

图 3-1　搬运工作站整体布局

【项目描述】

工业机器人搬运工作站由两台 6 自由度的 FANUC 工业机器人组成。现需要完成机器人搬运工作站系统设计，项目设计从仓库搬运汽车门饰板到工作台模拟焊接，并通过 2D 视觉技术检测汽车门饰板焊接点的数量是否满足要求，将合格产品放入仓库中，将不合格产品放到传送带上传送到下一个工位。通过两台机器人协作，实现汽车门饰板的自动化生产控制。

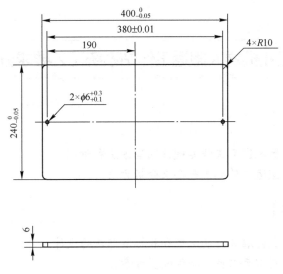

图 3-2 汽车门饰板

【知识目标】

1. 了解设计方案的结构和要素,学习设计方案的基本编制体例。
2. 依据硬件选型结果和设计方案,进行建模和仿真验证。
3. 掌握编写技术交底材料的方法和步骤。

【技能目标】

1. 学会根据任务要求分析硬件需求,并根据硬件需求进行硬件选型。
2. 能够运用所学知识,综合地完成工业机器人搬运工作站的集成与调试。

【《工业机器人操作与运维职业技能等级标准》(中级)相关要求】

1.1.1 能根据操作手册的安全规范要求,对工业机器人工作站物理环境进行安全检查。

1.2.2 能安装工业机器人应用系统液压、气动控制回路。

1.2.4 依据技术文件要求,能选用和安装光电、磁性开关、视觉相机等常用传感器。

1.3.2 能对工业机器人进行信号处理调试。

1.3.3 能对工业机器人及周边辅助设备(液压、气动、电气、夹具等)进行联调。

2.1.7 能根据工业机器人典型应用(搬运码垛、装配)的任务要求,编写工业机器人程序。

2.2.2 能根据工作站应用系统(搬运码垛、装配)的通信要求,配置和调试工业机器人和 PLC 控制设备的通信。

2.3.3 能完成视觉系统的具体参数配置(像素格式、触发方式、通信协议等)。

2.3.5 能在视觉系统中编程实现物料形状、颜色、尺寸、位置等信息数据的识别与输出。

3.2.3 能根据维护保养的要求,进行工业机器人周边电气设备程序、参数的设置与备份。

4.2.4 能根据工业机器人故障现象查询故障码,并排除。

任务 3.1　典型工业机器人搬运工作站系统工艺要求分析及硬件选型

【知识目标】

1. 掌握典型工业机器人搬运工作站硬件选型方法和步骤。
2. 掌握工业机器人搬运工作站工艺要求分析方法。

【技能目标】

1. 根据工艺要求完成标准部件的选型和非标准部件的设计。
2. 能编写工业机器人搬运工作站硬件选型方案。

【素质目标】

1. 树立乐观、积极、务实、进取的人生态度。
2. 强化专业技术应用、沟通协调和再学习等职业能力。

【任务情景】

某汽车企业在汽车门饰板生产中使用人工完成搬运任务效率低,无法满足当前生产要求,需要便捷、高效、高性价比的生产设备,实现生产自动化。为实现搬运系统的自动化,需要进行搬运工作站生产工艺系统分析和对主要硬件进行选型,以达到经济、高效的生产。

【任务分析】

根据对工业机器人搬运工作站的生产工艺系统分析,选择搬运工作站所需要的主要硬件设备,包括工业机器人、PLC及其余设备。

【知识准备】

3.1.1　工艺要求分析

利用工业机器人在生产线搬运铝板(汽车门饰板毛坯),将其从仓库中搬运到工作台进行模拟焊接,完成后再将铝板搬运到传送带,使其流转到下一个工位;同样利用工业机器人将工件搬运到视觉相机处进行检测,合格的汽车门饰板将放入仓库存储,不合格的放到传送带上进行其他处理。

搬运工作站可以独立运行,实现单站的搬运及模拟焊接,或单站的视觉检测;又可以进行联机运行,组成一套自动化运行系统,完成搬运、模拟焊接、视觉检测流程。搬运工作站可以通过触摸屏配合按钮及转换开关实现全线自动运行功能及单站运行功能的切换,其系统运行流程如图 3-3 所示。

搬运工作站的控制可以通过触摸屏或按钮实现启动、暂停、停止功能。

系统设计要求如下：

1) 需要对整个工作站进行合理的布局和规划。

2) 需要在控制期间对整个现场的设备进行控制。

3) 需要用工业机器人代替人工进行汽车门饰板的搬运。

4) 需要设计出能够安装在机器人第 6 轴法兰盘上的吸盘及焊枪，用于搬运、焊接汽车门饰板。

5) 需要合理选择传送带，用于在机器人之间运送汽车门饰板。

6) 需要选择合适的网络，并合理进行配置，使得智能设备间能够实现有效通信。

7) 需要编写智能控制器的程序，使整个控制流程达到工艺要求。

8) 需要整理出资料，完成技术交底材料。

3.1.2 主要硬件选型

1. 工业机器人选型

搬运工作站中工业机器人是系统的主要执行机构，也是硬件选型的重要设备。当前市场中工业机器人的品牌较多，常见的工业机器人品牌主要有 KUKA、ABB、YASKAWA、

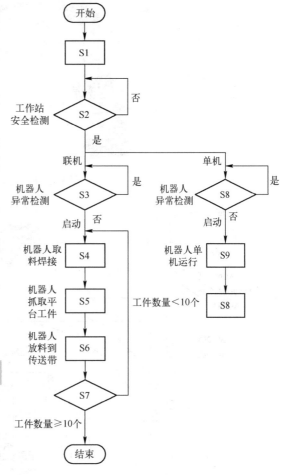

图 3-3 搬运工作站系统运行流程图

FANUC、STÄUBL、OTC、COMAU、华数等，其中 KUKA、ABB、FANUC 和华数的应用范围较广。

首先，应保证所选工业机器人的功能必须能满足生产工艺要求，并确定它是否通过了可靠性测试，是否解释了无故障时间。生产工艺不同，对工业机器人的动作类型、承载能力、运动范围、速度和机器人的重复精度也有不同的要求。

其次，工业机器人除了要满足生产工艺要求外，还要保证稳定可靠的质量，而且价格要合适。应关注减速器、伺服系统、控制器的品牌和质量水平；机械结构是否优化设计，结构是否合理，是否有足够的刚性和稳定性。

最后，工业机器人的操作、教学和编程应该简单易行。评估机器人本身质量及机器人制造商质量保证体系的完善和可信度，对工业机器人生产企业整体进行 ISO 认证。

本项目对铝板进行点焊及搬运，铝板最大重量不超过 2kg，工具重量不超过 2kg，机器人的工作范围应不小于 1100mm，根据工艺要求和布局要求，给出如下两个方案进行选择：

1) FANUCM-10iA 机器人为垂直关节多轴机器人，如图 3-4 所示，其工作范围及外形尺

寸如图 3-5 所示。

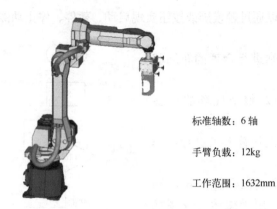

标准轴数：6 轴

手臂负载：12kg

工作范围：1632mm

图 3-4 FANUCM-10iA 机器人

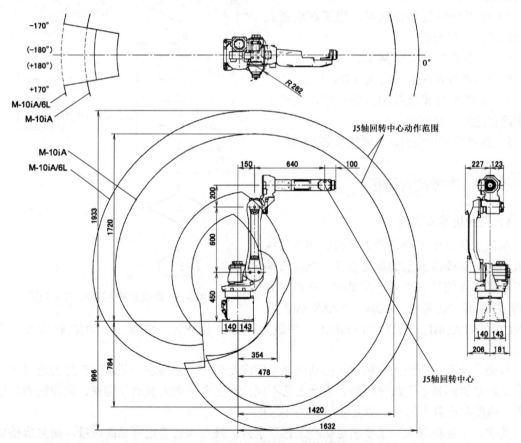

图 3-5 FANUCM-10iA 机器人工作范围及外形尺寸

2）ABB IRB 2600-12/1.65 工业机器人如图 3-6 所示，其工作范围及外形尺寸如图 3-7 所示。

若搬运工作站对搬运的精度要求不高，也可以选用国产性价比较高的工业机器人，同样应满足上述工艺要求原则、可靠性原则、易操作原则、优化配置原则、质量保证原则，如华数机器人 HSR-JR612，其主要参数：自由度为 6，额定负载为 12kg，最大工作半径为 1555mm。

标准轴数：6轴

负载能力：12kg

工作范围：1650mm

重复定位精度：±0.04mm

图 3-6　ABB IRB 2600-12/1.65 工业机器人

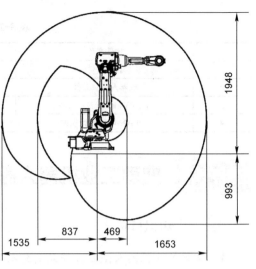

图 3-7　ABB IRB 2600-12/1.65 工业机器人工作范围及外形尺寸

2. PLC 选型

PLC 的主要功能是控制外部系统，该系统可以是单机、集群或生产过程。不同类型的 PLC 有不同的应用范围。根据生产过程的要求，并分析了被控对象的复杂性，对 I/O 点和 I/O 点的类型进行计数，得出本项目输入点数为 38，输出点数为 29。在不浪费资源的前提下，合理估计内存容量，确定合适的模型。结合市场情况，对 PLC 生产厂家的产品及售后服务、技术支持、网络通信等综合情况进行调查，选择性价比较高的 PLC 机型。通过对搬运工作站控制系统的分析，工业机器人与 PLC 可以实现 PROFINET 通信和 PROFIBUS 通信，可以选择两个带有 PROFINET 通信接口的西门子 S7-1215C DC/DC/DC 型 PLC，该类型 PLC 只有 14 个输入点和 10 个输出点，必须增加两个含有 16 个输入点的 SM1221 输入模块和两个含有 16 个输出点的 SM1222 输出模块，以增加输入/输出点数。如果使用 PROFIBUS 通信，除了已经选择的 PLC，还必须增加 CM1243 通信模块。

3. 其余设备选型

除主要设备外，根据工艺需要，其余设备清单见表 3-1，软件配置清单见表 3-2。

表 3-1　项目其余设备清单

序号	名称	数量	备注
1	机器人工夹具	1	非标准件，可自行选择
2	立体仓库	1	设 10 层 1 列共 10 个仓位
3	变频器	1	6SL3210-5BB11-2UV0
4	触摸屏	1	TP1200 精智面板，TFT 显示屏，PROFINET/工业以太网接口（2 个端口）
5	安全防护系统	1	防止意外闯入、保护人员安全
6	电气控制柜	1	用于放置电气元器件和电气设备

表 3-2　软件配置清单

序号	软件名称	基本功能
1	TIA 软件	负责控制周边设备及机器人，实现智能制造单元的流程和逻辑总控
2	机器人仿真软件	模拟单元设备及安装调试过程，优化布局
3	SolidWorks 或 NX 软件	三维模型设计和编程，编制工件加工工艺文件
4	EPLAN 电气设计软件	电气线路绘制

任务 3.2　典型工业机器人搬运工作站系统设计方案的编写

【知识目标】

1. 掌握工业机器人搬运工作站简介及布局。
2. 掌握工业机器人搬运工作站工作流程及控制要求。
3. 了解工业机器人搬运工作站主要设备清单。
4. 掌握整体设计方案的编写方法。

【技能目标】

1. 根据工业机器人搬运工作站要求选择设备清单。
2. 根据工艺要求说明工作流程及控制要求。
3. 能够设计工业机器人搬运工作站的整体方案。

【素质目标】

1. 养成良好的自主学习习惯。
2. 强化团队协作精神。

【任务情景】

工业机器人搬运工作站系统能实现机器人对汽车门饰板的高效搬运，一个好的设计方案能加快实现搬运工作站的生产，该设计方案包括工作站的简介及布局、搬运工件说明、搬运动作流程、搬运工作站主要设备清单等内容。

【任务分析】

在项目实施的过程中，必须编写出设计方案交给客户，设计方案必须详细地叙述出项目实施的优势、项目能够给企业带来的利益和生产效率的提升、项目实施过程中的设备选型和布局、项目的工程预算等，一个好的设计方案对于项目的推进和实施有着重要的意义和作用。

【知识准备】

3.2.1　设计方案的结构和要素

1. 工业机器人工作站简介及布局

工业机器人工作站的设计要求包括功能性、灵活性、可靠性、安全性、易维护性、经济性、兼容性、环保性、人机交互以及教育培训等方面。在实际设计过程中，设计师需要根据生产需求和实际情况，综合考虑这些因素，打造出适合的生产机器人工作站。

工业机器人工作站的设计要求包括以下几个方面。

1) 确定工作范围：根据实际应用场景和生产需求，确定工业机器人工作站的工作范围。工作范围包括机器人可达区域、工作对象的尺寸和形状等。

2) 设计工作站结构：工作站结构的设计需要考虑机器人本身的尺寸和重量，以及其安装方式。同时，还需要考虑工作站的整体布局和结构设计，包括工作台、夹具、输送装置等。

3) 选用适当的工业机器人：根据工作范围和工作要求，选用适当的工业机器人。工业机器人应具有足够的运动范围和承载能力，以满足生产需要。

4) 控制系统设计：工作站需要由控制系统来控制机器人的运动和操作。控制系统需要具有实时监控、故障诊断和安全保护等功能。

5) 选用合适的夹具和工具：根据工作范围和工作要求，选用合适的夹具和工具。这些工具需要与机器人的运动范围相匹配，并且能够稳定地固定工件，确保生产质量和效率。

6) 输送装置设计：输送装置的设计需要考虑如何将工件从起始位置输送到工作站，以及如何将工件从工作站输送到下一个工序。输送装置需要具有足够的承载能力和运动范围，以确保生产的连续性和稳定性。

7) 安全设计：工作站需要考虑到人员的安全，进行包括规划机器人运动区域、人员操作区域等在内的安全防护设计。

8) 电气和气动系统设计：工作站需要设计相应的电气和气动系统，以控制机器人的运动和操作。这些系统需要符合相关标准和规定，以确保生产的安全和稳定。

9) 调试和检测：工作站需要设计调试和检测系统，以便在生产过程中对机器人和工作站进行检测和调试。

10) 环保和节能：在设计工作站时，需要考虑到环保和节能的因素，包括选用环保材料、降低能耗等。

在设计工业机器人工作站时，需要综合考虑以上各个方面的因素，以确保工作站能够满足生产需求和环保要求。

2. 加工工件说明

工业机器人工作站是一种自动化生产设备，其组成包括以下几个部分。

1) 工业机器人：工业机器人是工作站的核心部件，负责执行生产任务，包括搬运、装配、喷涂、打磨等。

2) 夹具和工具：夹具和工具是工业机器人完成生产任务的重要工具，包括气动夹具、电磁夹具、机器夹具等。

3) 控制系统：控制系统是工作站的核心控制部分，负责控制机器人的运动和操作，包括PLC控制系统、工业控制计算机等。

4) 输送装置：输送装置是工作站的重要组成部分，负责将工件从上一个工序输送到下一个工序，包括输送带、滚筒、传送链等。

5) 传感器和检测装置：传感器和检测装置是工作站的重要辅助设备，负责检测工件的尺寸、位置、状态等信息，并反馈给控制系统。

6) 控制系统：控制系统是工作站的核心控制部分，负责控制机器人的运动和操作，包括

PLC控制系统、工业控制计算机等。

7）供电系统：供电系统是工作站的基础设施，负责提供工作站正常运行所需的电力。

8）防护装置：防护装置是工作站的安全设备，包括安全围栏、防护罩、警示标志等。

9）其他辅助设备：其他辅助设备包括照明、通风、空调等，为工作站提供良好的工作环境。

根据不同的生产任务和生产需求，可以配置不同的设备和组件，以满足不同的生产需求。

3. 工艺动作流程

一般情况下，机器人搬运操作可以包括以下几个步骤。

1）机器人定位：根据任务要求，机器人需要准确地定位到需要搬运物料的所在位置。可以通过视觉系统、激光雷达等技术来实现定位。

2）物料抓取：机器人根据预先设定的抓取方式和路径，将夹具或机器臂等搬运工具移动到物料上方，并进行抓取。抓取时需要考虑物料的重量、形状和表面特性，以确保抓取过程的稳定性和安全性。

3）搬运动作：机器人将抓取到的物料移动到目标位置。在搬运过程中，需要根据实际情况进行路径调整和姿态控制，以保证搬运的准确性和高效性。

4）物料放置：机器人将物料放置到目标位置，并进行合适的位置校准，以确保物料的稳固和安全。

3.2.2 设计方案编写示例

1. 目录

典型工业机器人搬运工作站系统设计方案的目录样式如图3-8所示。

目录

一、工作站简介及布局	3
二、汽车门饰板说明	3
1.汽车门饰板材料规格说明	3
2.汽车门饰板图样	3
3.汽车门饰板焊接工艺	4
三、搬运动作流程	4
四、工业机器人搬运工作站主要设备清单	5
五、工业机器人搬运工作站硬件设备介绍	6
1.工业机器人及工具	6
2.汽车门饰板仓库	8
3.视觉检测装置	8
4.上料工作台	8
5.电气控制系统	8
6.安全防护系统	8
7.计算机及软件	8

图3-8 典型工业机器人搬运工作站系统设计方案的目录样式

2. 正文

这里以"工业机器人搬运工作站系统设计方案"的内容编写为例，进行设计方案文档的编写。

示例：

搬运作业是指用一种设备握持工件，从一个加工位置移动到另外一个加工位置的过程。如采用工业机器人来完成这个任务，则整个搬运系统构成了工业机器人搬运工作站。工业机器人搬运工作站以典型工业机器人搬运工作站系统与工艺要求为设计依据，将一台或多台工业机器人、PLC控制系统、输送线系统、立体仓库、视觉检测设备、末端执行器等设备，集成为能够完成某一特定工序作业的独立生产系统。

工业机器人搬运工作站的主视图如图3-9所示。

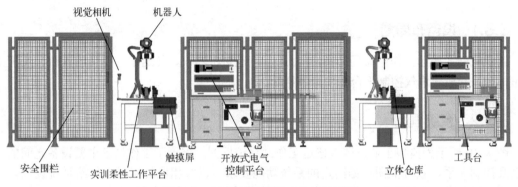

图3-9 工业机器人搬运工作站主视图

任务3.3 典型工业机器人搬运工作站系统施工图的设计及建模

【知识目标】

1. 掌握利用SolidWorks或者NX软件为典型工业机器人搬运工作站系统施工图建模。
2. 了解工业机器人搬运工作站系统施工工艺流程。
3. 掌握电气原理图方案设计知识。
4. 掌握非标件工程图设计与绘制。

【技能目标】

1. 能够根据工业要求选择正确的软件完成建模。
2. 根据工业要求完成标准部件的选型和非标准部件的设计。
3. 能完成搬运工作站系统施工图的设计与绘制。

【素质目标】

1. 具备自主学习、自主探索能力。
2. 具备团队协作、善于观察以及总结归纳的能力。
3. 养成严谨的工作态度，潜心研究的敬业精神。

【任务情景】

根据工业机器人搬运工作站系统设计方案，设计工业机器人搬运工作站的施工图，并对非标零部件进行建模。

【任务分析】

在项目实施的过程中,当完成设计方案和设备选型以后,在具体生产、安装和调试阶段,往往需要一个团队来完成,负责设计和施工的人员并不一定是同一人或同一小组,因此必须先设计出相关非标产品的图样和工作站系统的施工图,才能便于后续具体项目实施。本任务需设计的图样有:设备布局图、系统框图、电气原理图、非标件工程图。

【知识准备】

3.3.1 设备布局图

工业机器人搬运工作站布局如图 3-1 所示,包含机器人、传送带、手爪放置台、实训柔性工作平台、开放式电气控制平台和安全围栏等。

3.3.2 系统框图

图 3-10 所示为典型工业机器人搬运工作站系统框图,展示了工作站各主要设备之间的连接关系及控制关系,系统框图根据给定的系统功能要求,进行相应的搬运工作站系统设计。在设计之初,需要设计系统框图,为接下来的电路和程序设计提供一个基础。

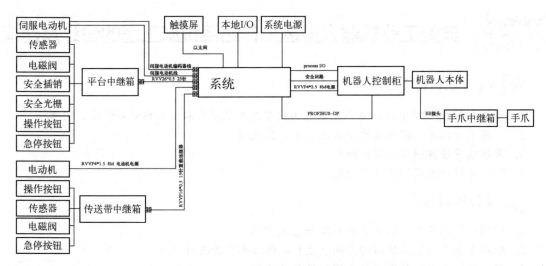

图 3-10 典型工业机器人搬运工作站系统框图

3.3.3 电气原理图

电气原理图一般由电气元器件分布图、主回路电气原理图、直流电源电气原理图、主机架电路原理图、模块总览图等组成。

1. 电气元器件分布图

图 3-11 所示为电气元器件分布图。

项目3 典型工业机器人搬运工作站系统的设计及应用

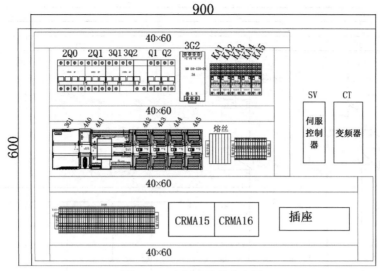

图 3-11 电气元器件分布图

第一层为断路器、开关电源和继电器，第二层为PLC模块、熔断器、伺服控制器和变频器，第三层为信号接线端子、信号配置板和插座。

2. 主回路电气原理图

电源进线经过开放式电气控制平台的总断路器分配给工业机器人、PLC（24V电源）、触摸屏及传感器（24V电源）、伺服控制器、变频器、断路器，形成了整个电柜的主电源进线，如图 3-12 所示。

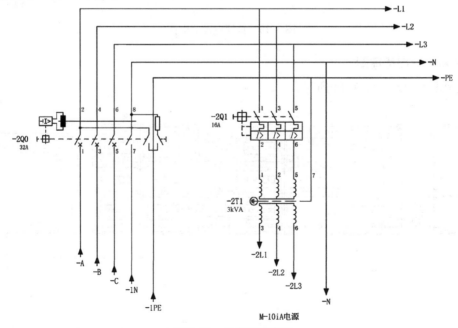

图 3-12 主电源进线图

3. 直流电源电气原理图

主电源断路器分别对开关电源等分配控制电源，电气控制平台断路器直流电源分配如图 3-13 所示。

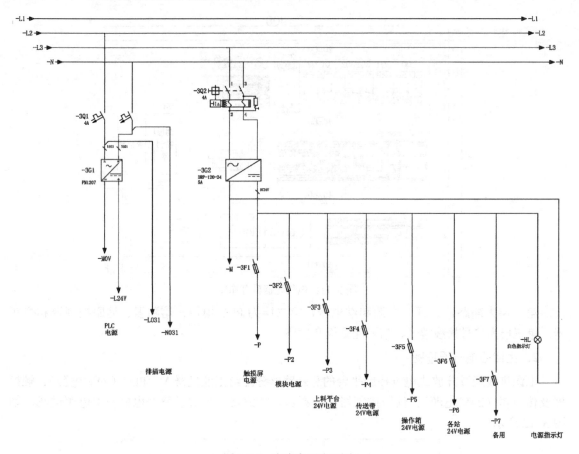

图 3-13　直流电源分配图

4. 主机架电路原理图

主机架电路原理如图 3-14 所示。

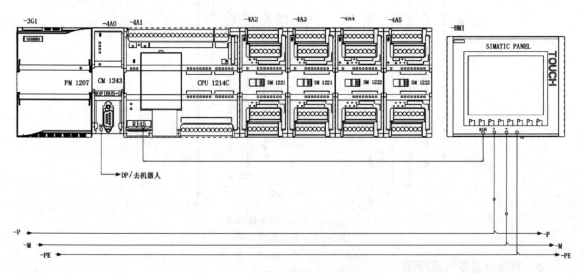

图 3-14　主机架电路原理图

5. 模块总览图

（1）CPU 模块 4A1 总览图

PLC 的基本单元主要做伺服控制的脉冲和方向输出、上料台夹具的到位信号输入及安全信号信号输入，信号输入、输出接线如图 3-15 所示。

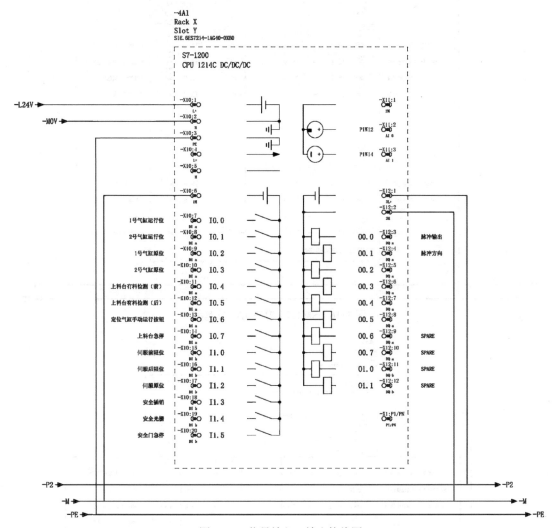

图 3-15　信号输入、输出接线图

（2）SM1221 模块 4A2 总览图

SM1221 模块 4A2 分为四个部分，分别是传送带信号运行信号输入、启停控制输入、伺服准备就绪及报警输入、气压检测及操作面板急停输入，其总览图如图 3-16 所示。

（3）SM1221 模块 4A3 总览图

SM1221 模块 4A3 是读取 FANUC 工业机器人信号的模块，可根据读取的机器人信号进行相应的输出控制，信号通过网络进行数据的读取，其总览图如图 3-17 所示。

（4）SM1222 模块 4A4 总览图

SM1222 模块 4A4 是控制 FANUC 工业机器人搬运系统的指示灯及警示灯控制、变频器速度控制、传送带控制、联机控制的模块，其总览图如图 3-18 所示。

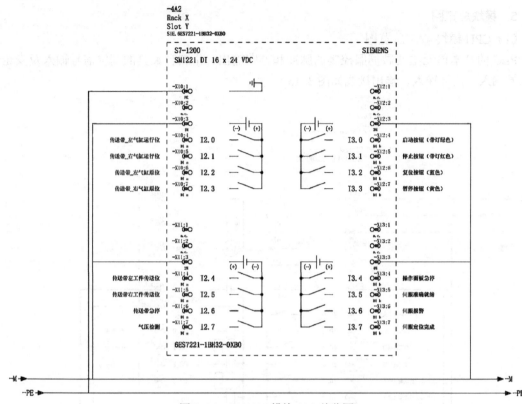

图 3-16　SM1221 模块 4A2 总览图

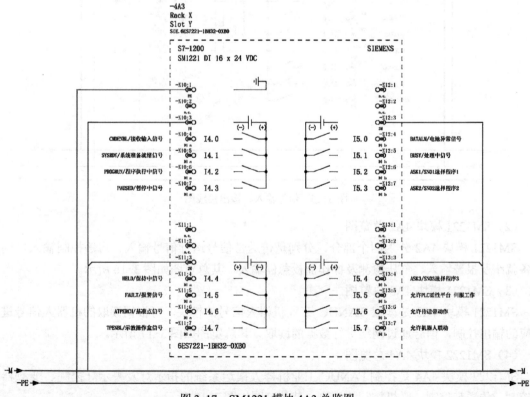

图 3-17　SM1221 模块 4A3 总览图

项目3　典型工业机器人搬运工作站系统的设计及应用

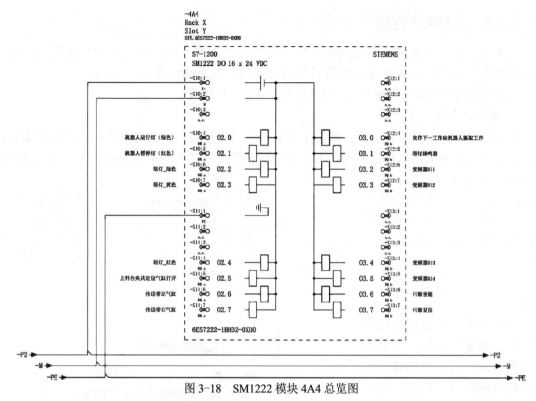

图 3-18　SM1222 模块 4A4 总览图

（5）SM1222 模块 4A5 总览图

SM1222 模块 4A5 是控制 FANUC 工业机器人搬运系统的 PLC 信号与机器人使能信号、机器人控制信号、机器人程序选择信号、机器人联机控制信号数据交换的模块，如图 3-19 所示。

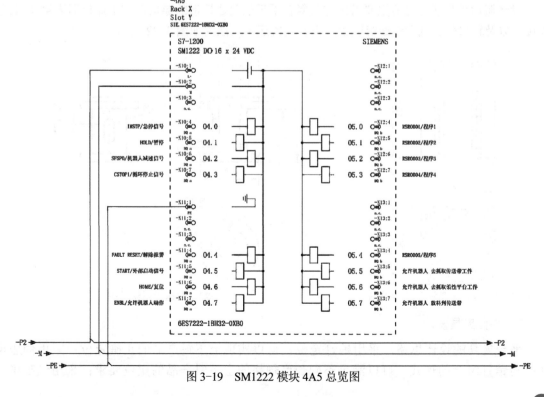

图 3-19　SM1222 模块 4A5 总览图

3.3.4 非标件工程图

在本项目中,需要利用工业机器人将工件或称上下料产品,从仓库取出放置在工作台上,然后进行点焊,点焊完成后再将其抓取、搬运、放到输送带上。

下面以搬运及点焊手爪为例,说明非标零部件的设计过程。

1. 搬运及点焊手爪设计

搬运及点焊手爪的设计思路:根据上下料产品的外形特征,选择利用吸盘实现抓取搬运功能;点焊功能则采用点焊钳实现;为了能安装在工业机器人的第6轴法兰上,搬运及点焊手爪选择采用法兰结构;为了减轻重量则尽量采用铝合金材料。综合以上因素后设计出的搬运及点焊手爪部件如图3-20所示。

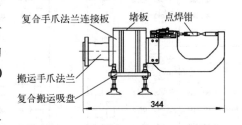
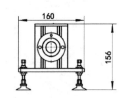
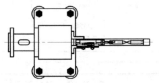

图3-20 搬运及点焊手爪部件图

(1)复合手爪法兰连接板的设计

复合手爪法兰连接板的作用是将其他零件连接、组合成为一体,因此它的结构要与其他零件能够配合、组装;为了实现轻量化则选用铝合金型材。综合考虑这些因素后,设计出复合手爪法兰连接板如图3-21所示。

(2)搬运手爪法兰零件的设计

设计搬运手爪法兰时应主要考虑它与复合手爪法兰连接板的连接、与工业机器人第6轴的连接,以及轻量化、气管走线等因素,设计出搬运手爪法兰如图3-22所示。

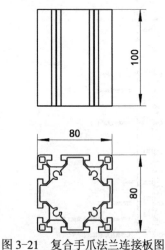

图3-21 复合手爪法兰连接板图

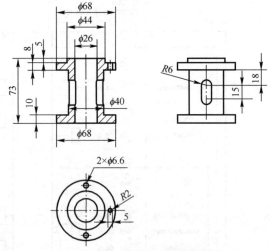

图3-22 搬运手爪法兰图

2. 平台夹具设计

平台夹具的设计思路:采用销钉定位,可以实现上下料产品的正确定位;采用伺服电动机与销钉组合的形式,可以满足不同长度规格的上下料产品的定位要求;采用气缸可以实现快速装夹；各零部件的尺寸和安装位置要确保工作过程中不能与搬运及点焊手爪发生干涉和碰撞。综合考虑以上因素后，设计出平台夹具如图 3-23 所示。

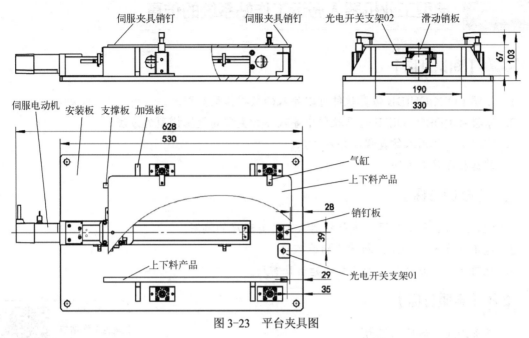

图 3-23　平台夹具图

3. 仓库设计

仓库的作用是能整齐存放上下料产品，以便工业机器人在抓取上下料产品时，每次都能按同一位置正确抓取。料架如图 3-24 所示。

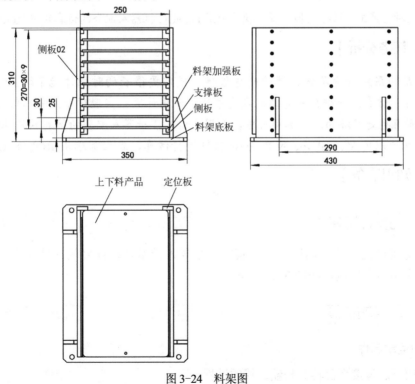

图 3-24　料架图

任务 3.4 典型工业机器人搬运工作站系统的仿真

【知识目标】

1. 了解 ROBOGUIDE 仿真软件可以导入的数据模型类型。
2. 掌握在 ROBOGUIDE 仿真软件中导入各种类型的数据模型的方法。
3. 掌握工业机器人仿真程序导入方法。
4. 掌握程序仿真方法。

【技能目标】

1. 能按照工艺要求和规范进行机器人工作站程序的编写。
2. 能正确导入/导出工业机器人仿真程序。
3. 能够导入工业机器人搬运工作站仿真布局。

【素质目标】

1. 具备沟通、协作的能力。
2. 具备自主探索、善于观察的能力。

搬运工作站仿真演示视频

【任务情景】

在软件上对生产工艺进行模拟仿真,软件使用 FANUC 机器人配套的仿真软件 ROBOGUIDE。

【任务分析】

当所研究的系统造价昂贵、试验的危险性大或需要很长的时间才能了解系统参数变化所引起的后果时,仿真是一种特别有效的研究手段。利用计算机实现对于系统的仿真研究不仅方便、灵活,而且也是经济的。在本项目中,利用 FANUC 机器人配套的仿真软件 ROBOGUIDE 进行仿真,也可以用 VisiualOne 和 Process 软件进行仿真,本任务选用 ROBOGUIDE。

【知识准备】

3.4.1 仿真环境建立

参照搬运工作站整体布局图,在仿真软件中导入设备及设计好的部件模型,建立工业机器人搬运工作站仿真环境,如图 3-25 所示。

3.4.2 工作站仿真

1. 添加运动部件

下面介绍添加焊接平台转头和输送线的过程。

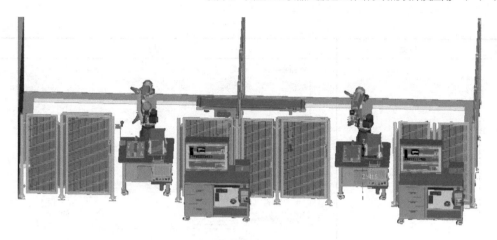

图 3-25　工业机器人搬运工作站仿真环境图

焊接平台气缸转头的作用：在对汽车门饰板进行焊接时，将汽车门饰板夹紧固定，方便机器人按照工艺要求准确进行点焊作业。在仿真布局中，需要在搬运焊接的机器人焊接平台中添加运动的 Link，焊接平台在 Machines 中添加（在视觉检测的工业机器人工作站中，焊接平台在 Fixtures 中添加），由机器人的 DO[1] 实现控制，转头到位信号给 DI[1]，焊接平台转头和输送线设置步骤见表 3-3。

表 3-3　焊接平台转头和输送线设置步骤

序号	步骤	图示
1	打开 Cell Browser 面板	
2	右击 Machines，选择 Add Machine→CAD File	

(续)

序号	步骤	图示
3	在弹出来的"Browse for Machine 3D Model"对话框中选择需要添加的 Machine 中的"焊接平台-1.CSB"文件	
4	右击焊接平台 1,选择 Add Link→CAD File	
5	在弹出的"Browse for Link 3D Model"对话框中选择需要添加的运动部件(气缸转头CSB)	
6	在焊接平台 1 上有 4 个气缸转头,所以序号 5 的步骤需要再重复 3 次,完成 4 个气缸转头的添加	

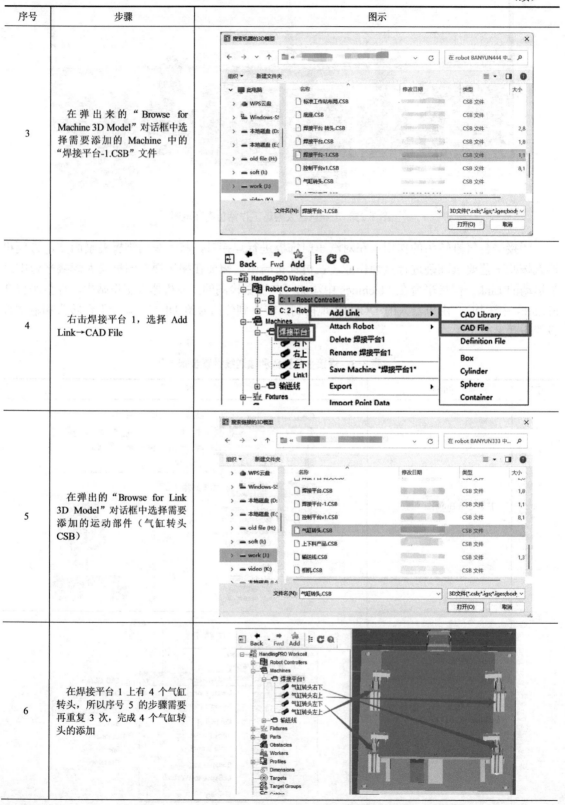

(续)

序号	步骤	图示
7	气缸转头的运动设置，4个气缸转头各旋转90°，需要根据实际情况设置正负值。第①步选择旋转运动方式；第②步设置运动速度；第③步设置机器人有无输出信号时的运动角度；第④步设置转到预定角度时给机器人的信号	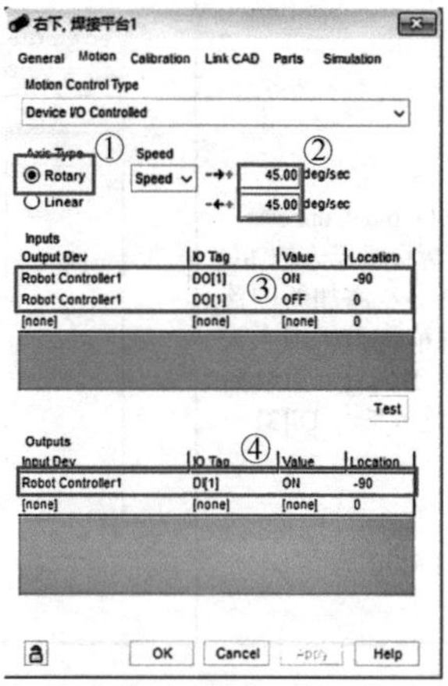
8	添加输送线的方法：第①步选择直线运动方式；第②步设置运动速度；第③步设置机器人有无输出信号时的运动距离；第④步设置转到预定位置时给机器人的信号	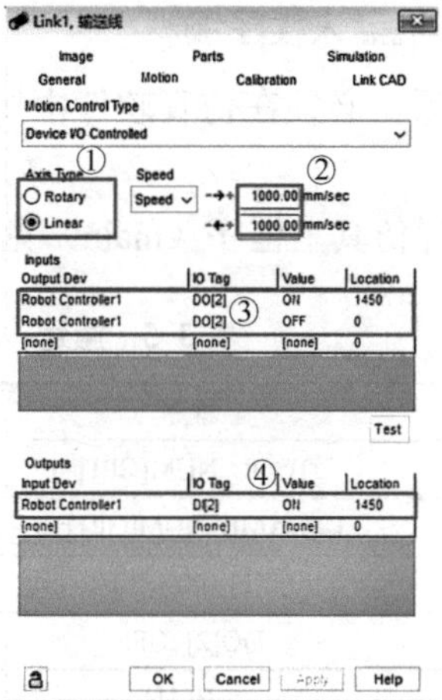

2. 添加 I/O 信号连接

I/O 信号连接设置方法见表 3-4。

表 3-4　I/O 信号连接设置方法

序号	步骤	图示
1	两台机器人在联机仿真过程中需要进行信号的交换，在仿真之前需要做好信号交换的设置：第①步单击菜单栏中的 Cell；第②步单击 I/O Interconnections	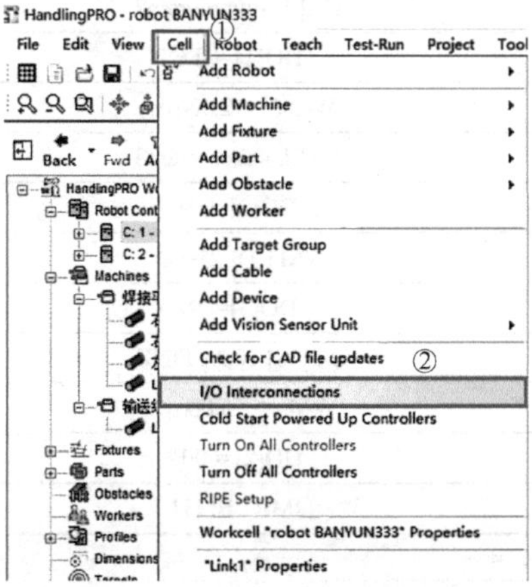

（续）

序号	步骤	图示
2	在弹出的"I/O InterConnects"对话框中设置两台机器人的I/O信号连接；第①步添加新的连接；第②步将第一台机器人设置为输出信号 DO[3]，第二台机器人设置为输入信号 DI[3]	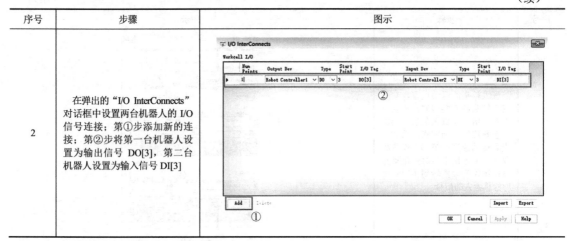

3. 仿真工作站机器人程序编写

仿真环境建立后，必须在仿真软件中按照工作站工艺流程编写相应的机器人程序才能够进行运动仿真。

（1）搬运、点焊仿真主程序（main）见表 3-5。

表 3-5 搬运、点焊仿真主程序（main）

程序号	程序	注释
1	UTOOL_NUM[GP1]=1	使用工具坐标 1
2	UFRAME_NUM[GP1]=0	使用用户坐标 0
3	J P[1] 100% FINE	回到 HOME 点
4	DO[2]=OFF	传送带回 0
5	LBL[1]	循环标签
6	DO[1]=OFF	气缸转头松开
7	DO[3]=OFF	与第 2 台机器人信号（工作未完成信号）
8	CALL subprogram1	调用出库子程序
9	DO[1]=ON	气缸转头夹紧
10	WAIT DI[1]=ON	等待气缸转头夹紧到位
11	CALL subprogram2	调用点焊子程序
12	DO[1]=OFF	气缸转头松开
13	WAIT 2.00(sec)	等待松开 2s
14	CALL subprogram3	调用搬运传送带子程序
15	DO[2]=ON	传送工件到传送带末端
16	WAIT DI[2]=ON	等待传送带到位信号
17	DO[3]=ON	给第 2 台机器人发送工作完成信号
18	J P[58] 100% FINE	回到 HOME 点
19	WAIT 5.00(sec)	等待 5s
20	DO[2]=OFF	传送带回到起点
21	JMP LBL[1]	跳转到标签处

(2) 出库子程序（subprogram1）见表 3-6。

表 3-6　出库子程序（subprogram1）

程序号	程序	注释
1	J P[2] 100% FINE	出库接近点 1
2	L P[3] 2000mm/sec FINE	出库接近点 2
3	L P[4] 2000mm/sec FINE	抓取点
4	WAIT .50(sec)	等待 0.5s
5	! Pickup	抓取仿真动画
6	WAIT .50(sec)	等待 0.5s
7	L P[5] 2000mm/sec FINE	出库逃离点 1
8	J P[6] 100% FINE	出库逃离点 2
9	J P[7] 100% FINE	夹台接近点 1
10	L P[8] 2000mm/sec FINE	夹台接近点 2
11	L P[9] 2000mm/sec FINE	放置点
12	WAIT .50(sec)	等待 0.5s
13	! Drop	放置仿真动画
14	WAIT .50(sec)	等待 0.5s
15	L P[10] 2000mm/sec FINE	夹台逃离点

(3) 点焊子程序（subprogram2）见表 3-7。

表 3-7　点焊子程序（subprogram2）

程序号	程序	注释
1	J P[11] 100% FINE	P[14]为第 1 个点焊位置，P[11]为初始位置、P[12]、P[13]为过渡点
2	L P[12] 2000mm/sec FINE	
3	L P[13] 2000mm/sec FINE	
4	L P[14] 2000mm/sec FINE	
5	WAIT 1.00(sec)	
6	L P[15] 2000mm/sec FINE	P[18]为第 2 个点焊位置，其他点均为过渡点
7	L P[16] 2000mm/sec FINE	
8	L P[17] 2000mm/sec FINE	
9	L P[18] 2000mm/sec FINE	
10	WAIT 1.00(sec)	
11	L P[19] 2000mm/sec FINE	P[21]为第 3 个点焊位置，其他点均为过渡点
12	L P[20] 2000mm/sec FINE	
13	L P[21] 2000mm/sec FINE	
14	WAIT 1.00(sec)	
15	L P[22] 2000mm/sec FINE	P[24]为第 4 个点焊位置，其他点均为过渡点
16	L P[23] 2000mm/sec FINE	
17	L P[24] 2000mm/sec FINE	
18	WAIT 1.00(sec)	
19	L P[25] 2000mm/sec FINE	P[28]为第 5 个点焊位置，其他点均为过渡点
20	L P[26] 2000mm/sec FINE	
21	L P[27] 2000mm/sec FINE	
22	L P[28] 2000mm/sec FINE	

(续)

程序号	程序	注释
23	WAIT 1.00(sec)	P[28]为第5个点焊位置，其他点均为过渡点
24	L P[29] 2000mm/sec FINE	P[30]为第6个点焊位置，其他点均为过渡点
25	L P[30] 2000mm/sec FINE	
26	WAIT 1.00(sec)	
27	L P[31] 2000mm/sec FINE	P[35]为第7个点焊位置，其他点均为过渡点
28	L P[32] 2000mm/sec FINE	
29	L P[33] 2000mm/sec FINE	
30	L P[34] 2000mm/sec FINE	
31	L P[35] 2000mm/sec FINE	
32	WAIT 1.00(sec)	
33	L P[36] 2000mm/sec FINE	P[40]为第8个点焊位置，其他点均为过渡点
34	L P[37] 2000mm/sec FINE	
35	L P[38] 2000mm/sec FINE	
36	L P[39] 2000mm/sec FINE	
37	L P[40] 2000mm/sec FINE	
38	WAIT 1.00(sec)	
39	L P[41] 2000mm/sec FINE	逃离点
40	L P[42] 2000mm/sec FINE	安全位置

（4）搬运传送带子程序（subprogram3）见表3-8。

表3-8 搬运传送带子程序（subprogram3）

程序号	程序	注释
1	J P[43] 100% FINE	夹台接近点
2	L P[44] 2000mm/sec FINE	夹台抓取点
3	WAIT .50(sec)	等待0.5s
4	! Pickup	抓取仿真程序
5	WAIT .50(sec)	等待0.5s
6	L P[45] 2000mm/sec FINE	夹台逃离点
7	J P[46] 100% FINE	传送带接近点
8	L P[47] 2000mm/sec FINE	传送带放置点
9	WAIT .50(sec)	等待0.5s
10	! Drop	放置仿真程序
11	WAIT .50(sec)	等待0.5s
12	L P[48] 2000mm/sec FINE	逃离点
13	J P[49] 100% FINE	HOME点

（5）搬运检测仿真主程序见表3-9。

表3-9 搬运检测仿真主程序

程序号	程序	注释
1	UTOOL_NUM[GP1]=1	使用工具坐标1
2	UFRAME_NUM[GP1]=0	使用用户坐标0
3	J P[1] 100% FINE	机器人回HOME点
4	LBL[1]	跳转标签

(续)

程序号	程序	注释
5	WAIT DI[3]=ON	等待第 1 台机器人发送工作完成信号
6	J P[2] 100% FINE	传送带接近点 1
7	J P[3] 100% CNT100	传送带接近点 2
8	L P[4] 2000mm/sec FINE	传送带接近点 3
9	L P[5] 2000mm/sec FINE	抓取点
10	WAIT .50(sec)	等待 0.5s
11	! Pickup	抓取仿真程序
12	WAIT .50(sec)	等待 0.5s
13	L P[6] 2000mm/sec FINE	传送带逃离点 1
14	L P[7] 2000mm/sec FINE	传送带逃离点 2
15	J P[8] 100% FINE	视觉接近点 1
16	J P[9] 100% FINE	视觉接近点 2
17	L P[10] 2000mm/sec CNT50	视觉接近点 3
18	L P[11] 2000mm/sec FINE	视觉检测点 1
19	L P[12] 2000mm/sec FINE	视觉检测点 2
20	L P[13] 2000mm/sec FINE	视觉检测点 3
21	L P[14] 2000mm/sec FINE	视觉检测点 4
22	J P[15] 100% FINE	入库接近点 1
23	J P[16] 100% FINE	入库接近点 2
24	L P[17] 2000mm/sec FINE	入库点
25	WAIT .50(sec)	等待 0.5s
26	! Drop	放置仿真程序
27	WAIT .50(sec)	等待 0.5s
28	L P[18] 2000mm/sec FINE	入库逃离点
29	J P[19] 100% FINE	HOME 点
30	WAIT 2.00(sec)	等待 2s
31	JMP LBL[1]	跳转到标签 1

4. 仿真验证

程序编制完毕后，单击仿真运行，仿真系统将会按照任务 3.1 所描述生产流程运行，直到第 10 个汽车门饰板放置完毕，两个机器人才回到初始位停止运行。仿真运行效果如图 3-26 所示。

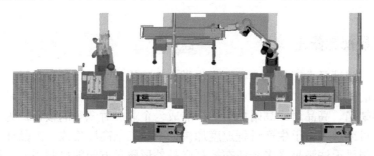

图 3-26 仿真运行效果图

任务 3.5　典型工业机器人搬运工作站视觉系统的调试

【知识目标】

1. 了解机器视觉的发展。
2. 掌握机器视觉的典型应用。
3. 掌握 OMRON 视觉与 PLC 的通信方法。

【技能目标】

1. 能编写视觉检测流程文件。
2. 能正确设置 OMRON 视觉与 PLC 通信参数。
3. 能调试工业机器人搬运工作站视觉检测作业。

【素质目标】

1. 具备查询资料、解决问题的能力。
2. 具备沟通协作、善于思考的能力。

【任务情景】

某汽车企业在汽车产品成品检测方面一直采用人工检测,长时间的检测易使工人疲劳、检测质量下降。现在需要改进生产,采用 OMRON 视觉系统进行产品检测,请设计出 OMRON 视觉系统检测的流程,并实现与 PLC 进行数据通信。

企业搬运工作站运行演示视频2

【任务分析】

工业机器人搬运工作站在将汽车门饰板搬运入库之前,应对加工的汽车门饰板进行检测。本项目采用 OMRON FH-L550 视觉系统,主要对汽车门饰板进行焊点数量及焊接质量的检测,本任务需要完成 OMRON 视觉系统与 PLC 之间的通信数据传输、OMRON 视觉检测流程的设计这两部分内容。

【知识准备】

3.5.1　机器视觉概述

机器视觉是一门涉及人工智能、神经生物学、心理物理学、计算机科学、图像处理、模式识别等诸多领域的交叉学科。随着工业自动化技术的飞速发展和各领域消费者对产品品质要求的不断提高。零缺陷、高品质、高附加值的产品成为企业应对竞争的核心,为了赢得竞争,可靠的质量控制不可或缺。由于生产过程速度加快、产品工艺高度集成、产品体积缩小且制造精度提高,使得人眼已无法满足许多企业在控制产品外形质量方面的检测需要。机器视觉可自动检测产品外形特征,实现 100%在线全检,已成为解决各行业制造商大批量、高速、高精度产品检测的发展趋势。视觉系统原理如图 3-27 所示。

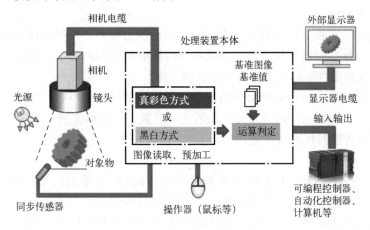

图 3-27　视觉系统原理图

机器视觉由三部分组成，分别是光学系统、图像处理系统、执行机构及人机界面，三个部分缺一不可。选取合适的光学系统，能采集到适合处理的图像，这是完成视觉检测的基本条件；开发稳定可靠的图像处理系统是视觉检测的核心任务；可靠的执行机构和人性化的人机界面是实现最终功能的临门一脚。

光学系统是机器视觉系统中不可或缺的部分，如果没有光学系统采集的适于处理的图片，则难以有效完成图像检测，甚至直接导致检测的失败。因此，适合的光学系统是成功完成机器视觉应用的前提条件。一个典型的光学系统包括光源、相机、镜头。

在取得图像后，图像处理系统需要对图像进行处理、分析计算，并输出检测结果。图像处理系统包括软件和硬件两部分。

在完成所有的图像采集和图像处理工作之后，执行机构及人机界面需要输出图像处理的结果，并进行动作（如报警、剔除、位移等），然后通过人机界面显示生产信息，并在型号、参数发生改变时对系统进行切换和修改工作。

企业机器人搬运结合视觉应用演示视频

3.5.2　机器视觉应用

1. 机器视觉可以实现的功能

机器视觉主要可以实现以下 4 项功能：
1）测量（如长度、角度、圆弧及半径测量）。
2）检测（如有无检测、残次品检测、数字统计、瑕疵检测）。
3）定位。
4）识别（如读码、OCR/OCV、颜色识别）。

2. 机器视觉的主要应用领域

（1）工业领域

工业机器视觉系统可以代替人眼完成检测、测量、识别和定位等工作。由于工业机器视觉可以克服人眼标准的不一致，所以可以制定更高的行业品质管控的数字标准，还能在高速、高光谱、高分辨率、高灵敏度、高可靠性等方面全面超越人眼极限。

目前，工业机器视觉系统已广泛应用于电子制造、包装印刷、汽车制造、食品饮料等众多生产行业和服务行业。

（2）安防监控领域

安防监控领域机器视觉由于具有技术先进、防范能力极强、便利直观等优势，可以对所监控范围内的情况进行实时监视和分析，并且可以将被监控范围内的场景全部记录下来，为以后处理某些意外情况和事件等提供最有力的证据和支持。

近年来，随着成千上万台监控摄像机密布在国内城镇的大街小巷，使得国内城市级的视频监控系统从数字化、网络化，逐步过渡到高清化、智能化，目前正进一步向包含视频云、AI 及视频大数据的深度智能时代发展推进。

（3）体验交互领域

体验交互领域机器视觉主要包含新兴技术如 VR/AR 等带来的用户交互及体验提升。VR/AR 产业系统是由硬件制造和组装开始，集成了操作系统与开发工具、应用、内容、销售分发等多种供应商的生态系统，产业价值链中的技术设备环节对于行业发展有极大影响。其中视觉感知与处理是 AR/VR 的一项关键技术，包括硬件设备与操作系统、内容制作等环节，从零部件开始的输入设备、输出设备、芯片中都需要考虑图像视觉信息的传递与处理。

3.5.3 PLC 与视觉系统通信

要实现 PLC 与视觉系统之间的网络通信，首先应该使用以太网线缆将两设备连接起来，使数据能形成数据流；其次需要设置/知晓通信双方的通信方式及 IP 地址，使双方都能准确找到通信设备。除此之外，在 PLC 端还需要添加通信功能块，以激活/断开与以太网的连接。

1. 物理网络连接

视觉系统与 PLC 物理网络连接方法见表 3-10。

表 3-10 视觉系统与 PLC 物理网络连接方法

序号	步骤	图示	序号	步骤	图示
1	将以太网线缆一头接入视觉系统检测单元视觉控制器的外接端口		2	将以太网线缆另一端接入总控单元以太网交换机，并接入 PLC 网络	

2. 视觉通信设置与 PLC 通信设置

（1）视觉通信设置

视觉通信设置方法见表 3-11。

表3-11 视觉通信设置方法

序号	步骤	图示
1	单击菜单栏中的"工具"→"系统设置",在弹出的"系统设置"对话框中,单击"启动"→"启动设定",在通信模块选项卡中,将"串行(以太网)"设置为"无协议(TCP)",单击"适用"完成设置	
2	设置完成后,单击主界面的"保存"按钮,保存设置,单击菜单栏中的"功能"→"系统重启",重启系统	
3	重新启动后,单击菜单栏中的"工具"→"系统设置",在弹出的"系统设置"对话框中,单击"通信"→"以太网(无协议(TCP))",修改或设定视觉系统的 IP 地址,将"使用下个 IP 地址"中的 IP 地址设置为 192.168.0.110,并且将"输入/出设定"中的"输入/出端口号"设置为 2000	

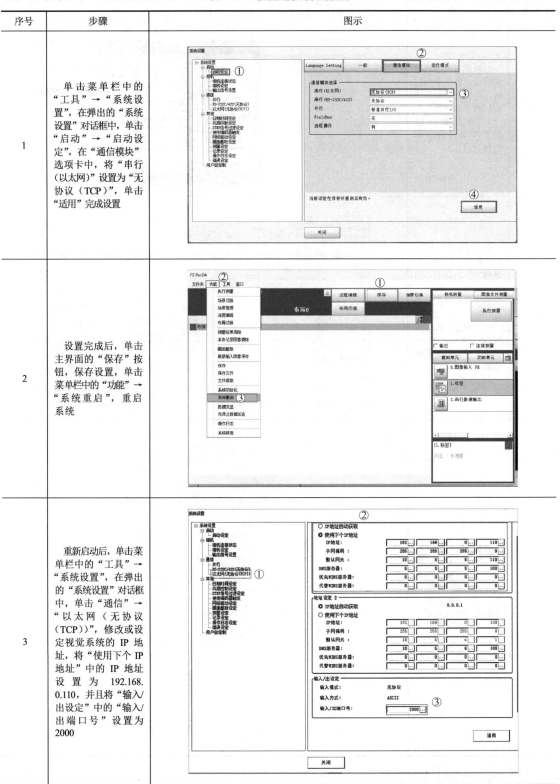

（续）

序号	步骤	图示
4	当视觉系统要将检测结果上传给上位机时，可以在流程编辑窗口的"结果输出"→"串行数据输出"中选择合适的流程项目	
5	单击流程项目的图标，弹出"1.串行数据输出"对话框，切换到"设定"标签，在选项卡中单击"表达式"后面的"…"，弹出"表达式设定-表达式：0"对话框，可以设定具体的输出表达式	
6	切换到"输出格式"标签，设定"通信方式"为"以太网"，输出的"整数位数"与"小数位数"根据需要进行设置，单击"确定"按钮	

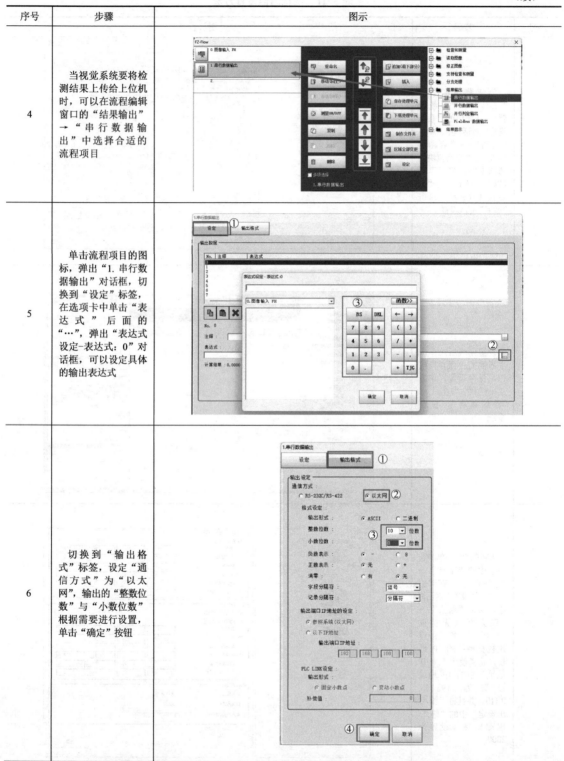

（2）PLC 通信设置

从本工作站硬件配置来看，可编程设备之间主要采用以太网通信，这里主要讲解 PLC 实现开放式（无协议）TCP 通信的方法。

从 PLC 编程角度来说，实现开放式通信需要用到以下四个指令功能块，见表 3-12。

表 3-12　开放式通信指令功能块

功能块名称	功能描述
TCON	建立通信连接
TRCV	通过通信连接接收数据
TSEND	通过通信连接发送数据
TDISCON	断开通信连接

在通信过程中，视觉控制系统作为机器人或 PLC 的下位机，需要接收上位机发来的控制指令，能够使用到的控制指令有三种：选择场景组、选择场景和执行测量。OMRON FH 系列视觉系统通信代码见表 3-13。

表 3-13　OMRON FH 系列视觉系统通信代码

命令格式	功能	响应格式
SG 0	切换所使用的场景组编号	OK
S 0	切换所使用的场景编号	OK
M	执行一次测量	OK+测量结果

3.5.4　视觉识别系统调试

1. OMRON 视觉流程设计

OMRON 视觉流程设计方法见表 3-14。

表 3-14　视觉流程设计方法

序号	步骤	图示
1	创建一个新的视觉流程编辑界面，单击"与流程显示连动"左边的深绿色方框，当车门饰板出现在视图框中时，将"图像模式"中的"相机图像-动态"改为"相机图像-静态"，单击"确定"按钮	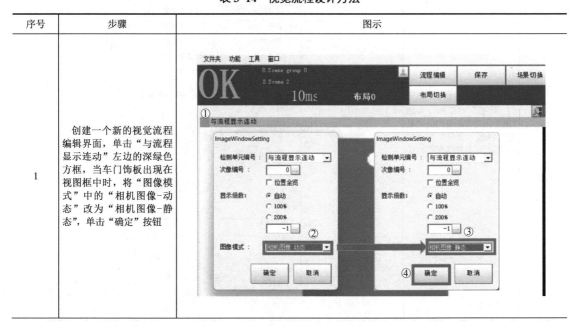

(续)

序号	步骤	图示
2	也可以通过图像文件选择被测对象的图像或者通过相机测量，获取被测对象的图像	
3	在流程编辑界面，单击"检查和测量"→"标签"，将它拖拽至左侧空白项目中，也可以单击"追加（最下部分）"按钮	
4	单击"1. 标签"，弹出"1. 标签"对话框，勾选"颜色指定"标签中的"设定多种颜色抽取"和"自动设定"，并框选白色的点	

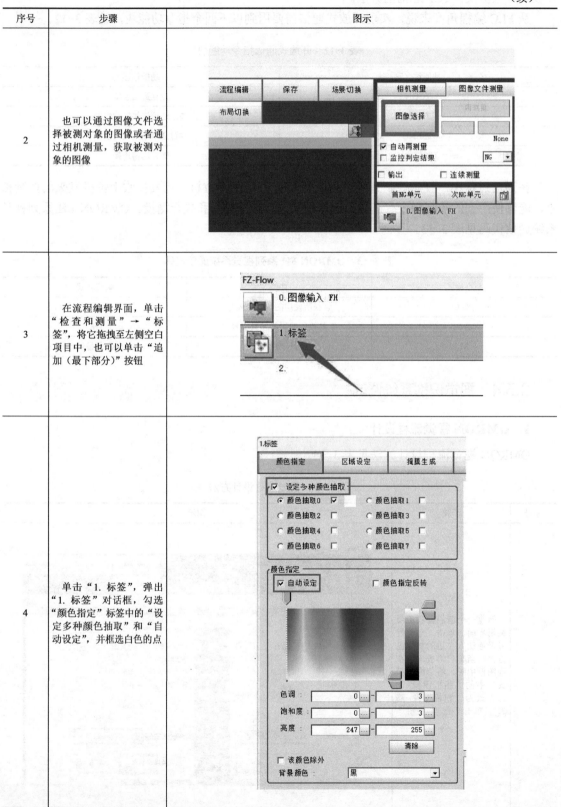

(续)

序号	步骤	图示
5	切换到"区域设定"标签,把要检测的区域框选出来	
6	切换到"测量参数"标签,在"抽取条件"选项组中下拉列表框中选择"面积",调节最大面积,筛选掉多余的区域,单击"确定"按钮	
7	切换到"判定"标签,修改标签数的最大值和最小值	
8	在流程编辑界面,单击"结果输出"→"串行数据输出",将它拖拽至左侧空白项目中,也可以直接单击"追加(最下部分)"按钮	
9	单击"2.串行数据输出",弹出"2.串行数据输出"对话框,单击"设定"	

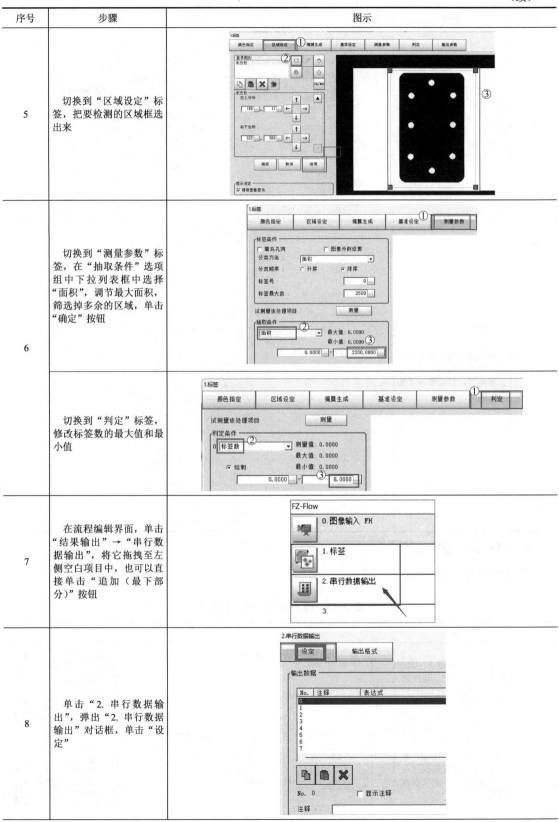

(续)

序号	步骤	图示
9	单击表达式右侧的"…",弹出"表达式设定-表达式:0"对话框,在下拉列表框中选择"标签",单击"判定 JG",然后单击"确定"按钮	
10	切换到"输出格式"标签,设置"输出设定"中各项内容,然后单击"确定"按钮	

2. PLC 通信程序设计

其方法如表 3-15 所示。

表 3-15 PLC 通信程序设计方法

序号	步骤	图示
1	任务采用的是 S7-1200 PLC 的开放式用户通信,无论是基于 UDP 协议还是 TCP 协议,西门子 PLC 开放式以太网通信的第一步都是调用 TCON 指令建立连接在指令中找到 TCON 指令,然后将它拖拽到程序编辑窗口,进行参数设置	

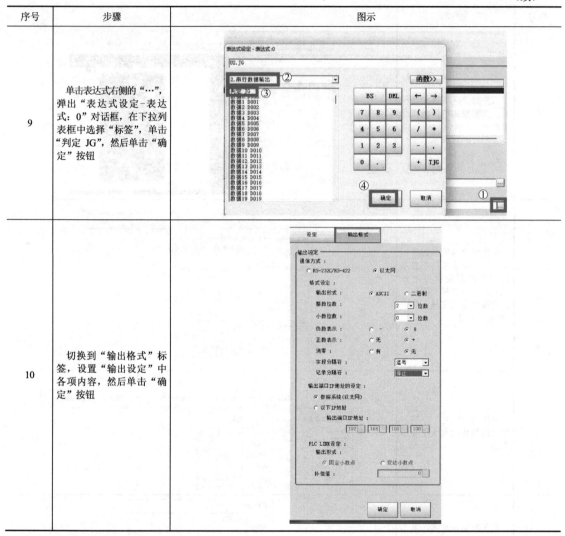

项目 3 典型工业机器人搬运工作站系统的设计及应用

(续)

序号	步骤	图示
2	在 TCON[SFB109]对话框中,选择需要的通信伙伴,通信伙伴可以是项目中已有的 CPU,或者不指定。单击"连接参数",对于 OMRON 视觉伙伴选择"未指定",第①步设置本地 PLC 的"连接类型"为 TCP,"连接 ID(十进制)"为 1,选择"主动建立连接";第②步设置视觉的 IP "地址";第③步"伙伴端口"设置为 2000	
3	TRCV 指令用来完成对 TCP、ISO-ON-TCP 协议的数据接收(不支持 UDP 协议),在指令标签中找到 TRCV 指令,将它拖拽到程序编辑窗口,然后设置参数	
4	在使用 TSEND 指令发送数据之前,要首先使用 TCON 来建立连接。在指令标签中找到 TSEND 指令,将它拖拽到程序编辑窗口,然后设置参数	
5	指令 TDISCON 为异步执行指令,即该作业的执行可跨多个调用。使 REQ=1,调用指令 TDISCON,可以启动连接终止作业。在指令标签中找到 TDISCON 指令,将它拖拽到程序编辑窗口,然后设置参数	

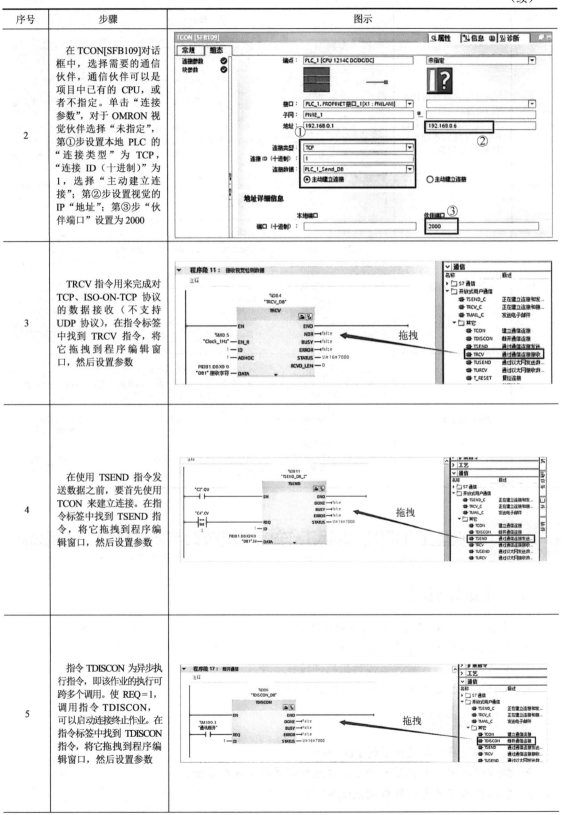

107

(续)

序号	步骤	图示
6	通过视觉流程设计参数的设置和 PLC 程序设计，在需要发送的数据块中预先填入相应的视觉控制通信代码	15 SG Array[0..4] of Char 24.0 16 SG[0] Char 24.0 'S' 'S' 17 SG[1] Char 25.0 'G' 'G' 18 SG[2] Char 26.0 ' ' ' ' 19 SG[3] Char 27.0 '0' '0' 20 SG[4] Char 28.0 '$R' '$R' 21 S Array[0..3] of Char 30.0 22 S[0] Char 30.0 'S' 'S' 23 S[1] Char 31.0 ' ' ' ' 24 S[2] Char 32.0 '0' '0' 25 S[3] Char 33.0 '$R' '$R' 26 M Array[0..1] of Char 34.0 27 M[0] Char 34.0 'M' 'M' 28 M[1] Char 35.0 '$R' '$R'
7	接收检测成功数据	DB1 名称 数据类型 偏移量 起始值 监视值 1 Static 2 接收字符 Array[0..9] of Char 0.0 3 接收字符[0] Char 0.0 ' ' '1' 4 接收字符[1] Char 1.0 ' ' '$R' 5 接收字符[2] Char 2.0 ' ' '$R' 6 接收字符[3] Char 3.0 ' ' ' ' 7 接收字符[4] Char 4.0 ' ' ' '
8	接收检测失败数据	DB1 名称 数据类型 偏移量 起始值 监视值 1 Static 2 接收字符 Array[0..9] of Char 0.0 3 接收字符[0] Char 0.0 ' ' '0' 4 接收字符[1] Char 1.0 ' ' '$R' 5 接收字符[2] Char 2.0 ' ' '$R' 6 接收字符[3] Char 3.0 ' ' ' ' 7 接收字符[4] Char 4.0 ' ' ' '

任务 3.6　典型工业机器人搬运工作站系统的安装与调试及 PLC 程序编写

【知识目标】

1. 掌握编写 PLC 工艺流程的方法和步骤。
2. 掌握人机界面设计的方法和步骤。
3. 掌握工业机器人搬运工作站的硬件接线原理及方法。
4. 掌握工业机器人搬运工作站联机调试的方法。

【技能目标】

1. 能够编写符合工艺要求的 PLC 程序。
2. 能够设计出工业机器人搬运工作站控制系统的人机界面。
3. 能够根据工艺要求联机调试设备。

项目 3　典型工业机器人搬运工作站系统的设计及应用

【素质目标】

1. 具备根据工艺要求完成程序编写的能力。
2. 学会与人沟通、协调，共同完成任务

【任务情景】

对该工业机器人搬运工作站系统进行安装与调试，并完成 PLC 程序的编程工作。

【任务分析】

任务 3.4 完成了工业机器人搬运工作站系统的仿真，验证了搬运工作站实际工作的可执行性，通过软件仿真对工业机器人搬运工作站提出修改意见并及时调整。在完成了系统的仿真后可进入工作站的安装与调试环节，应基于前期设计好的相关施工图样进行规范施工。本项目应首先完成搬运工作站的硬件安装与调试，再按照搬运工作站的工艺要求编写 PLC 控制程序并设计组态人机界面，最后进行系统的联调。

【知识准备】

3.6.1　工作站安装

1. 工具及气路安装

根据任务 3.3 的施工图样完成搬运工作站的非标件及气路的安装，工具及气路的安装如图 3-28 所示，立体仓库的安装如图 3-29 所示。

图 3-28　工具及气路安装图

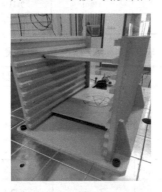

图 3-29　立体仓库的安装

2. 电气安装

按照电气原理图及硬件安装位置，完成电气设备安装及接线，如图 3-30 所示。

图 3-30　电气设备安装及接线图

3.6.2　PLC 程序编写

1. 建立 I/O 变量分配

首先根据规划创建 PLC 的 I/O 变量，4A1～4A5 模块变量见表 3-16～表 3-20，然后分别编写各部分程序。

表 3-16　4A1 模块 I/O 变量表

序号	变量名	数据类型	逻辑地址	注释
1	1 号气缸运行位	Bool	%I0.0	1 号气缸运行时对应的逻辑地址
2	2 号气缸运行位	Bool	%I0.1	2 号气缸运行时对应的逻辑地址
3	1 号气缸原位	Bool	%I0.2	1 号气缸原位时对应的逻辑地址
4	2 号气缸原位	Bool	%I0.3	2 号气缸原位对应的逻辑地址
5	上料台急停	Bool	%I0.7	上料台急停对应的逻辑地址
6	安全插销	Bool	%I1.3	安全插销对应的逻辑地址
7	安全光栅	Bool	%I1.4	安全光栅对应的逻辑地址
8	安全门急停	Bool	%I1.5	安全门急停对应的逻辑地址

表 3-17　4A2 模块 I/O 变量表

序号	变量名	数据类型	逻辑地址	注释
1	传送带_左气缸运行位	Bool	%I2.0	传送带_左气缸运行时对应的逻辑地址
2	传送带_右气缸运行位	Bool	%I2.1	传送带_右气缸运行时对应的逻辑地址
3	传送带_左气缸原位	Bool	%I2.2	传送带_左气缸原位对应的逻辑地址
4	传送带_右气缸原位	Bool	%I2.3	传送带_右气缸原位对应的逻辑地址
5	传送带左工件传送位	Bool	%I2.4	传送带左工件传送时对应的逻辑地址

(续)

序号	变量名	数据类型	逻辑地址	注释
6	传送带右工件传送位	Bool	%I2.5	传送带右工件传送时对应的逻辑地址
7	传送带急停	Bool	%I2.6	传送带急停对应的逻辑地址
8	气压检测	Bool	%I2.7	气压检测对应的逻辑地址
9	启动按钮	Bool	%I3.0	启动按钮（带灯绿色）对应的逻辑地址
10	停止按钮	Bool	%I3.1	停止按钮（带灯红色）对应的逻辑地址
11	复位按钮	Bool	%I3.2	复位按钮（蓝色）对应的逻辑地址
12	暂停按钮	Bool	%I3.3	暂停按钮（黄色）对应的逻辑地址
13	操作面板急停	Bool	%I3.4	操作面板急停对应的逻辑地址

表 3-18　4A3 模块 I/O 变量表

序号	变量名	数据类型	逻辑地址	注释
1	CMDENBL/接收输入信号	Bool	%I4.0	CMDENBL/接收输入信号对应的逻辑地址
2	SYSRDY/系统准备就绪信号	Bool	%I4.1	SYSRDY/系统准备就绪信号对应的逻辑地址
3	PROGRUN/程序执行中信号	Bool	%I4.2	PROGRUN/程序执行中信号对应的逻辑地址
4	PAUSED/暂停中信号	Bool	%I4.3	PAUSED/暂停中信号对应的逻辑地址
5	HELD/保持中信号	Bool	%I4.4	HELD/保持中信号对应的逻辑地址
6	FAULT/报警信号	Bool	%I4.5	FAULT/报警信号对应的逻辑地址
7	ATPERCH/基准点信号	Bool	%I4.6	ATPERCH/基准点信号对应的逻辑地址
8	TPENBL/示教操作盒信号	Bool	%I4.7	TPENBL/示教操作盒信号对应的逻辑地址
9	BATALM/电池异常信号	Bool	%I5.0	BATALM/电池异常信号对应的逻辑地址
10	BUSY/处理中信号	Bool	%I5.1	BUSY/处理中信号对应的逻辑地址
11	ASK1/SN01 选择程序 1	Bool	%I5.2	ASK1/SN01 选择程序 1 对应的逻辑地址
12	ASK2/SN02 选择程序 2	Bool	%I5.3	ASK2/SN02 选择程序 2 对应的逻辑地址
13	ASK3/SN03 选择程序 3	Bool	%I5.4	ASK3/SN03 选择程序 3 对应的逻辑地址
14	机器人允许 PLC 上料平台伺服工作	Bool	%I5.5	ASK4/SN04 选择程序 4 对应的逻辑地址
15	机器人允许传送带动作	Bool	%I5.6	ASK5/SN05 选择程序 5 对应的逻辑地址
16	上一工作站允许本工作站机器人工作	Bool	%I5.7	上一工作站发送到本站的信号

表 3-19　4A4 模块 I/O 变量表

序号	变量名	数据类型	逻辑地址	注释
1	机器人运行灯	Bool	%Q2.0	机器人运行灯（绿色）对应的逻辑地址
2	机器人暂停灯	Bool	%Q2.1	机器人暂停灯（红色）对应的逻辑地址
3	三色灯_绿色	Bool	%Q2.2	塔灯_绿色对应的逻辑地址
4	三色灯_黄色	Bool	%Q2.3	塔灯_黄色对应的逻辑地址

(续)

序号	变量名	数据类型	逻辑地址	注释
5	三色灯_红色	Bool	%Q2.4	塔灯_红色对应的逻辑地址
6	上料台夹具气缸打开	Bool	%Q2.5	上料台夹具定位气缸打开时对应的逻辑地址
7	传送带左气缸	Bool	%Q2.6	传送带左气缸对应的逻辑地址
8	传送带右气缸	Bool	%Q2.7	传送带右气缸对应的逻辑地址
9	允许下一工作站机器人联动	Bool	%Q3.0	允许下一工作站机器人抓取工件时对应的逻辑地址
10	塔灯蜂鸣器	Bool	%Q3.1	塔灯蜂鸣器对应的逻辑地址
11	变频器 DI 1	Bool	%Q3.2	变频器使能对应的逻辑地址
12	变频器 DI 2	Bool	%Q3.3	变频器多段速1对应的逻辑地址
13	变频器 DI 3	Bool	%Q3.4	变频器多段速2对应的逻辑地址
14	变频器 DI 4	Bool	%Q3.5	变频器多段速3对应的逻辑地址

表 3-20　4A5 模块 I/O 变量表

序号	变量名	数据类型	逻辑地址	注释
1	IMSTP/急停信号	Bool	%Q4.0	IMSTP/急停信号对应的逻辑地址
2	HOLD/暂停	Bool	%Q4.1	HOLD/暂停对应的逻辑地址
3	SFSPD/机器人减速信号	Bool	%Q4.2	SFSPD/机器人减速信号对应的逻辑地址
4	CSTOP1/循环停止信号	Bool	%Q4.3	CSTOP1/循环停止信号对应的逻辑地址
5	FAULT RESET/解除报警	Bool	%Q4.4	FAULT RESET/解除报警对应的逻辑地址
6	START/外部启动信号	Bool	%Q4.5	START/外部启动信号对应的逻辑地址
7	HOME/复位	Bool	%Q4.6	HOME/复位对应的逻辑地址
8	ENBL/允许机器人动作	Bool	%Q4.7	ENBL/允许机器人动作对应的逻辑地址
9	RSR0001	Bool	%Q5.0	RSR0001/程序1对应的逻辑地址
10	RSR0002	Bool	%Q5.1	RSR0002/程序2对应的逻辑地址
11	RSR0003	Bool	%Q5.2	RSR0003/程序3对应的逻辑地址
12	RSR0004	Bool	%Q5.3	RSR0004/程序4对应的逻辑地址
13	RSR0005	Bool	%Q5.4	RSR0005/程序5对应的逻辑地址
14	允许机器人去抓传送带工件	Bool	%Q5.5	允许机器人去抓传送带工件对应的逻辑地址
15	允许机器人抓上料平台工件	Bool	%Q5.6	允许机器人抓上料平台工件对应的逻辑地址
16	允许机器人放料到传送带	Bool	%Q5.7	允许机器人放料到传送带对应的逻辑地址

2. PLC 与工业机器人通信

（1）硬件网络连接

网线直连，将普通网线的一头插 S7-1500 PLC 的 PROFINET 通信口，另一头插机器人的 PROFINET 通信板的通信口。机器人与 PLC 对应的通信，在机器人控制柜都需要安装对应的板卡以及软件功能，如机器人柜子：R-30iB Mate，机器人主体：FANUC M-10iA，硬件网络连接方法见表 3-21。

表 3-21 硬件网络连接方法

序号	步骤	图示
1	FANUC 机器人以太网通信板	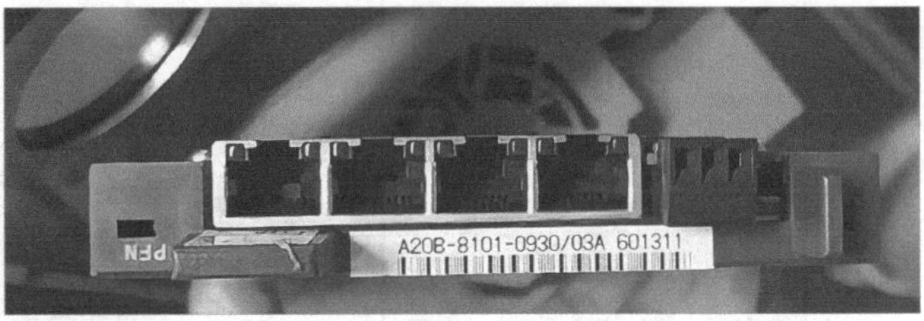
2	4 个以太网口功能：1~2 网口做从站与其他设备连接；3~4 网口做主站与其他设备连接。当工业机器人做主站时，需要接 24V 直流电流	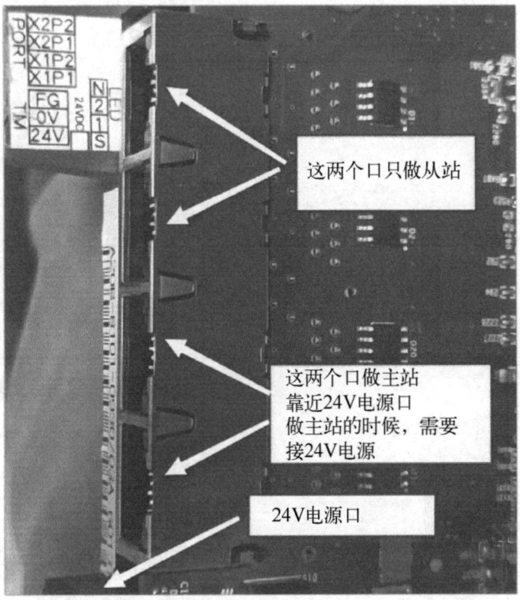
3	机器人做从站时，RJ45 通信线接在下面 2 个网口	

（2）PLC 网络设置

PLC 与机器人通信网络设置方法见表 3-22。

表 3-22 PLC 与机器人通信网络设置方法

序号	步骤	图示
1	在组态好的博途软件中,打开设备视图→双击 PLC 网络端口,单击"属性"→"常规"→"以太网地址",在"IP 协议"中输入"IP 地址"(注意:PLC 的 IP 地址应跟机器人的 IP 地址在同一网段内)	
2	当博途软件需要与第三方设备进行 PROFINET 通信时(如与 FANUC 机器人通信),需要安装第三方设备的 GSD 文件。单击菜单中"选项"→"管理通用站描述文件(GSD)(D)",在弹出的"管理通用站描述文件"对话框中,选择 GSD 文件所在源路径,勾选需要安装的 GSD 文件,然后单击"安装"按钮	

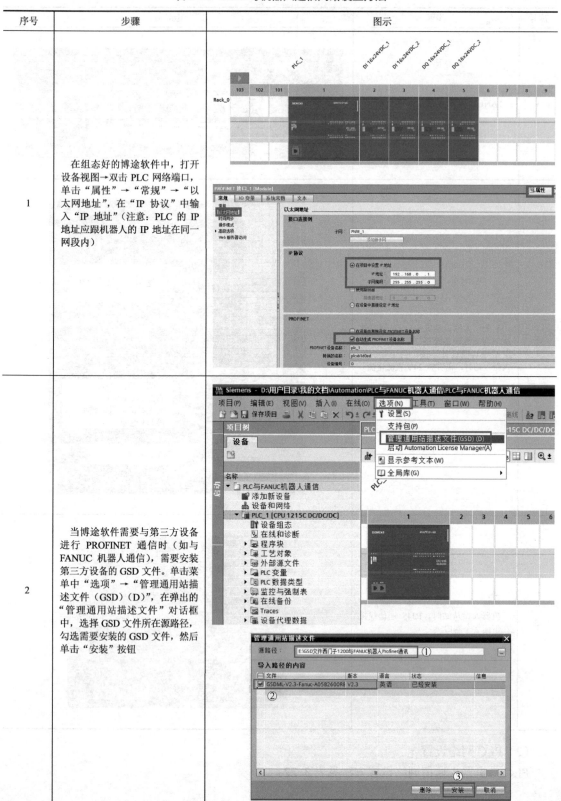

项目3 典型工业机器人搬运工作站系统的设计及应用

（续）

序号	步骤	图示
3	在界面右侧，单击硬件目录中的"其它现场设备"→PROFINET I/O→I/O→FANUC→R-30iB EF2→A05B-2600-R834:FANUC Robot Controller(1.0)	
4	在"r30ib-iodevice[A05B-2600-R834:FANUC Robot Controller (1.0)]"对话框中，单击"常规"→"PROFINET 接口[X1]"→"以太网地址"，在"以太网地址"选项卡中输入"IP 地址""子网掩码"及"PROFINET 设备名称"（注意：机器人 IP 地址应与机器人本体设置的 IP 地址一致，设备名称应与机器人本体设置的名称一致）	
5	在"设备概览"选项卡中，根据项目需求添加通信 I/O 字节数。此项目添加 8 字节的输入输出模块（与机器人设置的输入输出一致）	

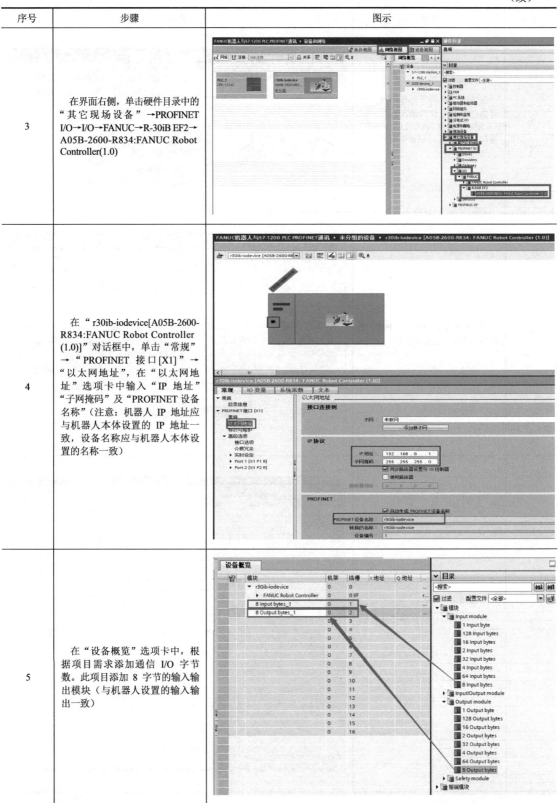

(续)

序号	步骤	图示
6	在博途软件的"设备和网络"界面,单击工业机器人画面中的"未分配",选择"PLC_1.PROFINET接口_1",进行控制器分配	
7	完成控制器的分配后,PLC 与机器人之间会连接在一起	
8	组态完成后,进行编译并下载到 PLC	

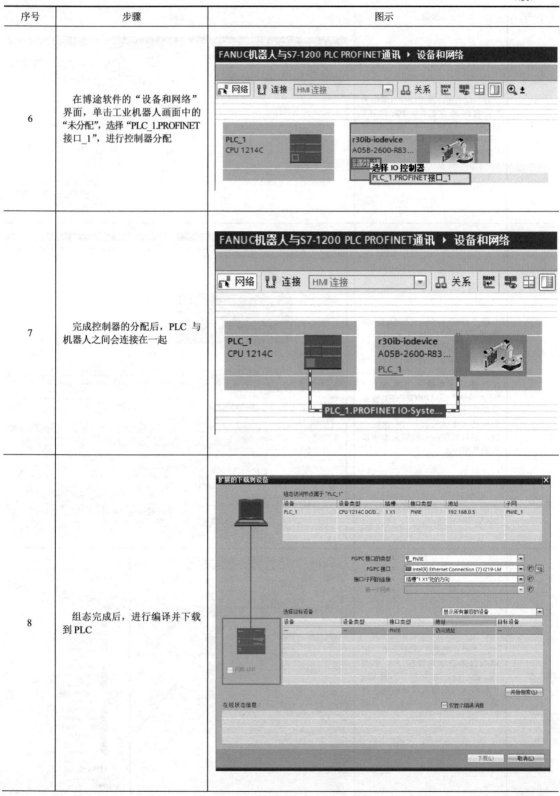

(续)

序号	步骤	图示
9	设置机器人 PROFINET 地址：按示教器上〈MENU〉键，选择"5 I/O"，在"I/O 2"中选择"3 PROFINET(M)"，按〈ENTER〉键选中"2 频道"（备注：2 频道是机器人做从站）→按〈DISP〉键→定址模式选择 DCP→选中 IP 地址→按〈F4〉键（编辑）→编辑完成后→按〈F1〉键（适用）→完成 IP 地址编辑。(备注：2 频道需要按〈F5〉键，有效后 2 频道方可使用)。注意：此处地址、名称都应与 PLC 组态时的一致	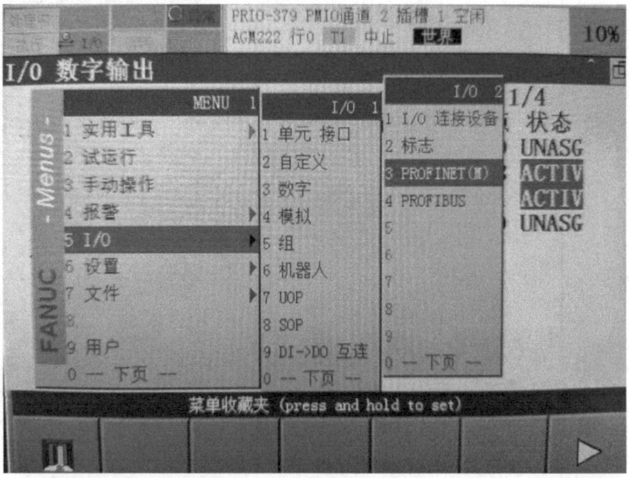 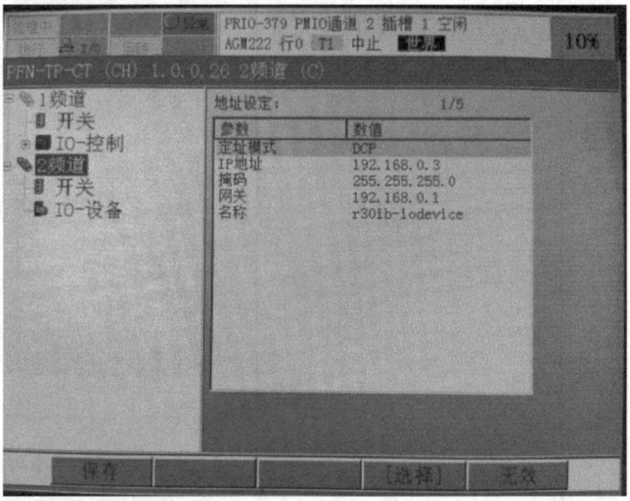
10	编辑插槽类型和字节长度：按示教器上〈MENU〉键，选择"5 I/O"，在"I/O 2"中选择"3 PROFINET(M)"，按〈F4〉键（编辑），选中输入输出插槽，编辑完成后，按〈F1〉键（适用），将光标移到插槽大小，按〈F4〉键（编辑），选中字节大小，按〈F1〉键（适用），编辑完成	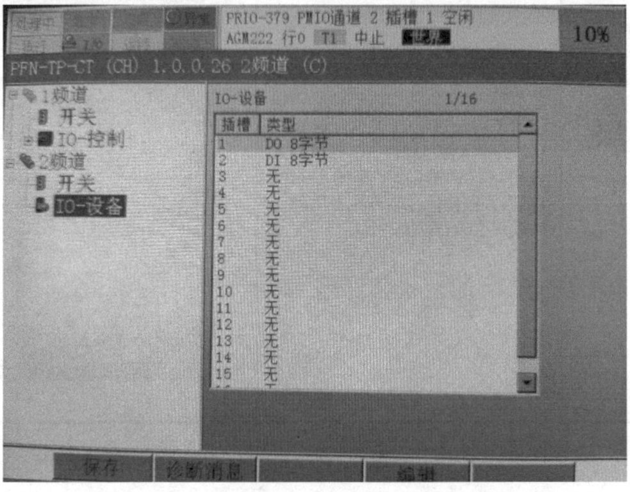

(续)

序号	步骤	图示
11	按示教器上〈MENU〉键,选择"5 I/O",在"I/O 1"中选择"3 数字",按〈ENTER〉键 在 I/O 数字输入界面,按〈F2〉键(分配) DI 范围:本项目组态了 8 个字节输入/8 个字节输出,所以输入的范围是 1~64 之间;机架:102 是机器人做从站;插槽:1;开始点:1	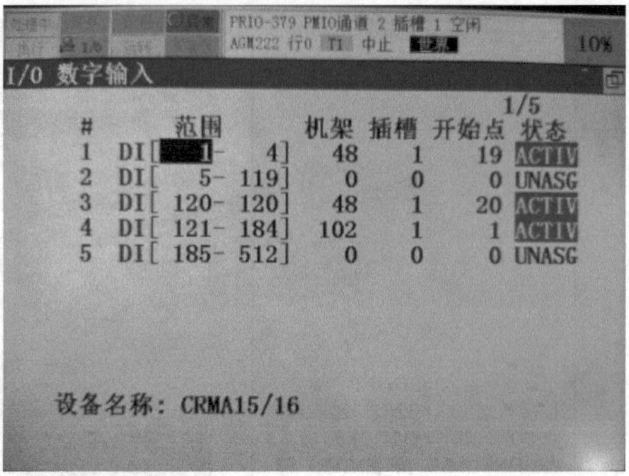 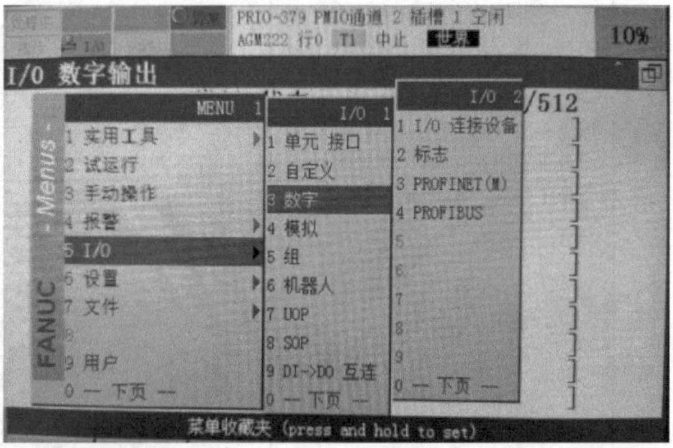
12	DO 范围:本项目组态了 8 个字节输入/8 个字节输出,所以输出的范围是 1~64 之间;机架:102 机器人做从站,101 是机器人做主站;插槽:1;开始点:21(机器人的前面 20 点是专用的,所以从 21 点开始)	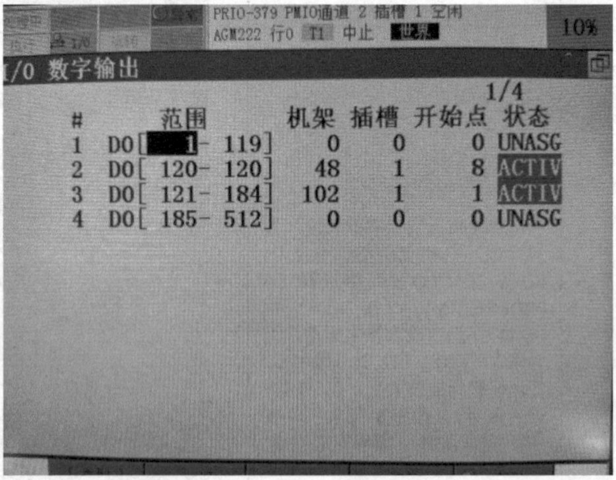

3. 编写 PLC 程序

根据工业机器人搬运工作站工艺流程要求，以 I/O 分配表为基础编写汽车门饰板搬运工作站控制程序。

（1）程序结构

程序结构如图 3-31 所示。

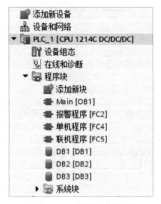

图 3-31　程序结构图

（2）主程序

主程序如图 3-32 所示。

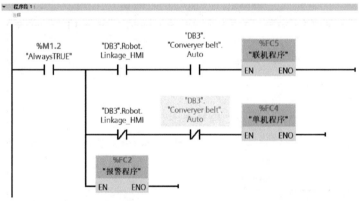

图 3-32　主程序图

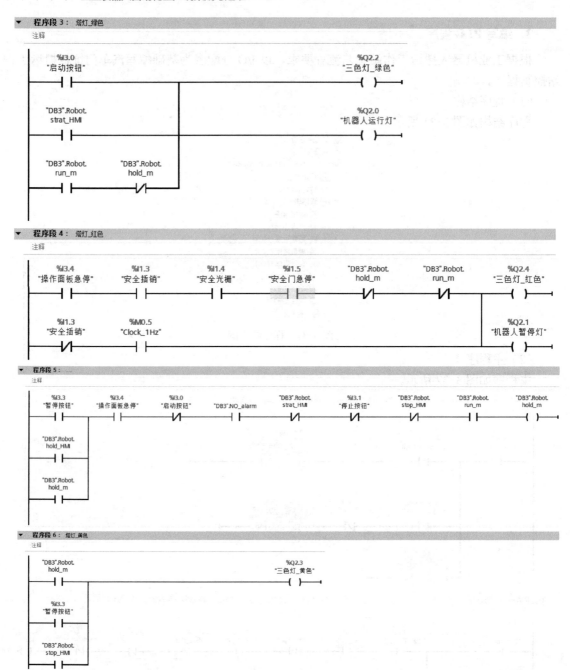

图 3-32 主程序图（续）

(3) 子程序

子程序包括报警程序、单机程序、联机程序等，可根据其要求设计编写。

4. 触摸屏程序的设计

(1) 触摸屏主画面设计

触摸屏主画面设计如图 3-33 所示。

项目3 典型工业机器人搬运工作站系统的设计及应用

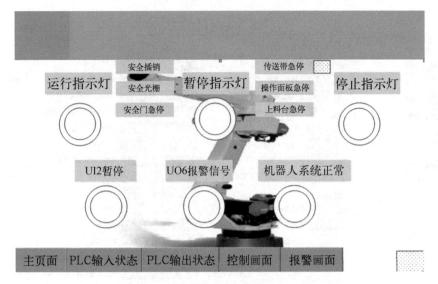

图 3-33 触摸屏主画面

（2）PLC 输入信号

PLC 输入信号如图 3-34 所示。

地址	名称	地址	名称	地址	地址	名称
I0.0	1号气缸运行位	I2.0	传送带_左气缸运行位	I4.0	I100.0	CMDENBL/接收输入信号
I0.1	2号气缸运行位	I2.1	传送带_右气缸运行位	I4.1	I100.1	SYSRDY/系统准备就绪信号
I0.2	1号气缸原位	I2.2	传送带_左气缸原位	I4.2	I100.2	PROGRUN/程序执行中信号
I0.3	2号气缸原位	I2.3	传送带_右气缸原位	I4.3	I100.3	PAUSED/暂停中信号
I0.7	上料台急停	I2.4	传送带左工件传送位	I4.4	I100.4	HELD/保持中信号
I1.3	安全插销	I2.5	传送带右工件传送位	I4.5	I100.5	FAULT/报警信号
I1.4	安全光栅	I2.6	传送带停	I4.6	I100.6	ATPERCH/基准点信号
I1.5	安全门急停	I2.7	气压检测	I4.7	I100.7	TPENBL/示教器操作急信号
		I3.0	启动按钮	I5.0	I101.0	BATALM/电池异常信号
		I3.1	停止按钮	I5.1	I101.1	BUSY/处理中信号
		I3.2	复位按钮	I5.2	I101.2	ASK1/SNO1选择程序1
		I3.3	暂停按钮	I5.3	I101.3	ASK2/SNO2选择程序2
		I3.4	操作面板急停	I5.4	I101.4	ASK3/SNO3选择程序3
				I5.5	I101.5	机器人允许PLC上料平台伺服工作
				I5.6	I101.6	机器人允许传送带动作
				I5.7	I101.7	上一工作站允许本工作站机器人工作

图 3-34 PLC 输入信号

（3）PLC 输出信号

PLC 输出信号如图 3-35 所示。

图 3-35 PLC 输出信号

（4）控制画面

控制画面如图 3-36 所示。

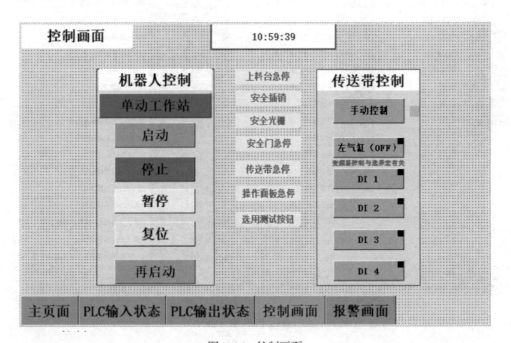

图 3-36 控制画面

（5）报警画面

报警画面如图 3-37 所示。

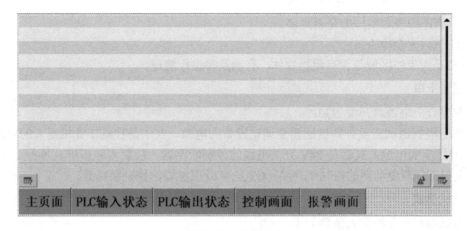

图 3-37　报警画面

5．视觉流程设计

视觉流程设计方法见表 3-14。

3.6.3　工作站调试

工业机器人工作站调试是一项复杂的任务，因为需要在调试的每个阶段修复所有错误。软件开发人员和工程师经常使用数字工具来调试程序，以查看和编辑编码语言，并涉及有关程序如何工作的说明。调试过程中可以处理代码的各个部分，以确保程序的每个部分都以预期和最佳的方式运行。

1．调试工业机器人搬运工作站的注意事项

1）所有机器人系统的操作者，都应该参加系统的培训，学习防护措施和机器人的使用。

2）在开始运行机器人前，应确认机器人和外围设备周围没有异常或者危险状况。

3）在进入操作区域内工作前，即便机器人没有运行，也要关掉电源，或者按下紧急停止按钮。

4）当在机器人工作区编程时，应设置相应看守，保证机器人能在紧急情况迅速停车。示教和点动机器人时不要戴手套操作，点动机器人尽量采用低速操作，以保证在遇异常情况时可有效控制机器人使其停止。

5）必须知道机器人控制器和外围控制设备上的紧急停止按钮的位置，以便在紧急情况下能准确按下这些按钮。

6）不要认为机器人处于静止状态时其程序就已经完成，因为此时机器人很有可能是在等待让它继续运动的输入信号。

7）在开机运行前，必须知道机器人根据所编程序将要执行的全部任务。

8）必须知道所有能控制机器人移动的开关、传感器和控制信号的位置和状态。

2．准备工作

（1）上电前的短路与电压检查

利用万用表检查主回路是否存在短路故障，检查主回路与各设备供电电压等级是否正常。

（2）气路与气压检查

启动工位前检查夹具气路情况，检查各连接器是否存在漏气的情况，检查气管是否有磨损和漏气,检查压力表观察压力是否足够。

(3) 工位内安全检查

检查机器人工作区域是否有阻挡物体,有则及时进行清理。

3. 设备上电

1) 首先合上电源总开关 2Q0。

2) 然后根据调试需要分别接通需要调试设备的电源。2Q1 是控制工业机器人的电源;3Q1 是 PLC 及插座的电源;3Q2 是 24V 开关电源的控制断路器,控制着触摸屏及各种 24V 用电设备;Q1 是松下伺服驱动器的控制断路器;Q2 是 V20 变频器的控制断路器。

4. 单机调试

1) 单站运行工业机器人条件如下:

① TP 开关置于 ON。

② 单步或者非单步执行状态(根据需要进行选择)。

③ 模式开关置于 T2 模式。

④ 自动模式为本地控制。

⑤ ENABLE UI SIGNAL(UI 信号有效):TRUE(有效)。

⑥ UI[1]-UI[3]为 ON。

⑦ UI[8]*ENBL 为 ON。

2) 检查仓库原料工件是否充足,每次重新运行机器人搬运工作前都要注意补充原料工件。如果是中断运行程序后再次启动则不需要补充原料工件,否则工业机器人手爪会和工件产生碰撞。

3) 注意仿真程序与实际程序的区别,仿真程序每次搬运的原料工件是在某个点重复进行搬运,而实际编写工业机器人搬运程序时,则应该使用偏置指令 offset 改变下一次搬运时的位置。

5. 联机调试

1) 联机运行工业机器人条件如下:

① TP 开关置于 OFF。

② 非单步执行状态。

③ 模式开关置于自动模式。

④ 自动模式为远程控制。

⑤ ENABLE UI SIGNAL(UI 信号有效):TRUE(有效)。

⑥ UI[1]-UI[3]为 ON。

⑦ UI[8*ENBL 为 ON。

⑧ 系统变量$RMT_MASTER 为 0(默认值是 0)。

2) 在单机调试完成后,检查安全插销、安全光栅、安全门急停、传动带急停、操作面板急停、上料台急停是否被按下。

3) 检查设备上的报警是否已经消除。

4) 检查仓库原料工件是否充足,每次重新运行机器人搬运工作前都要注意补充原料工件。

5) 工业机器人的 I/O 分配机架号使用是否正确。

6) 上一台机器人与下一台机器人之间的"联机允许"硬件接线是否已经连接,且信号能正常通断。

7）确定工位不存在危险因素后，若不存在报警，即按启动、停止、急停按钮对工位进行操作。

任务 3.7　典型工业机器人搬运工作站系统技术交底材料的整理和编写

【知识目标】

1. 掌握工业机器人搬运工作站技术交底材料的编写步骤与方法。
2. 掌握工业机器人搬运工作站技术交底材料的清单。

【技能目标】

1. 根据工业机器人搬运工作站技术交付材料整理全套说明书。
2. 能够按照交底材料的要求完成方案整理。

【素质目标】

养成良好的行为习惯。

【任务情景】

由于需要提供给汽车生产企业关于该工业机器人搬运工作站的技术材料，所以本任务是完成该工作站的技术交底材料的整理与编写工作。

【任务分析】

技术交底是企业极为重要的一项技术管理工作，是施工方案的延续和完善，也是项目质量预控的最后一道关口。其目的是使参与项目施工的技术人员熟悉和了解所承担的项目的特点、设计意图、技术要求、施工工艺及应注意的问题。

通过技术交底，参与项目施工操作的每一个工人都能了解自己所要完成的分项工程的具体工作内容、操作方法、施工工艺、质量标准和安全注意事项等，做到施工操作人员任务明确、心中有数，以达到有序施工、减少各种质量通病和提高施工质量的目的。

【知识准备】

3.7.1　主要技术交底材料

工业机器人搬运工作站主要的技术材料如下：

1. 工作站操作说明书

工作站操作说明书要包含以下内容：

1）工作站概况和基本软、硬件组成。
2）基本操作流程，关键性的技术及操作中可能会存在的问题。
3）特殊设备的操作处理细节及其操作须知。
4）工作站开、关机流程及注意事项。

5）工作站常见故障的现象描述及处理方法。

6）最好能列出工作站的程序，并做出注解。

2. 工作站全套图样

将方案、设计、施工阶段的所有相关图样都整理好交付给使用方。

1）工作站布局图及网络拓扑图。

2）电气原理图及接线图。

3）工作站系统安装图。

4）非标件零件图及装配图。

3. 工作站设备程序

将调试后的设备程序，如工业机器人程序、PLC 程序、HMI 工程文件以及变频设置文件等，全部整理并标注好后交付给使用方。

4. 工作站设备说明书

将工作站中使用的成品设备说明书整理好后交付给使用方，以方便使用方在使用过程中查阅资料。

3.7.2 操作说明书的编写

工作站的技术交底材料编写工作，主要是操作说明书的编写，使用方参考工作站的操作说明书操作设备、调试与维护设备、处理设备简单故障。下面以 FANUC 工业机器人搬运工作站操作说明书为例，了解工业机器人搬运工作站操作说明书的编写方法。

1. 目录

FANUC 工业机器人搬运工作站操作说明书的目录样式如图 3-38 所示。

目　录

```
第一章 FAUNC工业机器人搬运工作站系统操作说明书 ............ 3
  1.1 机器人安全注意事项 ............................ 4
  1.2 机器人运行条件 ................................ 5
  1.3 机器人启动信号 ................................ 5
  1.4 操作控制 ...................................... 5
第二章 FAUNC工业机器人搬运工作站手动操作说明 .......... 7
  2.1 FANUC机器人系统组成 .......................... 8
  2.2 FANUC机器人手动操作 .......................... 10
  2.3 信号配置 ..................................... 12
  2.4 备份和恢复 ................................... 14
第三章 FAUNC工业机器人搬运工作站视觉系统说明 .......... 18
  3.1 组成 ......................................... 19
  3.2 视觉通信设置 ................................. 19
  3.3 PLC通信设置 .................................. 22
第四章 FAUNC工业机器人搬运工作站PLC设定说明书 ......... 24
  4.1 PLC硬件组态 .................................. 25
  4.2 PROFIBUS-DP设定 .............................. 29
  4.3 PROFINET设定 ................................. 36
  4.4 PLC与机器人的地址设定 ........................ 40
第五章 FAUNC工业机器人搬运工作站人机界面使用说明书 .... 42
  5.1 人机界面（HMI）设置 .......................... 43
  5.2 人机界面（HMI）控制说明 ...................... 45
第六章 FAUNC工业机器人搬运工作站异常处理说明 .......... 47
  6.1 一般异常处理 ................................. 48
  6.2 紧急停止原因及恢复操作 ....................... 50
```

图 3-38 FANUC 工业机器人搬运工作站操作说明书的目录样式

2. 正文

这里以 FANUC 工业机器人搬运工作站设备使用和维护手册第一章的内容编写为例,进行操作说明书的编写。

操作说明书编写示例如下。

1.1 机器人安全注意事项

本节将会介绍操作机器人或机器人系统及外围设备应遵守的安全规则和规程。

⚠ 关闭总电源!在机器人及外围设备的安装、维修、保养时,应将总电源关闭,带电作业可能会产生致命性后果。如果人员不慎遭高压电击,会导致心搏停止、烧伤或其他严重伤害。

⚠ 与机器人保持足够安全距离!在调试与运行机器人及外围设备时,机器人可能会执行一些意外的或不规范的运动。并且,所有的运动都会产生很大的力,从而严重伤害人员或损坏机器人工作范围内的任何设备。所以请时刻警惕与机器人保持足够的安全距离。

⚠ 静电放电危险!搬运部件未接地的人员可能会传导大量的静电荷,这一放电过程可能会损坏灵敏的电子设备。

⚠ 紧急停止!紧急停止应优先于任何其他机器人操纵控制及外围设备控制,它会断开机器人及转台的驱动回路,停止所有部件的控制指令。出现以下情况请立即按下任意紧急停止按钮:

1)机器人运动中,工作区域有工作人员。
2)机器人伤害工作人员或损伤了机器设备。
3)转台旋转时,工作区域有工作人员。
4)若机器人与转台没有协调运动,则可能会导致其相撞。

⚠ 灭火!发生火灾时,请确保人员安全撤离后再进行灭火,且应首先处理受伤人员。

⚠ 工作中的安全!机器人在运动过程中会产生很大的力,停顿或停止都会产生危险,即使可以预测轨迹,但外部信号可能会改变操作,会在没有任何警告的情况下,产生意料不到的运动。因此,进入保护空间时,务必注意以下事宜:

1)如果保护空间内有工作人员,请手动操作机器人。
2)当进入保护空间时,请准备好手操器,以便随时控制机器人或按下紧急停止按钮。
3)在靠近机器人时,请确保夹具上的设备不会动作。
4)注意工件表面,长时间运转会导致机器人表面及电动机表面温度过高。
5)注意夹具状态并确保其夹好工件。如果夹具松动或掉落,会导致人员受伤。

❗ 示教器的安全!示教器是一种高品质的手持终端,为了避免它发生故障与损伤,请在操作时注意以下事宜:

1)小心操作示教器,不要摔打、重击、抛掷示教器。
2)定期清洁示教器触摸屏,切勿使用溶剂进行清洁,应使用软布蘸少量水或中性清洁剂进行擦拭。
3)切勿用锋利或尖锐物操作示教器触摸屏。

❗ 手动模式下的安全!电控柜的控制面板应使用手动模式。在保护空间内工作,请保持手动操作。

❗ 自动模式下的安全!启动自动模式前,请确保保护空间没有工作人员、所有外围设备处于就位状态。

1.2 机器人运行条件

1)安全门插销插入。
2)护栏上急停按钮松开。
3)护栏上安全光栅中间没有障碍物。
4)操作面板上的急停按钮松开。
5)机器人控制箱的急停按钮松开。
6)TP示教器上的急停按钮松开。
7)机器人控制箱的J5A接线端子的急停信号接线已连接。

信号条件可以通过"PLC输入"画面来查看,也可以通过"报警信息"来查看。

1.3 机器人启动信号

1)前提:机器人与PLC通信正常,具备运行条件。
2)机器人自动运行必备信号如下:
① UI[1]急停信号。
② UI[2]暂停信号。
③ UI[3]安全速度信号正常状态(ON)。
④ UI[8]使能信号。
3)启动方式。PNS启动,RSR启动。
4)启动方式中的信号均是脉冲型。本次使用了UI[9]RSR1作为启动信号。

1.4 操作控制

(1)单站控制

1)操作电箱的按钮与HMI触摸屏的按钮功能一致,如"启动""停止""暂停""复位"。
2)按"启动"按钮,满足机器人的启动条件后,机器人开始运行,绿色按钮灯亮的同时实训平台上的三色灯的绿色灯亮。
3)由于机器人没有所谓的停止信号,因此,单击"暂时"与单击"停止"的效果是一样的,机器人暂停时,三色灯的黄色灯亮。
4)机器人启动后,如果出现问题,机器人暂停,可以先按下"暂停"按钮再启动运行机器人。

(2)联动控制

1)将机器人控制栏"单动控制"切换到"联动控制",机器人会做其中一个搬运动作。
2)将传送带控制栏"手动控制"切换到"自动控制",传送带将作为一个搬运桥梁。
3)工业机器人联动控制流程如下:
① 启动时,1号机器人使用吸盘工具将汽车门饰板从仓库中取出并放到焊接平台上由夹具夹紧。
② 1号机器人更换工具后对汽车门饰板进行点焊作业。
③ 点焊结束,工作平台上夹具打开后再次更换吸盘工具,将汽车门饰板放在传送带。
④ 传送带检测到有物料,然后开始传送汽车门饰板至另一端,另一端检测到有物料,传送带停止。
⑤ 2号机器人将汽车门饰板从传送带上取走,并搬运到视觉检测位置进行焊点质量及数量的检查,检查后将汽车门饰板放至对应的入库位置。

注意:机器人的控制与机器人的编程有关系。

【项目测试】

测试内容在"工业机器人基础应用实训平台"上进行，该平台由工业机器人、伺服定位模块、立体供料模块、视觉检测模块、输送模块、打磨模块、工具架等组成，平台结构如图3-39所示。

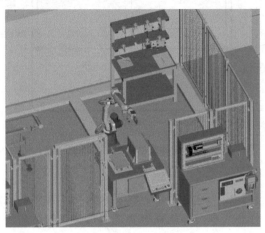

图3-39 平台结构图

为实现汽车门饰板的生产，基本流程为：在触摸屏HMI选择工序下单后，机器人从立体仓库中抓取金属汽车门饰板到视觉检测模块进行二维码检测，以获得汽车门饰板尺寸。如果触摸屏下单的加工工艺为检测汽车门饰板划痕，则机器人将汽车门饰板放到视觉检测模块对它进行划痕检测作业；如果检测到加工工艺为汽车门饰板打磨，则机器人将汽车门饰板搬运到砂带打磨机进行打磨；如果检查到加工工艺为汽车门饰板点焊，则机器人将汽车门饰板放到伺服定位模块对它进行点焊作业。三种加工工艺完成后，由机器人将汽车门饰板搬运至输送模块上料处，并控制输送模块对汽车门饰板进行输送。汽车门饰板放置到输送带上被传感器检测后，需经过5s方可启动，以确保吸盘已经完全将它松开。放到输送带上的汽车门饰板需要输送到最末端，当传感器检测到它时，停止输送带的运行。

待加工的汽车门饰板有两种规格，分别是400mm×240mm，厚6mm车门饰板；300mm×240mm，厚6mm。两种规格的汽车门饰板如图3-40所示。

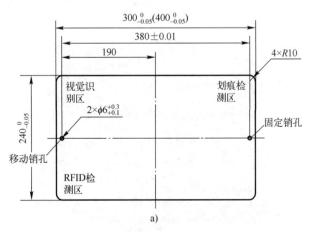

图3-40 两种规格的汽车门饰板

a) 背面

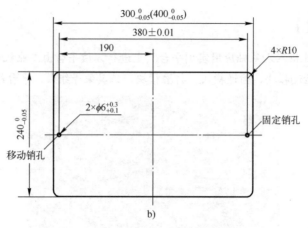

图 3-40 两种规格的汽车门饰板（续）

b) 正面

工作站所用机器人工具如图 3-41 所示，机器人末端工具中的点焊工具用于点焊汽车门饰板，吸盘工具用于取放、打磨汽车门饰板或者将汽车门饰板搬运到视觉传感器以识别二维码及划痕长度；外部工具中的打磨砂带机用于打磨汽车门饰板四条边上的毛刺。

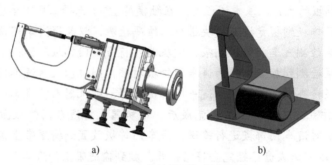

图 3-41 工作站所用机器人工具

a) 机器人末端工具　b) 外部工具

各种规格的汽车门饰板在立体仓库中的状态如图 3-42 所示。

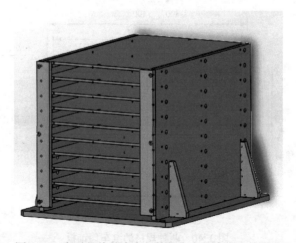

图 3-42 各种规格的汽车门饰板在立体仓库中的状态

汽车门饰板在输送模块中的状态如图 3-43 所示。

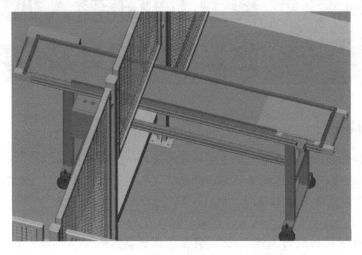

图 3-43 汽车门饰板在输送模块中的状态

汽车门饰板在伺服定位模块中的状态如图 3-44 所示。

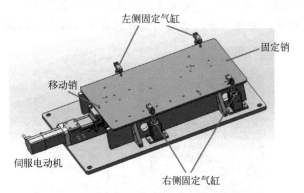

图 3-44 汽车门饰板在伺服定位模块中的状态

【拓展阅读】

目前，地球轨道上已经排布了 8000 多颗卫星，其中的上千颗遥感卫星就像照相机一样，24h 就能完成 1.6 亿 km^2 的影像拍摄，相当于一天能对全球陆地全覆盖监测一次。中国科学院空天信息创新研究院的团队正在用遥感图像制作三维地图，他们利用人工智能方法，开发了一个面向遥感领域的、通用的大模型——"空天·灵眸"。在这个过程中，需要超大规模的算力支持。而"空天·灵眸"的算力来源于远在成都的智算中心。这三排人工智能服务器集群，能支持每秒 30 亿亿次计算，相当于 20 万台普通计算机，是最快的人工智能集群之一。今天，算力就像一百多年前的电力一样重要，正在重塑工业制造。

项目 4 典型工业机器人弧焊工作站系统的设计及应用

【项目场景】

为了完成焊接任务,需要在智能制造焊接车间设计一个有3台6轴 FANUC M-10iA 弧焊机器人的工作站,并配有焊机、送丝机及专用焊枪,可分别实现点焊或者TIG焊、MAG焊,可以独立完成焊接工作,也可以使用在自动化生产线上,作为焊接工序的一个工艺部分,成为一个具有焊接功能的工作"站"。典型工业机器人弧焊工作站主要包括:机器人系统(机器人本体、机器人控制柜、示教盒)、焊接电源系统(焊机、送丝机、焊枪、焊丝盘支架)、焊枪防碰撞传感器、变位机、焊接工装系统(机械、电控、气路/液压)、清枪器、控制系统(PLC控制柜、HMI触摸屏、操作台)、安全系统(围栏、安全光栅、安全锁)和排烟除尘系统(自净化除尘设备、排烟罩、管路)等,常见的工业机器人弧焊工作站如图4-1所示。

企业焊接工作站运行演示1

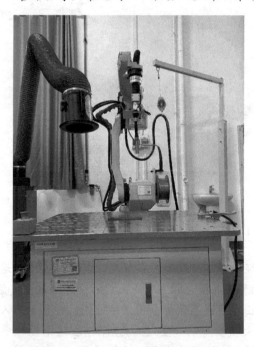

图 4-1 常见的工业机器人弧焊工作站

【项目描述】

智能制造焊接车间需要焊接一批由低碳钢板、管组件组装、焊接成的全封闭压力容器。低碳钢板厚度有8mm、10mm两种,钢管规格为$\phi 51mm \times 4mm$。容器结构三维示意如图4-2所示。

项目 4 典型工业机器人弧焊工作站系统的设计及应用

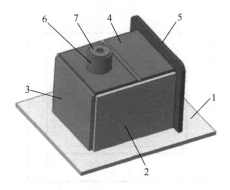

图 4-2 全封闭压力容器结构三维示意图

容器各零部件下料数量和尺寸要求见表 4-1。

表 4-1 各零部件下料数量及尺寸要求

（单位：mm）

编号	零部件名称	尺寸规格	数量	材质
1	底板	318(长)×266(宽)×10(厚)	1	Q235
2	左、右立板	200(长)×180(高)×8(厚)	2	Q235B
3	前立板	180(高)×150(宽)×8(厚)	1	Q235B
4	盖板	150(长)×100(宽)×8(厚)，在长边单侧开单 V 形坡口 30±2.5°	2	Q235B
5	后立板	226(长)×218(宽)×10(厚)	1	Q235B
6	管	51(管径)×4(壁厚)	1	20G
7	管端盖板	43(直径)×10(厚)	1	Q235B

容器组装与焊接要求如图 4-3 所示。

现在需要根据焊接任务进行工艺分析及硬件选型，设计一个典型工业机器人弧焊工作站，工作站包括机器人系统、焊接电源系统、控制系统、安全系统等，设计出的工作站应在软件上进行建模仿真，然后进行编程调试并对工件进行焊接，最终完成本项目。

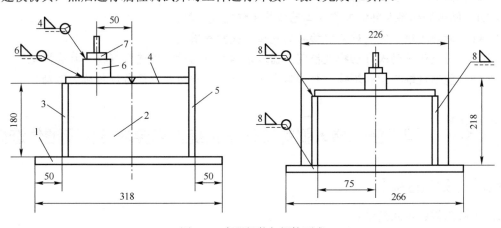

图 4-3 容器组装与焊接要求

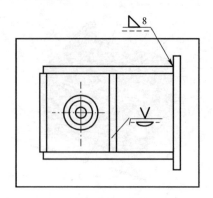

图 4-3　容器组装与焊接要求（续）

【知识目标】

1. 熟悉机器人弧焊工作站工艺要求分析及硬件选型。
2. 熟悉机器人弧焊工作站设计方案的编写。
3. 了解机器人弧焊工作站施工图的设计及建模。
4. 掌握机器人弧焊工作站系统的仿真。
5. 熟悉机器人弧焊工作站程序的编写及安装与调试。

【技能目标】

1. 能说出机器人弧焊工作站的工艺要求及硬件选择依据。
2. 能编写机器人弧焊工作站设计方案。
3. 能利用仿真软件对机器人弧焊工作站进行仿真。
4. 能编写机器人弧焊工作站程序并进行调试。

【《工业机器人操作与运维职业技能等级标准》（高级）相关要求】

3.4.1　能识读机械装配图，选择机械零部件并规划位置。
3.4.2　能识读电气线路图，选择电气元件并规划位置。
3.4.4　能根据机器人典型工作站工艺指导文件完成装配。
3.14.6　能通过编程完成对装配物品的定位、夹紧和固定。
3.14.7　能通过手动或自动模式控制机器人末端执行器对工件进行焊接、打磨抛光等操作。
3.14.8　能通过编程控制焊接、打磨抛光等复杂工艺周边外围设备进行协同运动。

任务 4.1　典型工业机器人弧焊工作站系统工艺要求分析及硬件选型

【知识目标】

1. 了解弧焊机器人的特点。
2. 熟悉弧焊机器人的工艺要求分析。

3. 熟悉弧焊机器人的硬件依据。

【技能目标】

1. 能说出弧焊机器人的工艺要求。
2. 能选择合适的弧焊机器人硬件。

【素质目标】

1. 具有一定的全局观念,具备信息收集和处理能力,分析和解决问题能力及交流合作能力。
2. 树立职业理想,增强家国情怀。

【任务情景】

焊接车间需要把两块尺寸为 50mm×200mm×3mm 的 Q235 钢板,通过对接 I 形坡口焊接方式进行水平位置焊接。

技术要求如下:

1)采用 CO_2 作为保护气体,使用 $\phi 1.0mm$ 的 H08Mn2SiA 焊丝,通过在线示教编程操作机器人完成焊接作业。

2)焊缝外观质量要求见表 4-2。

表 4-2 焊缝外观质量要求

检查项目	标准值	检查项目	标准值
焊缝余高/mm	0～2	焊缝高低差/mm	0～1
焊缝宽度/mm	4～6	错边量/mm	0～1
焊缝宽窄差/mm	0～1	角变形/(°)	0～3
咬边尺寸/mm	深度≤0.5,长度≤15	焊缝外观成形	波纹均匀整齐,焊缝成形良好

【任务分析】

在焊接车间中,每一个弧焊机器人都是由机器人本体、控制柜、焊接机、示教盒、送丝机构、供气系统、焊枪、电缆等组成。所选用的弧焊机器人配套设备一般均具有与机器人本体通信的相应接口,以便与机器人本体交换信号、顺利被机器人焊接控制系统调用。已知焊件结构的技术要求、结构、母材牌号及尺寸规格(板厚、管径与壁厚)、接头形式、焊接位置、焊接方法、焊材、气体等。根据焊接任务进行弧焊机器人焊接工艺分析及弧焊机器人硬件的选择。

【知识准备】

4.1.1 弧焊机器人的基础知识

工业机器人弧焊工作站由机器人、焊机及相关装置控制、工件及焊接变位机等组成,如图 4-4 所示。

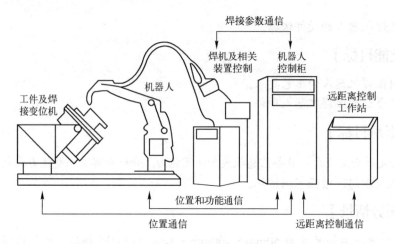

图 4-4 工业机器人弧焊工作站组成图

（1）弧焊机器人

弧焊机器人包括 FANUC R-10iA 机器人本体、R-30iA Mate 机器人控制柜以及示教盒。FANUC R-10iA 机器人本体及焊枪如图 4-5 所示。

FANUC R-10iA 机器人为 6 轴弧焊专用机器人，由驱动器、传动机构、机械手臂、关节以及内部传感器组成，可以精确地控制机械手末端执行器所要求的位置、姿态和运动轨迹。焊枪与机器人手臂可直接通过法兰连接。

（2）电弧焊机

电弧焊机是为电弧焊提供一定特性的电源的设备。Lincoln Invertec CV350-R 焊机如图 4-6 所示。

图 4-5 FANUC R-10iA 机器人本体及焊枪

图 4-6 Lincoln Invertec CV350-R 焊机

Lincoln Invertec CV350-R 焊机的技术参数见表 4-3。

表 4-3 Lincoln Invertec CV350-R 焊机的技术参数

项目	参数
额定输出电压/V，电源相数	AC 380，三相
额定频率/Hz	50
额定输出功率/(kV·A)	18
输出电流范围/A	60～350，350（60%）

(续)

项目	参数
通信方式	ArcLink
焊接波型	CV
熔接法(焊接方法)	CO_2气体保护焊、MAG/MIG焊、脉冲焊接
适用母材	碳钢、不锈钢、铝

机器人控制柜 R-30iA Mate 通过焊接指令电缆向焊机发出控制指令,如改变焊接参数(焊接电压、焊接电流)、起弧、息弧等。

(3) 焊枪

焊枪将焊机的大电流产生的热量聚集在焊枪的终端来熔化焊丝,熔化的焊丝渗透到需要焊接的部位,冷却后,被焊接的物体牢固地连接成一体。

FANUC R-10iA 机器人本体安装的焊枪型号为 SRCT-308R,如图 4-7 所示,其内置防撞传感器。

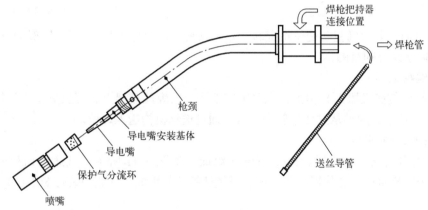

图 4-7 SRCT-308R 型焊枪

SRCT-308R 型焊枪的技术参数见表 4-4。

表 4-4 SRCT-308R 型焊枪的技术参数

项目	参数
额定电流(CO_2气体保护焊)/A	350
额定电流(MAG 焊)/A	300
使用率/(%)	60
适用焊丝直径/mm	0.8~1.2
冷却方式	空冷
电缆长度/m	0.8~5

(4) 送丝机

送丝机是在微型计算机控制下,根据设定的参数连续稳定地送出焊丝的自动化送丝装置,如图 4-8 所示。送丝机主要由送丝电动机、压紧机构、送丝滚轮(主动轮、从动轮)等部分组成。

送丝电动机驱动主动轮旋转,为送丝机提供动力,从动轮将焊丝压入送丝滚轮上的送丝槽,增大焊丝与送丝滚轮之间的摩擦,将焊丝修整平直、平稳送出,使进入焊枪的焊丝在焊接过程中不会出现卡丝现象。

(5) 焊接变位机

焊接变位机用来承载工件及焊接所需工装，主要作用是实现工件在焊接过程中的翻转、变位，以便获得最佳的焊接位置，通过缩短辅助时间来提高劳动生产率、改善焊接质量，是机器人焊接作业不可缺少的周边设备。焊接变位机如图4-9所示。

图4-8 送丝机

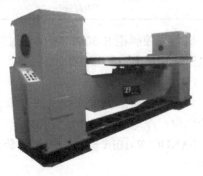

图4-9 焊接变位机

如果采用伺服电动机驱动变位机翻转，则焊接变位机可作为机器人的外部轴与机器人实现联动，达到同步运行的目的。

(6) 焊丝盘架

盘状焊丝可装在机器人S轴上，也可装在地面上的焊丝盘架上。焊丝盘架用于焊丝盘的固定，如图4-10所示。焊丝从送丝导管中穿入，通过送丝机构送入焊枪。

(7) 保护气气瓶总成

气瓶总成由气瓶、减压器、PVC气管等组成，如图4-11所示。气瓶出口处安装了减压器，减压器由减压机构、加热器、压力表和流量计等部分组成。气瓶中装有 $80\%CO_2+20\%Ar$ 的保护焊气体。

图4-10 焊丝盘架

图4-11 气瓶总成

4.1.2 弧焊机器人焊接工艺的制定及硬件的选择

1. 弧焊机器人的选择依据

选择弧焊机器人时，首先应根据焊接工件的形状和大小来选择机器人的工作范围，一般以保证一次将工件上的所有焊点都焊到为准；其次考虑效率和成本，选择机器人的轴数、速度以及负载能力。

在其他情况相同的情况下，应优先选择具备内置弧焊程序的工业机器人，以便于程序的编制和调试；应优先选择能够在上臂内置焊枪电缆及底部可以内置焊接地线电缆、保护气气管的工业机器人，这样可以在减少电缆活动空间的同时，延长电缆的寿命。

对于弧焊机器人，还要考虑以下焊接专用技术指标：

1）可以使用的焊接方法。这对弧焊机器人尤为重要，可以反映出机器人控制和驱动系统抗干扰的能力。一般弧焊机器人只采用熔化极气体保护焊方法，因为这些焊接方法不需要采用高频引弧起焊，所以使用的机器人控制和驱动系统没有特殊的抗干扰措施。能采用钨极氩弧焊的弧焊机器人是近几年的新产品，它有一套特殊的抗干扰措施。

2）摆动功能。这关系到弧焊机器人的工艺性能。目前弧焊机器人的摆动功能差别很大，有的机器人只有固定的几种摆动方式，有的机器人只能在平面内任意设定摆动方式和参数，最佳的选择是能在空间范围内任意设定摆动方式和参数。

3）焊接工艺故障自检和自处理功能。对于常见的焊接工艺故障，如弧焊的黏丝、断丝等，如不及时采取措施，则会发生损坏机器人或报废工件等事故。因此，机器人必须具有检出这类故障并实时自动报警停机的功能。

4）引弧和收弧功能。焊接时起弧、收弧处特别容易产生气孔、裂纹等缺陷。为确保焊接质量，在机器人焊接中，通过示教应能设定和修改引弧和收弧参数，这是弧焊机器人必不可少的功能。

5）焊接尖端点示教功能。这是一种在焊接示教时十分有用的功能，即在焊接示教时，先示教焊缝上某一点的位置，然后调整焊枪或焊钳姿态，在调整姿态时，原示教点的位置完全不变。

2. FANUC R-10iA 弧焊机器人本体结构

FANUC R-10iA 是多功能智能 6 轴机器人，机器人动作轴的运动范围如图 4-12 所示。

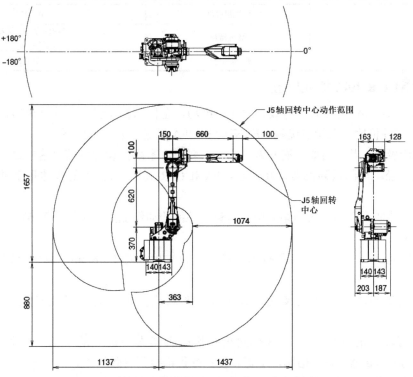

图 4-12　FANUC R-10iA 弧焊机器人动作轴的运动范围

FANUC R-10iA 弧焊机器人本体的技术参数见表 4-5。

表 4-5　FANUC R-10iA 弧焊机器人本体的技术参数

项目		参数
安装方式		地面、壁挂、倒挂
自由度		6 轴（J1、J2、J3、J4、J5、J6）
可达半径/mm		1437
重复定位精度/mm		±0.08
运动范围/（°） [最大旋转速度/（°）/s]	J1	360（225）
	J2	250（215）
	J3	455（225）
	J4	380（425）
	J5	280（425）
	J6	720（625）
手腕部可搬运重量/kg		3
手腕允许负载转矩/（N·m）	J4	8.9
	J5	8.9
	J6	3.0
手腕允许负载转动惯量/（kg·m^2）	J4	0.280
	J5	0.280
	J6	0.035
机器人重量		110kg
安装环境要求	环境温度/℃	0～45
	环境湿度	通常在 75%RH 以下（无结霜现象） 短期在 95%RH 以下（1 个月内）
	振动加速度	≤0.5g

3. FANUC R-10iA 机器人特点

FANUC R-10iA 机器人机身设计紧凑、细巧，整体结构超轻量，该款机器人的最大亮点是具有卓越的高性价比，性能更优越。FANUC R-10iA 机器人的优点如下：

1）设计极致：其手臂既具有负载能力，又轻量、紧凑，设计可谓已达极致。

2）重量轻：与同系列机器人相比较，FANUC R-30iA 机器人的本体重量进一步降低，仅 110kg。

3）动作性能更优越：在同系列中具有最高性能的动作能力，平均提速 6%，其中 J2 轴最高提速高达 13%。

4）高性能：采用最新的伺服技术，重复定位精度高达 0.08mm，具备高精度和高可靠的性能。

5）安装多样：可实现地装式、天吊式、倾斜式安装，而且吊装时能实现有效地反转运动。

6）拥有较大的动作范围：具有同级别弧焊机器人中最大的手臂长度和行程距离，达 1437mm，与原来的 M-10iA 相比，手臂长度和行程都得到有效扩大。

7）配套协调：可与变位机协调动作，也可在机器人控制柜 R-30iA Mate 上追加附加轴柜（可选），用于驱动附加轴变位机，以实现各种高质量、高效的弧焊应用。

4．R-30iA Mate 机器人控制柜的构成及其功能

R-30iA Mate 机器人控制柜主要由主板、I/O 印制电路板、急停板、MCC 单元、电源单元后面板、示教操作盘、伺服放大器、操作箱/操作面板、变压器、风扇单元、热交换器、断路器及再生电阻等构成，其内部部件构成如图 4-13 和图 4-14 所示。

图 4-13 R-30iA Mate 机器人控制柜内部部件构成图（前面）

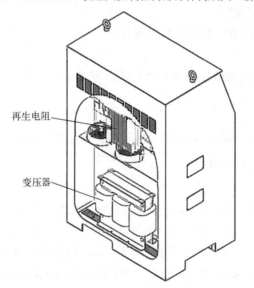

图 4-14 R-30iA Mate 机器人控制柜内部部件构成图（背面）

R-30iA Mate 机器人控制柜构成单元的功能如下：

（1）主板

主板上安装有微处理器及其外围电路、存储器，以及操作箱控制电路。主板可进行伺服系统的位置控制。

（2）I/O 印制电路板

可根据 I/O 处理等应用备有各类印制电路板，此外，还可以安装 FANUC I/O Unit-MODEL A，在这种情况下，便可以选择各类输入/输出类型，全部通过 FANUC I/O Link 来连接。

（3）急停板、MCC 单元

急停板、MCC 单元用来对急停系统、伺服放大器的电磁接触器以及预备充电进行控制。

(4) 电源单元

电源单元用来将 AC 电源转换为各类 DC 电源。

(5) 后面板

后面板上安装有各类控制板。

(6) 示教盒

包括机器人编程作业在内的所有作业,都通过示教盒进行操作。另外,示教盒还通过 LCD(液晶显示屏)显示控制装置的状态、数据等。

(7) 伺服放大器

伺服放大器进行伺服电机、脉冲编码器信号的接收、制动器、超程、机械手断裂等方面的控制。

(8) 操作箱/操作面板

操作箱/操作面板通过按钮和 LED 进行机器人的状态显示、启动等操作。此外,操作箱/操作面板还提供用来连接外部设备的串行接口、USB 接口。操作箱/操作面板可进行急停系统的控制。

(9) 变压器

变压器由输入电源向控制装置提供所需的 AC 电压。

(10) 风扇单元、热交换器

风扇单元和热交换器用来冷却控制装置内部。

(11) 断路器

在控制装置内部的电气系统异常或输入电源异常而流过强电流时,为了保护设备,将输入电源与断路器连接。

(12) 再生电阻

再生电阻作为用来释放伺服电动机的反电动势,连接在伺服放大器上。

5. 焊接机器人标准弧焊功能

(1) 再引弧功能

在工件引弧点处有铁锈、油污、氧化皮等杂物时,可能会导致引弧失败。通常,如果引弧失败,机器人会发出"引弧失败"的信息,并报警停机。当机器人应用于生产线时,如果引弧失败,便有可能导致整个生产线的停机。为此,可利用再引弧功能来有效地阻止这种情况的发生。

再引弧功能实现的步骤如图 4-15 所示。与再引弧功能相关的最大引弧次数、退丝时间、平移量以及焊接速度、电流、电压等参数均可在焊接辅助条件文件中设定。

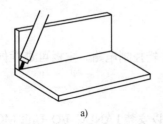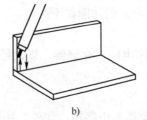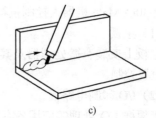

a)　　　　　　　　　　　b)　　　　　　　　　　　c)

图 4-15 再引弧功能实现的步骤

a) 引弧点引弧失败　b) 从引弧失败点处移开一点,进行再引弧

c) 引弧成功,返回引弧点,之后继续以正常焊接条件进行焊接作业

（2）再启动功能

因为工件缺陷或其他偶然因素，导致有可能出现焊接中途断弧的现象，并导致机器人报警停机。若在机器人停止位置继续焊接，焊缝容易出现裂纹。

利用再启动功能可有效地预防焊缝产生裂纹。利用再启动功能后，将按照在焊接辅助条件文件中指定的方式继续动作。断弧后的再启动方法有以下三种：

1）不再引弧，但输出异常信号，输出"断弧、再启动中"的信息，机器人继续动作。走完焊接区间后，输出"断弧、再启动处理完成"的信息，之后继续正常的焊接动作。断弧后的再启动方法 1 如图 4-16 所示。

2）引弧后，以指定搭接量返回一段，之后以正常焊接条件继续动作，断弧后的再启动方法 2 如图 4-17 所示。

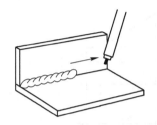

图 4-16　断弧后的再启动方法 1

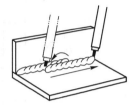

图 4-17　断弧后的再启动方法 2

3）如果断弧是由于机器人不可克服的因素导致的，则停机后必须由操作者手工介入。手工介入解决问题后，使机器人回到停机位置，然后按"启动"按钮，使其以预先设定的搭接量返回，之后再进行引弧、焊接等作业。断弧后的再启动方法 3 如图 4-18 所示。

（3）自动解除粘丝的功能

对于大多数的自动焊机来说，都具有防粘丝功能。即：在收弧时，焊机会输出一个瞬间相对高电压以进行粘丝解除。尽管如此，在焊接生产中仍会出现粘丝的现象，这就需要利用机器人的自动解除粘丝功能进行解除。若使用该功能，即使检测到粘丝，也不会马上输出"粘丝中"信号，而是自动施加一定的电压，进行解除粘丝的处理。

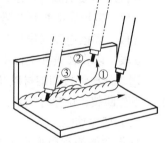

图 4-18　断弧后的再启动方法 3

自动解除粘丝功能也是利用一个瞬间相对高电压，以使焊丝粘连部位爆断。至于自动解除粘丝的次数、电流、电压和时间等参数均可在焊接辅助条件文件中设定。

在未使用自动解除粘丝的功能时，若发生粘丝，或者自动解除粘丝的处理失败，机器人就会进入暂停状态、停机。暂停状态时，示教盒"HOLD"显示灯亮并且外部输出信号（专用）输出"粘丝中"的信息。

自动解除粘丝功能的实现步骤如图 4-19 所示，焊丝与工件发生粘丝后，通过瞬间的相对高电压进行粘丝解除，若经过焊机自身的粘丝解除处理后，粘丝仍未能解除，则利用机器人的自动解除粘丝功能。

（4）渐变功能

所谓渐变功能是指在焊接的过程中，逐渐改变焊接参数的功能，即在某一区段内将电流/电压由某一数值渐变至另一数值。渐变功能的示意图如图 4-20 所示。

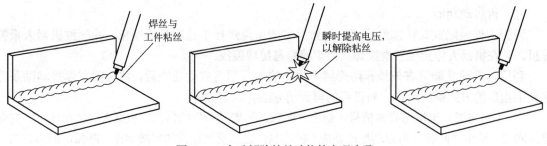

图 4-19　自动解除粘丝功能的实现步骤

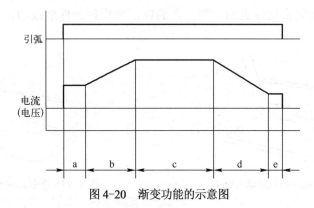

图 4-20　渐变功能的示意图

a 段：以引弧条件文件中设定的焊接参数引弧。
b 段：焊接电流（电压）由小逐渐变大。
c 段：以恒定的焊接参数焊接。
d 段：焊接电流（电压）由大逐渐变小。
e 段：以收弧条件文件中设定的焊接参数熄弧。

对于薄板焊接和铝材以及其他特殊材料的焊接，由于导热容易，焊接到结束点附近时，工件容易发生断裂、烧穿等缺陷。若在结束焊接前逐渐降低焊接参数，则可有效避免上述缺陷出现。

（5）摆焊功能

摆焊功能的利用提高了焊接生产率、改善了焊缝表面质量。摆焊条件可在摆焊条件文件中设定，如形态、频率、摆幅以及角度等，摆焊条件文件最多可输入 16 个。

摆焊的动作形态有单摆、三角摆、L 摆，并且其尖角可被设定为有平滑过渡或无平滑过渡。图 4-21 所示为摆焊的动作形态示意图。

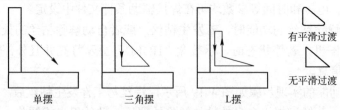

图 4-21　摆焊的动作形态示意图

摆焊动作的一个周期可以分为四个或三个区间，如图 4-22 所示。

在区间之间的节点上可以设定延时，延时的方法有两种：机器人停止和摆焊停止。可以根据要焊接的母材的可熔性，灵活地选择适当的延时方法，以取得比较理想的熔深。

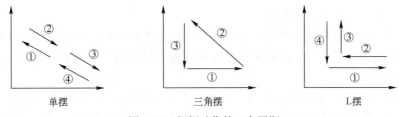

图 4-22 摆焊动作的一个周期

6．机器人焊接工艺的选择

机器人焊接工艺主要包括焊接方法、焊机、母材、板厚（管径及壁厚）、接头、坡口形式、焊前准备加工、装配、焊接位置、焊接顺序、焊材、气体、机器人焊接轨迹点的设置、焊枪角度、焊接参数等。机器人焊接是用焊接机器人代替手工完成焊接作业，因此，同样需要制定切实可行的焊接工艺方案。

（1）已知条件分析

对焊件结构的技术要求、结构、母材牌号及规格尺寸（板厚、管径与壁厚）、接头形式、焊接位置、焊接方法、焊材、气体等进行分析。

（2）焊件和机器人焊接工艺性分析

对焊件材料的焊接性、下料、成形加工工艺、装配方法的选用以及机器人的焊接轨迹、姿态、焊枪角度、焊接参数等进行分析，确定焊接重点及难点，制定解决措施，以控制焊接质量、提高效率、降低成本等。

（3）硬件选用

用于焊接机器人的焊机须具备以下特点：

1）电源功率须满足机器人自动化焊接所要求的高输出、高稳定性要求。焊机的负载持续率是衡量其功率输出性能的重要参数。在选择焊接电流时，一定要结合连续工作的具体情况考虑焊机的负载能力。

2）具有机器人控制接口，以满足机器人柔性自动化焊接的需要。

3）具备应对各种焊接辅助功能的能力，如始端检出功能、焊接方法选择功能等，以满足焊件对焊接自动化的要求。

适合焊接机器人的焊枪应具备以下特点：

1）机器人焊枪须满足机器人自动化焊接的高承载能力的要求。对于焊枪而言，与焊机类似，也通过负载持续率衡量其工作能力。在选择焊接电流时，一定要结合连续工作的具体情况考虑焊枪的负载能力。

2）由于机器人焊接的速度通常比较快，焊枪质量的优劣决定着焊接时电弧的稳定性，进而对焊接质量产生相应的影响。

3）机器人焊接时要求焊枪的 TCP 点（焊丝的尖端点）具有比较好的稳定性，以保证焊接时电弧位置的精确度。

4）必须保证同一型号焊枪的 TCP 点的精度一致性，这样在更换焊枪时，才可以保证新旧焊枪的 TCP 点相一致，这样才可以尽可能地缩短系统的待机时间，提高工作效率。

根据现场生产条件及焊接技术要求，选择机器人及焊机类型、系统形式，应考虑是否需要翻转变位、机器人的臂伸长（动作范围）能否覆盖整个作业面及机器人最大承载重量等因素。

（4）机器人焊接工艺试验与优化

机器人焊接工艺试验是根据焊件的技术要求，通过工艺分析，拟订机器人焊接工艺方案，并将机器人焊接工艺知识应用于示教编程，应充分考虑焊接顺序、关键点的处理、焊枪角度及机器人的姿态等因素。

编程完成后对焊接参数（焊接电流、焊接电压、焊接速度、干伸长、振幅、摆动停留时间、气体流量等）进行设置和调整，完成焊接工艺试验。最终从质量、效率、成本三方面进行工艺方案比较后，选定最佳方案。

4.1.3 弧焊机器人焊接工艺制定及硬件选择的示例

1. 材料焊接性

产品材料为 Q235，属于常用低碳钢，焊接性较好。

2. 焊件装配

焊件装配方式为平对接，因焊接过程中焊缝逐渐收缩，易引起焊接缺陷，所以后焊位置组装间隙应比先焊位置组装间隙约大 0.5mm，且焊件两端定位焊长度约为 20mm。

3. 焊件的焊接工艺与编程要点

1) 该焊件属薄板焊接，其接头形式为Ⅰ形对接，焊接位置为水平焊，因此可采用机器人 CO_2 气体保护焊，有易施焊、操作简单的优点。

2) 焊前将焊件坡口两端清理干净。

3) 单面焊双面成型焊缝编程时，要根据焊件板厚、坡口间隙，并考虑焊缝的熔合性、焊透性、双面焊缝的均匀性及坡口间隙收缩变形等因素，设定合适的焊枪角度和焊接参数。

4) 编程时，考虑起焊处焊缝的熔合性、焊透性、焊缝宽窄和高低的均匀性，设定焊接参数时应适当增加焊接电流、电压并控制引弧停留时间。

5) 编程时，考虑到收弧处易产生弧坑及焊穿缺陷，设定焊接参数时应适当减小焊接电流、焊接电压及控制收弧停留时间。

6) 机器人焊接方式采用直线行走焊接即可完成。

4. 设备选择

1) 机器人品牌：机器人本体型号选择 FANUC M-10iA。

2) 机器人控制柜型号：R-30iA Mate。

5. 示教编程

（1）示教运动轨迹

示教运动轨迹一般包括原点、前进点或退避点、焊接开始点和结束点、焊枪姿态等。薄板平对接焊接的示教运动轨迹如图 4-23 所示，主要由编号为①～⑥的六个示教点组成。

点①、点⑥为原点（或待机位置点），应处于与工件、夹具不干涉的位置，焊枪姿态一般为 45°（相对于 X 轴）。

点③、点④为焊接起始点和结束点，焊枪姿态为平行于焊缝法线且与待焊方向成（90°～100°）的夹角。

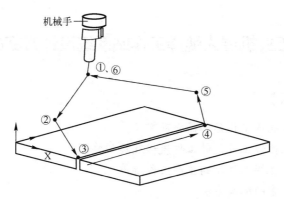

图 4-23　薄板平对接焊接的示教运动轨迹

点②（进枪点）、点⑤（退枪点）为过渡点，也要处于与工件、夹具不干涉的位置，焊枪角度任意。

（2）焊接参数设置

焊接参数设置包括焊接层数、焊接电流、焊接电压、焊接速度、干伸长度、气体流量等的设置。薄板平对接焊接参数见表 4-6。

表 4-6　薄板平对接焊接参数

焊接层数	焊接电流/A	焊接电压/V	焊接速度/(mm/min)	运枪方式	振幅	干伸长度/mm
一层	120	18.4	300	直线	0	15

6. 焊接效果

焊接效果如图 4-24 所示。

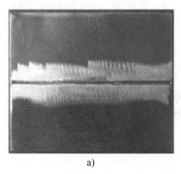
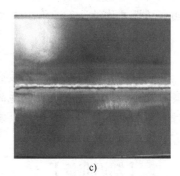

a)　　　　　　　　　　b)　　　　　　　　　　c)

图 4-24　焊接效果图

a) 试件装配　b) 试件正面　c) 试件背面

❓【课后巩固】

1. 简述弧焊机器人的特点。
2. 简述弧焊机器人工艺分析的要点。
3. 简述弧焊机器人硬件选择的要求。

任务 4.2　典型工业机器人弧焊工作站系统设计方案的编写

【知识目标】

1. 熟知工业机器人弧焊工作站的简介及布局。
2. 熟知工业机器人弧焊工作站的工作流程及控制要求。
3. 了解工业机器人弧焊工作站的主要设备清单。
4. 掌握整体设计方案的编写方法。

【技能目标】

1. 根据工业机器人弧焊工作站要求编写设备清单。
2. 根据工艺要求说明工作流程及控制要求。
3. 能够设计工业机器人弧焊工作站的整体方案。

【素质目标】

1. 养成良好的自主学习习惯。
2. 增强团队协作精神。

【任务情景】

工业机器人弧焊工作站系统的目标是高效实现用机器人完成全封闭压力容器的焊接,一个好的设计方案能实现该目标。工业机器人弧焊工作站的设计方案包括工作站的简介、弧焊工件说明、弧焊工作站设备清单、工作流程等内容。

【任务分析】

在项目实施的过程中,先按照项目的生产要求编写设计方案,并将它交付给客户,在设计方案中应详细地叙述出项目实施的优势、项目能够给企业带来的利益和生产率的提升、项目实施过程中的设备选型和布局,以及项目的工程预算等,一个好的设计方案对于项目的推进和实施有着重要的意义和作用。

【知识准备】

4.2.1　设计方案的结构和要素

1. 设计背景及弧焊工作站布局

设计方案编写的目的是说明一个弧焊工作站的各部分中每个设备和工作情况的设计考虑。方案重点是工作站的执行流程和工作情况详细设计的描述。

(1) 设计背景

设计背景应包含以下几个方面的内容：待设计弧焊工作站的名称、该工作站基本概念（如该工作站的类型、从属地位等）、开发项目组名称等。

(2) 参考资料

列出详细设计报告引用的文献或资料，资料的作者、标题、出版单位和出版日期等信息，必要时还要说明如何得到这些资料。

(3) 术语定义及说明

列出本文档中用到的可能会引起混淆的专门术语、定义和缩写词的原文。

(4) 工作站任务和目标

说明详细设计的任务及详细设计所要达到的目标。

(5) 需求概述

对所设计工作站的需求做概要描述，包括主要的业务需求、输入、输出、主要功能、性能等，尤其需要描述工作站性能需求。

(6) 运行环境概述

对本工作站运行所依赖的硬件进行概述，包括操作系统、数据库系统、中间件、接口软件、可能的性能监控与分析等软件环境的描述，及配置要求的概述。

(7) 条件与限制

详细描述系统所受的内部和外部条件的约束和限制。包括业务和技术方面的条件与限制以及进度、管理等方面的限制。

(8) 详细设计方法和工具

简要说明详细设计所采用的方法和使用的工具。如 HIPO 图方法、IDEF（I2DEF）方法、E-R 图、数据流程图、业务流程图、选用的 CASE 工具等，尽量采用标准规范和辅助工具。

(9) 工作站详细需求分析

工作站详细需求分析主要对工作站的需求进行分析。应对需求分析提出的企业需求做进一步确认，并对情况变化带来的需求变化进行较为详细的分析。

(10) 详细需求分析

详细需求分析包括：详细功能需求分析、详细性能需求分析、详细资源需求分析、详细系统运行环境及限制条件分析。

(11) 详细系统运行环境及限制条件分析接口需求分析

详细系统运行环境及限制条件分析接口需求分析包括：工作站接口需求分析，现有软硬件资源接口需求分析，引进软硬件资源接口需求分析。

2. 加工工件说明

说明加工工件毛坯尺寸，加工图样以及零件加工工艺。

3. 工艺动作流程

说明工作站工作流程及控制要求。

4. 工业机器人弧焊工作站主要设备清单

说明工作站主要设备，以及相关技术配置及参数。

4.2.2 设计方案编写示例

1. 目录

工业机器人弧焊工作站系统设计方案的目录的编写示例如下:

目 录

一、引言
  1.1 项目背景
  1.2 目的和意义
  1.3 参考文献
二、系统需求分析
  2.1 工作站功能需求
  2.2 系统性能需求
  2.3 安全需求
  2.4 环境要求
三、系统设计方案
  3.1 系统结构设计
  3.2 机器人选择与布局
  3.3 弧焊设备选择与布局
  3.4 控制系统设计
  3.5 安全保护设计
四、系统实施方案
  4.1 硬件采购与安装
  4.2 软件配置与调试
  4.3 系统集成与测试
五、系统运行与维护
  5.1 操作流程与培训
  5.2 故障排除与维护
  5.3 系统性能监测与改进
六、总结与展望
  6.1 项目总结
  6.2 未来发展方向
附录A 术语表
附录B 图纸与图表
附录C 参考资料

注意:以上为目录样式,具体内容根据实际情况进行填写。

2. 正文

以工业机器人弧焊工作站系统设计方案的内容编写为例,进行设计方案文档编写。

"弧焊工作站焊接系统的设计"的编写示例如下：

弧焊工作站焊接系统的设计

弧焊机器人一般较多采用熔化极气体保护焊（MIG 焊、MAG 焊、CO_2 气体保护焊）或非熔化极气体保护焊（TIG 焊、等离子弧焊）。机器人弧焊工作站焊接系统主要包括弧焊电源、送丝机构等。

（一）弧焊电源的选型

弧焊电源是用来给焊接电弧提供电能的一种专用设备。弧焊电源必须具有弧焊工艺所要求的电气性能，如合适的空载电压，一定形状的外特性曲线，良好的动态特性和灵活的调节特性等。

1. 弧焊电源的类型

弧焊电源有两种分类方法：按输出的电流分，有直流、交流和脉冲三类；按输出外特性分，有恒流特性、恒压特性和介于这两者之间的缓降特性三类。

2. 弧焊电源的特点和适用范围

（1）弧焊变压器式交流弧焊电源

特点：可将网路电压的交流电变成适于弧焊的低压交流电，设备结构简单、易造易修、耐用、成本低、磁偏吹小、空载损耗小、噪声小，但其电流波形为正弦波，电弧稳定性较差，功率因数低。

适用范围：酸性焊条电弧焊、埋弧焊和 TIG 焊。

（2）矩形波式交流弧焊电源

特点：将网路电压经降压后，运用半导体控制技术可获得矩形波的交流电，电流过零点极快，其电弧稳定性好、可调节参数多、功率因数高，但设备较复杂、成本较高。

适用范围：碱性焊条电弧焊、埋弧焊和 TIG 焊。

（3）直流弧焊发电机式直流弧焊电源

特点：由柴（汽）油发动机驱动发电而获得直流电，设备输出电流脉动小、过载能力强，但空载损耗大、效率低、噪声大。

适用范围：各种弧焊。

（4）整流器式直流弧焊电源

特点：将网络交流电经降压和整流后，可获得直流电，与直流弧焊发电机式直流弧焊电源相比，整流器式直流弧焊电源制造方便、省材料、空载损耗小、节能、噪声小、由电子控制的弧焊整流器，控制与调节灵活方便、适应性强、技术和经济指标高。

适用范围：各种弧焊。

（5）脉冲型弧焊电源

特点：输出幅值大小周期变化的电流，效率高，可调参数多，调节范围宽而均匀，热输入可精确控制，但设备较复杂、成本高。

适用范围：TIG 焊、MIG 焊、MAG 焊和等离子弧焊。

3. 数字式逆变焊机 CV350-R

机器人弧焊工作站选用 FANUC R-10iA 焊接机器人，焊机为 Lincoln Invertec CV350-R。

（1）CV350-R 焊机技术规格

CV350-R 焊机技术规格见表 4-7。

表4-7 CV350-R焊机技术规格

项目		参数
输入 （仅适用于三相）	标准电压/V	380～415（±10%）
	频率/Hz	50或60
	额定的输入功率/(kV·A)	14
输出 （仅适用于直流）	负载持续率/(%)	60～100
	焊机电流/A	350～300
	额定电流下的电压/V	31～29
输出	焊接电流范围/A	50～390
	开路电压/V	70
	焊接电压范围/V	16～33.5
输入导线和熔丝规格	输入电压/V，频率/Hz	342～456， 50或60
	最大输入电流/A	21
	最大有效供应电流/A	17
	套管中铜丝规格（60℃）/mm²	12
	熔丝或断路器额定电流（延时型）/A	30
	接地导线规格/mm²	100
外形尺寸/mm（高×宽×长）	高度×宽度×深度	464×325×823
重量/kg		56
温度范围/℃	工作温度	-10～+40
	存放温度	-25～+55

（2）CV350-R焊机的电气连接

电源背后的输入电源保护盒，三根导线（火线）穿过输入接线架中的三孔，并分别夹紧和固定。输入电源接线如图4-25所示，按照设备背面的"输入进线接线图"连接L1、L2和L3。在输入回路中安装所推荐的延迟型熔丝或延迟型断路器。

将机器人控制器连接到CV350-R焊机上时需要一根K60036-5通信电缆。CV350-R焊机须配合机器人送丝机AutoDrive4R100使用。送丝机和CV350-R连接时需要一根14针对14针的K1785控制电缆。

（3）CV350-R焊机的通信连接

CV350-R焊机的通信连接如图4-26所示。

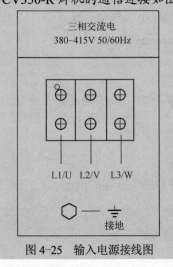

图4-25 输入电源接线图

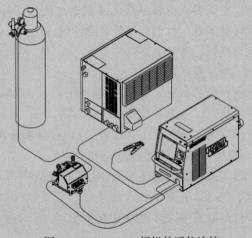

图4-26 CV350-R焊机的通信连接

① 与机器人通信电缆连接

将 CV350-R 电源开关转到"OFF"的位置。将 K60036-5 通信电缆连接到机器人控制器和 4 针连接端口，电缆连接端口见表 4-8。

② 与送丝机通信电缆连接

将焊机开关转到"OFF"的位置。将 K1785 控制电缆从送丝机上连接到焊机的 14 针端口。将焊接电缆连接焊机的"正"输出端和送丝机的接线端子。

表 4-8 电缆连接端口

针式连接端口	导线颜色	描述
A	白色	CAN 低
B	蓝色或橙色	CAN 高
C	黑色	电源（－）
D	红色	电源（＋）

（4）CV350-R 焊机的焊接工艺

CV350-R 焊机是一台支持直流恒压焊接的非一元化机器人电弧焊机，推荐与熔化极气体保护焊配合使用，包括一系列材料。表 4-9 为 CV350-R 焊机的焊接工艺。

表 4-9 CV350-R 焊机的焊接工艺

材料	焊丝直径/mm	保护气体
钢	1.2	80%Ar，20%CO_2
	1.2	100%CO_2
	1.0	80%Ar，20%CO_2
	1.0	100%CO_2
	0.9	80%Ar，20%CO_2
	0.9	100%CO_2
	0.8	80%Ar，20%CO_2
	0.8	100%CO_2
不锈钢	1.2	98%Ar，2%CO_2
	1.0	
	0.9	

（5）CV350-R 焊机面板

CV350-R 焊机面板如图 4-27 所示，其各个组成部分如下：

① 状态指示灯。机器初始化时此灯将闪烁，当状态指示灯呈稳定的绿色时，表明初始化完成、电源已准备好。

② 热保护指示灯。当焊机处于温度过热保护状态时，该指示灯将亮起，在开机时指示灯也会先亮起，然后熄灭。

③ ON/OFF 电源开关。

④ 4A 慢熔丝和熔丝盒。高压熔丝用于保护控制回路。

⑤ 送丝机连接端口。

⑥ 机器人通信连接端口。此连接端口的导线为 INVERTEC CV350-R 与机器人控制器供电并保证它们通信。

⑦ 正极和负极输出连接端口。

⑧ 输出端子盖板，用于保护输出接线端和送丝机连接端口。在关闭电源开关之后，用户可打开盖板连接焊接电缆和送丝机控制电缆。

⑨ 接地螺栓，用于连接地线。

⑩ 输入电缆固定夹。输入电缆固定夹用于固定三相电源线。
⑪ 输入电源保护盒。输入电源保护盒用于罩住输入端子,以防止操作人员触电。

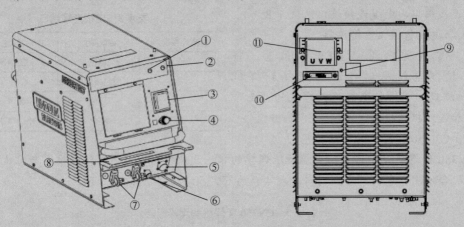

图 4-27 CV350-R 焊机面板

(6) CV350-R 焊机故障排除

在焊接过程中出现异常状况时,按照表 4-10 列出的故障排除要点进行检查。

表 4-10 故障排除要点

故障	可能原因	解决方案
电源输出故障		
机器外壳有明显损坏		联系当地林肯电气授权维修部获得技术援助
熔丝熔断或电源开关跳闸	1. 熔丝和电源开关容量不足 2. 焊接过程输出电流过大,负载持续率过高 3. 电源内部损坏	1. 选择合适的熔丝和电源开关容量 2. 减小输出电流和降低负载持续率 3. 如有内部损坏,请联系当地林肯电气授权维修部获得技术帮助
机器无供电(状态指示灯不亮,风扇不运转)	1. 机器没有正常供电 2. 前面板 4A 熔丝断开	1. 确保机器正常供电 2. 联系当地林肯电气授权维修部获得技术援助
热保护指示灯亮	1. 风机不运转(焊机启动时,风机应正常运转) 2. 百叶窗被异物堵塞 3. 机器超负荷运转	1. 清理堵塞扇叶异物或联系林肯服务人员检修风机 2. 清理异物 3. 待机器冷却后,降低负载或负载持续率
机器无输出不能焊接	1. 输入电压过低或过高 2. 显示错误代码(错误代码显示为状态指示灯以红色和绿色同时闪烁)	1. 确保输入电压符合铭牌规定 2. 联系当地林肯电气授权维修部获得技术援助
机器不产生满幅输出	1. 输入电压过低 2. 输出电流或电压没有正确校准	1. 确保输入电压符合铭牌上的规定 2. 联系当地林肯电气授权维修部获得技术援助
焊接质量问题		
焊缝熔宽不够(电流输出限制在 100A 左右)	焊机内部次级电流过载,机器进入自保护状态	改变焊接工艺、降低电流输出

(续)

故障	可能原因	解决方案
焊接质量问题		
焊接性能总体下降	1. 送丝不稳 2. 焊接模式选择不当 3. 输出电源、电压没有正确矫正	1. 检查送丝装置，确保连接畅通 2. 选择与焊接工艺匹配的焊接模式 3. 联系当地林肯电气授权维修部获得技术援助
电弧过长且不稳定	1. 导电嘴和焊丝不匹配 2. 焊丝干伸长度不当	1. 选择合适的导电嘴 2. 调整焊丝干伸长度
机器人上出现电弧缺失故障	1. 送丝不畅 2. 导丝管扭曲导致送丝速度降低	1. 将通向送丝机的导管拉直 2. 使用一根较短的导管

（二）弧焊机器人送丝机构的选型

弧焊机器人配备的送丝机构包括送丝机、送丝软管和焊枪三部分。弧焊机器人的送丝稳定性是关系到焊接能否连续稳定进行的重要问题。

1. 送丝机的选择

（1）送丝机的类型

1）送丝机按安装方式分为一体式和分离式两种。一体式：将送丝机安装在机器人上臂的后部上面，与机器人组成一体；分离式：将送丝机与机器人分开安装。

由于一体式的送丝机到焊枪的距离比分离式的短，连接送丝机和焊枪的软管也短，因此一体式的送丝阻力比分离式的小。因此，从送丝稳定性的角度看，一体式比分离式要好一些。

然而，一体式的送丝机虽然送丝软管比较短，但有时为了方便更换焊丝盘，而把焊丝盘或焊丝桶放在远离机器人的安全围栏之外，这就要求送丝机有足够的拉力从较长的导丝管中把焊丝从焊丝盘（桶）处拉过来，再经过软管推向焊枪，针对这种情况，一体式送丝机和分离式送丝机一样，都应选用送丝力较大的送丝机。若忽视这一点，则会出现送丝不稳定甚至中断送丝的现象。

目前，弧焊机器人的送丝机采用一体式的安装方式越来越多了，但对于要在焊接过程中进行自动更换焊枪（变换焊丝直径或种类）的机器人，必须选用分离式送丝机。

2）送丝机按滚轮数分为一对滚轮和两对滚轮两种。送丝机的结构有一对滚轮的，也有两对滚轮的，有只用一个电动机驱动一对或两对滚轮的，也有用两个电动机分别驱动两对滚轮的。

3）送丝机按控制方式分为开环和闭环两种。目前，大部分送丝机仍采用开环的控制方式，也有一些采用装有光敏传感器（或编码器）的伺服电动机，使送丝速度实现闭环控制、不受网络电压或送丝阻力波动的影响，保证了送丝速度的稳定性。

4）送丝机按送丝动力方向分为推丝式、拉丝式和推拉丝式三种。

① 推丝式。主要用于直径为 0.8~2.0mm 的焊丝；它是应用最广的一种送丝方式。其特点是焊枪结构简单轻便、易于操作，但焊丝需要经过较长的送丝软管才能进入焊枪，一般软管长度为 3~5m，焊枪在软管中受到较大阻力，影响送丝稳定性。

② 拉丝式。主要用于细焊丝（焊丝直径小于或等于 0.8mm），因为细丝刚性小，所以推丝过程易变形，难以推丝。拉丝时送丝电动机与焊丝盘均安装在焊枪上，由于送丝力较小，因此拉丝电动机功率较小，但尽管如此，拉丝式焊枪仍然较重。可见拉丝式虽保证了送丝的稳定性，但由于焊枪较重，增加了机器人的载荷，而且焊枪操作范围受到限制。

③ 推拉丝式。可以增加焊枪操作范围，送丝软管可以加长到 10m。除推丝机外，还在焊枪上加装了拉丝机。推丝机提供主要动力，而拉丝机只是将焊丝拉直，以减小推丝阻力。推力与拉力必须很好地配合，通常，拉丝速度应稍快于推丝速度。这种方式虽有一些优点，但由于结构复杂、调整麻烦，同时焊枪较重，因此实际应用场合并不多。

（2）推式送丝机的结构

推式送丝机是应用最广的送丝机，送丝电动机、送丝滚轮等都装在由薄铁板压制而成的机架上，还有加压杆、加压滚轮等组成部分，送丝机核心部分的结构如图 4-28 所示。

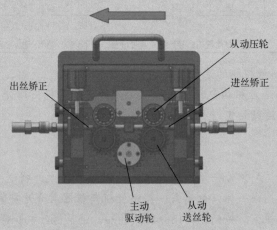

图 4-28 送丝机核心部分的结构图

送丝电动机：用于驱动送丝滚轮，为送丝提供动力。送丝电动机由弧焊焊机电源控制，焊机电源根据焊接工艺控制送丝速度。

加压杆：可调预紧力，用于压紧焊丝，控制柄可旋转调节压紧度。

送丝滚轮：电动机带动主动驱动轮旋转，为送丝提供动力。

加压滚轮：将焊丝压入送丝轮上的送丝槽，增大焊丝与送丝轮的摩擦，使焊丝被平稳送出。

送丝机以送丝电动机与减速箱为主体，在其上安装送丝滚轮和加压滚轮，加压滚轮通过滚轮架和加压手柄压向送丝轮，根据焊丝直径不同，调节加压手柄可以调节压紧力大小。在它的后面是焊丝矫直机构，它由 3 个滚轮组成，它们之间的相对距离可视焊丝情况进行调整。

在送丝轮的前面是焊丝导向部分，它由导向衬套和出口导向管组成。焊丝从送丝轮的沟槽内被送出，正对着导向管入口，以保证焊丝始终能从送丝轮的沟槽内顺利地进入送丝软管。为了固定导向衬套，机体上还设有压簧。

送丝滚轮的槽一般有 $\phi 0.8mm$、$\phi 1.0mm$、$\phi 1.2mm$ 三种，应按照焊丝的直径选择相应的送丝滚轮。

一般采用他励直流伺服电动机作为送丝电动机，其机械特征性平稳并可无级调节。

2. 送丝软管的选择

送丝软管是集送丝、导电、输气和通冷却水为一体的输送设备。

（1）送丝软管结构

送丝软管结构如图 4-29 所示。送丝软管的中心是一根通焊丝同时起输送保护气作用的尼龙管，里面包裹着焊丝和弹簧管，外面缠绕导电的多芯焊接电缆和控制线，有的电缆中央还有两根冷却水循环的管子，最外面包敷一层绝缘橡胶层。

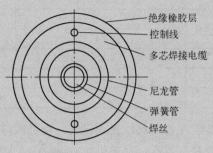

图 4-29　送丝软管结构

焊丝直径与送丝软管内径要配合恰当。若送丝软管直径过小，则焊丝与送丝软管内壁接触面增大，导致送丝阻力增大，此时如果送丝软管内有杂质，常常会造成焊丝在送丝软管中卡死；若送丝软管内径过大，则焊丝在送丝软管内呈波浪形前进，使推式送丝过程中的送丝阻力增大。焊丝直径与送丝软管内径的匹配见表 4-11。

表 4-11　焊丝直径与送丝软管内径的匹配　　　　　　　　　　　　　（单位：mm）

焊丝直径	送丝软管内径	焊丝直径	送丝软管内径
0.8~1.0	1.5	1.4~2.0	3.2
1.0~1.4	2.5	2.0~3.5	4.7

（2）送丝不稳的因素

送丝软管阻力过大是造成弧焊机器人送丝不稳的重要因素。送丝软管阻力过大的原因有以下几个方面：

1）用的尼龙管内径与焊丝直径不匹配。

2）尼龙管内积存的由焊丝表面脱落下来的铜末或钢末过多。

3）送丝软管的弯曲程度过大。

目前越来越多的机器人公司把安装在机器人上臂的送丝机稍微向上翘，有的还使送丝机能左右小角度自由摆动，目的都是为了减少送丝软管的弯曲，保证送丝的稳定性。

3. 焊枪的选择

焊枪的种类很多，应根据焊接工艺的不同，选择相应的焊枪。对于工业机器人弧焊工作站而言，采用的是熔化极气体保护焊，应以此来选择焊枪。

（1）焊枪的选择依据

对于机器人弧焊系统，选择焊枪时应考虑以下几个方面的因素：

1）选择自动型焊枪，不要选择半自动型焊枪。半自动型焊枪用于人工焊接，不能用于机器人焊接。

2）根据焊丝的粗细、焊接电流的大小以及焊枪负载持续率等因素，选择空冷式或水冷式的焊枪结构。采用细丝焊时，因焊接电流较小，可选用空冷式焊枪结构；采用粗丝焊时，因焊接电流较大，应选用水冷式焊枪结构。空冷式和水冷式两种焊枪的技术参数比较见表 4-12。

表4-12 空冷式和水冷式两种焊枪的技术参数比较

	焊枪型号	Robo 7G	Robo 7W
	冷却方式	空冷	水冷
技术参数	负载持续率（10min）（%）	60	100
	焊接电流（max）/A	325	400
	焊接电流（CO_2焊）/A	360	450
	焊丝直径/mm	1.0～1.2	1.0～1.6

3）根据机器人的结构选择内置式或外置式焊枪。内置式焊枪要求机器人末端轴的法兰盘必须是中空的。一般专用焊接机器人，如安川（YASKAWA）MA1400，其末端轴的法兰盘是中空的，应选择内置式焊枪；通用型机器人，如安川MH6，应选择外置式焊枪。

4）根据焊接电流、焊枪角度选择焊枪。大多焊接机器人用焊枪和手工半自动焊用的鹅颈式焊枪基本相同。鹅颈式焊枪的弯曲角一般都小于45°。应根据工件特点选不同角度的鹅颈式焊枪，以提高焊枪的可达性。若鹅颈式焊枪的弯曲角度选得过大，送丝阻力会加大，送丝速度容易不稳定；而若角度过小，一旦导电嘴稍有磨损，便会出现导电不良的现象。

5）考虑到设备和人身安全方面，应选择带防撞传感器的焊枪。

（2）焊枪的结构

焊枪一般由喷嘴、导电嘴、气体分流环、绝缘套、枪管（枪颈）及防碰撞传感器（可选）等部分组成，如图4-30所示。

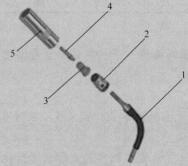

图4-30 焊枪的结构

1—枪管（枪颈） 2—绝缘套 3—气体分流环 4—导电嘴 5—喷嘴

为了更稳定地将电流导向电弧区，应在焊枪的出口装一个纯铜导电嘴。导电嘴的孔径和长度应根据焊丝直径选择，既要保证导电，又要尽可能减小焊丝在导电嘴的行进路程，以减少送丝阻力，保证送丝的通畅。导电嘴有锥形、椭圆形、镶套形、锥台形、圆柱形、半圆形和滚轮形7种。

喷嘴是焊枪上的重要零件，其作用是向焊接区域输送保护气体，防止焊丝末端、电弧和熔池与空气接触。喷嘴的材料、形状和尺寸与气体保护效果和焊接质量有着十分密切的关系。为了减少飞溅物的黏结，喷嘴应由熔点较高、导热性较好的材料（如纯铜）制造，有些表面还须镀铬，以提高其表面光洁程度和熔点。

（3）防撞传感器

对于弧焊机器人，除了要选好焊枪以外，还必须在机器人的焊枪把持架上配备防撞传感器。防撞传感器的作用是当焊枪在机器人运动过程中碰到障碍物时，能立即使机器人停止运动（相当于急停开关），避免损坏焊枪或机器人。

任务 4.3　典型工业机器人弧焊工作站系统施工图的设计及建模

【知识目标】

1. 掌握利用 SolidWorks 或者 NX 软件为典型工业机器人弧焊工作站系统施工图建模的方法。
2. 了解工业机器人弧焊工作站系统施工工艺流程。
3. 熟知电气原理图方案设计知识。

【技能目标】

1. 能够根据工艺要求选择合适的软件完成建模。
2. 能编写工业机器人弧焊工作站系统施工图的设计选型方案。

【素质目标】

1. 养成一丝不苟、精益求精的工匠精神。
2. 树立正确的职业理想，做好人生规划。

【任务情景】

使用 SolidWorks 或者 NX 软件为典型工业机器人弧焊工作站系统施工图建模，了解工业机器人弧焊工作站系统施工工艺流程，编写工业机器人弧焊工作站系统施工图的设计选型方案，掌握电气原理图方案设计知识。

【任务分析】

在项目实施的过程中，当完成方案的设计和设备选型以后，在具体生产、安装和调试阶段，往往需要一个团队来完成，负责设计和施工的人员并不一定是同一人或同一小组，因此必须先设计出具体系统的施工图，这样才有利于后续具体项目的实施。需要设计的图样包括设备布局图、系统框图、电气原理图及机械零件图。

【知识准备】

4.3.1　设备布局图

工业机器人弧焊工作站（见图 4-31）主要组成部分如下：

1）一台 FANUC R-30iA 弧焊机器人。
2）一台空气压缩机，为整个工作站供气。
3）一台周边控制柜（内有 SIMATIC 的 S7-1200 系列 PLC、ET200S 分布式 I/O），是整个控制系统指挥中心，当机器人处于外部控制时，由 PLC 发布指令。

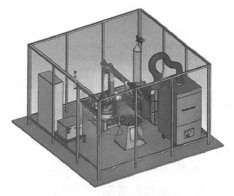

图 4-31　工业机器人弧焊工作站

4）一台带有触摸屏（SIMATIC TP270-10）的操作台，用于检测系统状态。

5）一台控制柜及其他附属周边设备。

6）安全光栅及安全门，作为系统重要的安全防护。

周边设备的控制和焊接过程的控制由配套的机器人控制柜内在的SIMATIC公司生产的（CP5614）集成通信处理器、周边控制柜（PLC）和用户焊接示教程序来共同完成。

为了保证系统的可靠性和可维护性，采用现场总线连接，使用PLC控制系统控制这些设备按照工艺流程动作，完成作业任务。通过这种方式可以在总体上节约控制系统硬件成本，使控制硬件模块化，简化和标准化各个设备的接口，使控制任务划分更加清晰，进而提高系统的可靠性和可维护性。为实现机器人的外部控制和运行，采用PLC控制技术，使机器人协同工作。

4.3.2 系统框图

图4-32所示为典型工业机器人弧焊工作站系统框图，展示了工作站各主要设备之间的连接关系及控制关系，它是根据给定的系统功能要求，进行相应的弧焊工作站系统设计开端。在设计之初，需要设计系统框图，为接下来的电路和程序设计奠定基础。

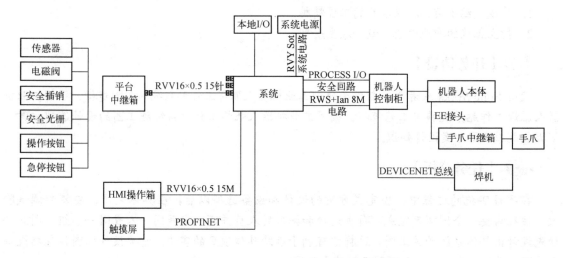

图4-32 典型工业机器人弧焊工作站系统框图

4.3.3 电气原理图

电气原理图是用来表明电气设备的工作原理及各元器件的作用、相互关系的。运用电气原理图，对于电气线路分析、电路故障排除、程序编写是十分有益的。电气原理图一般由主机架配置图、电气元件分布图、电源回路电气原理图、开关电源电路原理图、信号分配电气原理图、接线端子与现场信号接线原理图等几部分组成。主机架配置图、电源回路电气原理图、信号分配电气原理图的绘制示例如下：

1. 主机架配置图（见图4-33）

在主机架配置图中详细标注了主机上PLC的输入输出位置以及与触摸屏的连接方式。

项目 4　典型工业机器人弧焊工作站系统的设计及应用

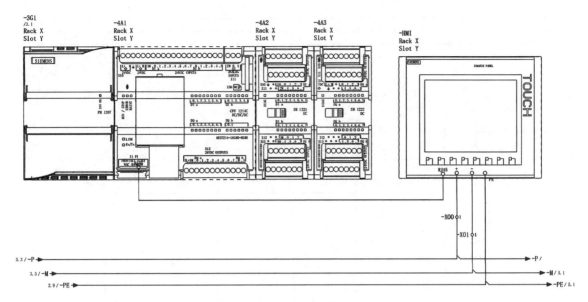

图 4-33　主机架配置图

2. 电源回路电气原理图

电气柜进线经过柜门总断路器后进入柜内第一层断路器，这是整个电柜的主电源进线。电源回路电气原理如图 4-34 所示。

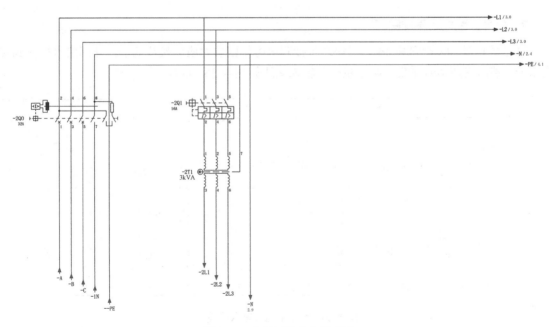

图 4-34　电源回路电气原理图

柜内断路器分别对变频器机器人、开关电源等分配控制电源，部分柜内断路器电源分配如图 4-35 所示。

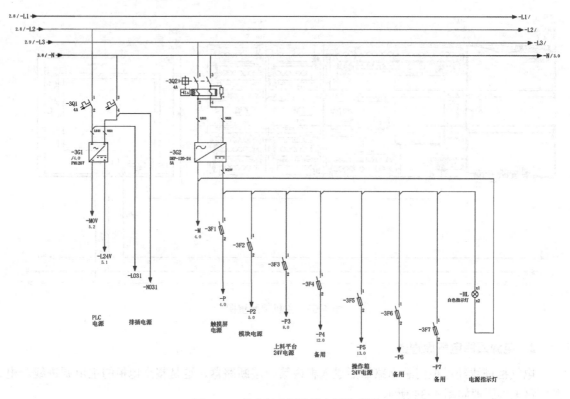

图 4-35 部分柜内断路器电源分配图

3. 信号分配电气原理图

PLC 的信号输入全部由 PLC 模块端子接到电柜第四层对应的接线端子，外围信号接入到接线端子，然后完成信号采集，数字量信号输入接线如图 4-36 所示。

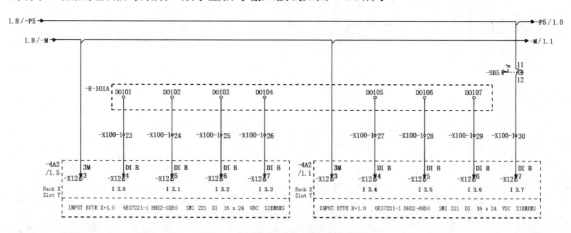

图 4-36 数字量信号输入接线图

PLC 输出信号通过控制继电器控制现场设备，继电器的一路常开点接到电柜第五层相应的接线端子，数字量信号输出接线如图 4-37 所示。

项目 4　典型工业机器人弧焊工作站系统的设计及应用

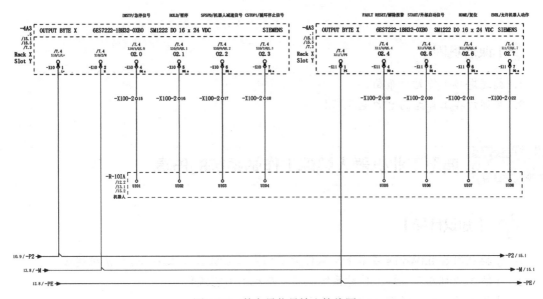

图 4-37　数字量信号输出接线图

4.3.4　非标件工程图

任何机械都是由许多零件组成的，制造机器就必须先制造零件。零件图就是制造和检验零件的依据，它依据零件在机器中的位置和作用，对零件在外形、结构、尺寸、材料和技术要求等方面都提出了一定的要求。图 4-38 所示为 6 轴机器人的机械臂。

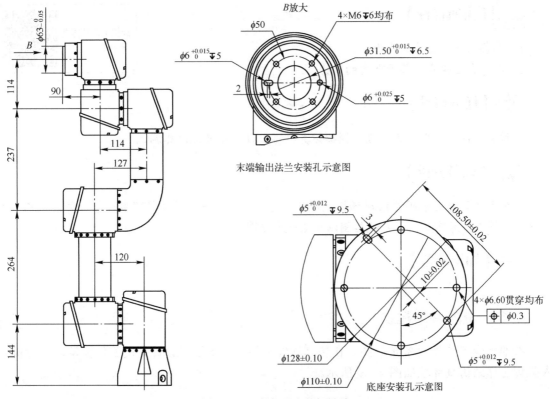

图 4-38　6 轴机器人的机械臂

163

【课后巩固】

1. 简述焊接工作站的布局。
2. 简述焊接工作站的电源电气布局。

任务 4.4 典型工业机器人弧焊工作站系统的仿真

【知识目标】

1. 掌握利用 SolidWorks 或者 NX 软件为实训室工业机器人弧焊工作站系统建模。
2. 了解工业机器人弧焊工作站系统布局以及施工工艺流程。
3. 掌握工业机器人弧焊工作站电气原理图方案设计相关知识。

【技能目标】

1. 能按照工艺要求和规范进行工业机器人弧焊工作站程序的编写。
2. 能正确导入、导出工业机器人仿真程序。
3. 能够导入工业机器人弧焊工作站仿真布局。

【素质目标】

1. 具备沟通、协作的能力。
2. 具备自主探索、善于观察的能力。

焊接工作站仿真演示 1

【任务情景】

在仿真软件上对生产工艺进行模拟仿真,写出程序并进行仿真调试。

【任务分析】

本任务的目标是能够根据现场情况以及工艺要求选择正确的软件完成建模,并能认识工业机器人弧焊工作站布局图、系统框图以及电气原理图等。

【知识准备】

4.4.1 仿真环境建立

参照弧焊工作站设备布局图,在仿真软件中导入设备及已设计好的部件模型,工业机器人弧焊工作站仿真环境如图 4-39 所示。

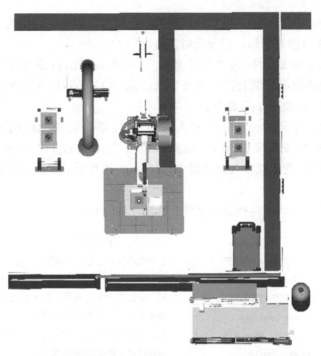

图 4-39　工业机器人弧焊工作站仿真环境图

焊接工作站仿真演示 2

4.4.2　工作站仿真

仿真环境建立后,必须在仿真软件中按照工作站工艺流程编写相应的机器人程序才能够进行运动仿真。

要进行真实的焊接,路径规划非常重要,它表征焊接过程中机器人行走的轨迹。机器人行走的方式会影响焊接的质量,因此合理路径规划是进行焊接的前提。从焊接技术的实际应用发现,复杂的焊接路径是由若干条直线或者圆弧段组成的,因此,能正确示教直线、圆弧路径的程序非常重要。

1. 仿真示教直线路径程序

在焊接过程中,直线轨迹是应用最广泛的焊接路径。在操作机器人过程中,要示教机器人走直线的方法很多,最简单的方法是采用两点走直线的方式,两点示教示意如图 4-40 所示,其具体步骤如下:

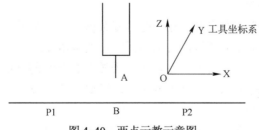

图 4-40　两点示教示意图

1) 机器人手臂上的焊枪停于位置 A 处,记录此时点位,并确保周围无障碍。
2) 制作工具坐标系,注意使机器人在 Y 轴方向上保持直线状态。

3）按示教盒上的〈COORD〉键切换机器人运行模式，确定运行模式为"关节坐标"，点动机器人运行至图中 B 点位置附近，记录此时点位。

4）将机器人运行模式切换为"全局坐标"，机器人将沿直线运动到 P1 点的位置，按〈F2〉键（焊接开始快捷键）或直接在指令中选择点击 COORD，再将机器人运行模式切换为"全局坐标"，调出"Arc Start[1]"命令。

5）以与步骤 4）相同的方式让机器人运动到 P2 点，记录此时的坐标点位，按〈F4〉键（焊接结束快捷键）或直接在指令中选择，调出"Arc End[1]"命令。

6）以步骤 3）的方式让机器人返回到 A 点位置，也可通过复制 A 点位置坐标的方式记录该点的坐标。

直线示教焊接程序（调用焊接条件文件）如图 4-41 所示。

```
行        命令                    内容说明
1:     J:P[1] 100% CNT100        移动到待机 A 位置（关节程序点 1）
2:     J:P[2] 100% CNT100        移动到焊接开始 B 位置附近（关节程序点 2）
3:     L:P[3] 100% FINE          移动到焊接开始 P1 位置（直线程序点 3）
 :     Arc Start[1]              焊接开始（使用焊接条件文件 1）
4:     L:P[4] 100% FINE          移动到焊接结束 P2 位置（直线程序点 4）
5:     Arc End[1]                焊接结束（使用焊接条件文件 1）
6:     J:P[1] 100% CNT100        返回到待机 A 位置（关节程序点 1）
```

图 4-41 直线示教焊接程序（调用焊接条件文件）

示教一个直线轨迹的焊接程序较简单，焊接条件设置可以采用直接输入参数的方式，直线示教焊接程序（直接输入参数）如图 4-42 所示。

```
行        命令                           内容说明
1:     J:P[1] 100% CNT100              移动到待机 A 位置（关节程序点 1）
2:     J:P[2] 100% CNT100              移动到焊接开始 B 位置附近（关节程序点 2）
3:     L:P[3] 100% FINE                移动到焊接开始 P1 位置（直线程序点 3）
 :     Arc Start[WP0,5.0V,200A,0.0]    焊接开始
4:     L:P[4] 100% FINE                移动到焊接结束 P2 位置（直线程序点 4）
5:     Arc End[WP0,5.0V,200A,0.0,0.5s] 焊接结束
6:     J:P[1] 100% CNT100              返回到待机 A 位置（关节程序点 1）
```

图 4-42 直线示教焊接程序（直接输入参数）

2. 仿真示教圆弧路径程序

相比于直线路径，机器人在走圆弧路径时要复杂得多。这是因为有的焊接轨迹是由若干个不同的圆弧段构成，所以需要了解机器人走圆弧路径的基本原理。通常，画圆或圆弧就必须知道圆弧的圆心位置及半径。而 FANUC 机器人在设置圆弧路径的过程中采用了 3 点确定一个平面的方法，只要确定 3 点的坐标，机器人就能自动运算出圆弧圆心的坐标，这种方法可使机器人完成各种不同圆弧段的路径行走。

使用机器人完成圆形路径是最基本的操作，是绘制各圆弧段的前提。图 4-43 所示为圆形示教示意图，以它为例完成机器人圆形路径示教程序的编程操作。注意机器人一次只能走半圆形路径，因此走圆形路径需要走两个半圆形路径，具体步骤如下：

1)将机器人焊枪移动到待机位置 1（可选择任意的安全位置），记录此时的坐标点。需要注意的是，初学者在使用机器人过程中，经常将机器人的姿态调整到随意位置，这将使机器人在走圆弧路径时经常出现特异点而报警、关停机器人，因此应将机器人摆正。

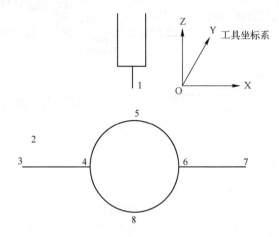

图 4-43　圆形示教示意图

2）以任意形式移动机器人到点 2 位置，即焊接开始位置附近，记录此时点位。
3）以直线的方式移动机器人到点 3 位置，即焊接开始位置附近，记录此时点位。
4）制作工具坐标系，注意使机器人在 X 轴方向上保持直线状态。
5）切换机器人运行模式为"全局坐标"，以直线的方式运动到点 4 位置，即焊接开始位置，按〈F2〉键（焊接开始快捷键）或直接在指令中选择，调出"Arc Start[1]"命令。
6）以任意模式移动到点 5 位置，记录此时的点位。关节切换圆弧步骤如图 4-44 所示。调节光标到"J"处，按〈F4〉键在弹出的"动作文　修正　1"中选择"3 圆弧"，此时"J"变为"C"，并同步跳出点位"P[…]"，此点位即为圆弧的结束点，只需将机器人移动到点 6 位置，在下方栏目中会出现位置记忆，按〈SHIFT+F3〉键完成位置记录，此时"P[…]"将变为有坐标的点位，记录圆弧结束点步骤如图 4-45 所示。

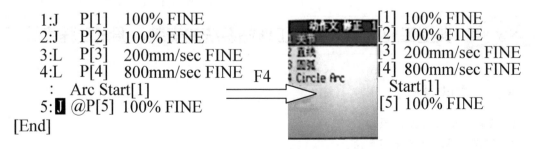

图 4-44　关节切换圆弧步骤

7）以步骤 6）的方式进行从点 6 位置经点 8 后返回点 4 位置的操作，以完成整个圆形示教，也可先返回点 4 位置再经点 8 后到点 6 完成整圆路径。
8）按〈F4〉键（焊接结束快捷键）或直接指令选择，调出"Arc End[1]"命令。
9）以关节的方式返回到点 1 位置，完成整个过程的示教操作。

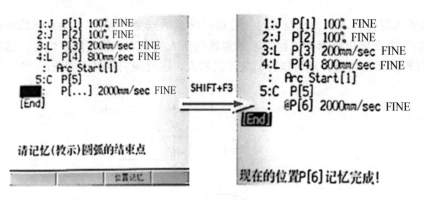

图 4-45　记录圆弧结束点步骤

圆形示教程序如图 4-46 所示。

行	命令	内容说明
1:	J:P[1] 100% CNT100	移到待机位置（程序点 1）
2:	J:P[2] 100% CNT100	移到焊接开始位置附近（程序点 2）
3:	L:P[3] 200mm/sec FINE	移到焊接开始位置附近（程序点 3）
4:	L:P[4] 800mm/sec FINE	移到圆弧焊接开始点位置（程序点 4）
:	Arc Start[1]	焊接开始
5:	C:P[5]	前半圆弧中间点（程序点 5）
:	P[6] 800mm/sec FINE	前半圆弧结束点（程序点 6）
6:	J:P[7] 800mm/sec FINE	后半圆弧开始点（程序点 7 与程序点 6 相同）
7:	C:P[8]	后半圆弧中间点（程序点 8）
:	P[4] 800mm/sec FINE	后半圆弧结束点（程序点 9 与程序点 4 相同）
:	Arc End[1]	焊接结束
8:	J:P[1] 100% CNT100	返回到待机位置（程序点 10 与程序点 1 相同）

图 4-46　圆形示教程序

任务 4.5　典型工业机器人弧焊工作站系统的安装、调试及程序编写

【知识目标】

1. 了解弧焊工作站的原理。
2. 掌握焊接程序的编写方法。
3. 熟知薄板焊接程序编写和调试的流程。

【技能目标】

1. 能说出焊接的原理。
2. 能在平板上焊接一条 V 形坡口对接焊缝。
3. 能调试薄板焊接程序作业。

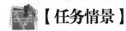【素质目标】

1. 具备自主学习、解决问题的能力。
2. 具备沟通协作、善于思考的能力。

企业焊接工作站运行演示2

【任务情景】

焊接本任务中的全封闭压力容器,需要掌握薄板焊接、管和薄板焊接的工艺,还需要会设置焊接参数。

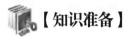【任务分析】

掌握上电开机和操作机器人的步骤,同时,在了解焊接原理的基础上完成焊接参数的选择与设定。

【知识准备】

4.5.1 上电开机和操作机器人

1. 开机

1)如果机器人系统连接的是 PW455 焊机的话,应先将焊机打开。

2)打开机器人控制柜的断路开关,按住"ON"键几秒钟,示教盒的开机画面将会显示出来。手持示教盒,按下并且始终握住"Dead man switch",将示教盒上的开关置于"ON"的位置,按示教盒键盘上的〈STEP〉键,确认左上部的"STEP"状态指示灯亮。如果是新版本的示教盒的话,则在屏幕顶端的状态显示行将显示"TP off in T1/T2,door open",按〈Reset〉键消除报警信息。注意:此时屏幕顶端右面的蓝色状态行应该为"-Joint 10%"。

3)在关节坐标模式(Joint Coordinate)下移动机器人。

4)按住〈SHIFT〉键,再配合其他方向键移动机器人。此时机器人的运动速度可通过示教盒上的〈+%〉和〈-%〉键进行调节(或同时配合〈SHIFT〉键进行大范围的调节)。为了安全起见,在开始的时候尽量以较低的速度移动机器人,在确认不会发生碰撞时,再适当地提高移动速度。

2. 直角坐标模式

松开〈SHIFT〉键,按住〈COORD〉键直到蓝色的状态栏显示"World"。请注意,切换了示教模式之后机器人的移动速度会自动降低到10%。此时再移动机器人时,机器人不再单轴(单关节)转动。当按前面三组〈J1〉、〈J2〉、〈J3〉键时,机器人的TCP会以直线运动;当按后面三组〈J4〉、〈J5〉、〈J6〉键时,机器人的 TCP 会只绕相应的直线坐标轴旋转。

3. 轴的软件限位

如一直按住〈J3++Z〉键,在将第三轴提升到一定程度后将自动停止,此时,在屏幕顶部的状态信息提示栏中应该有限位或者位置不可达的报警提示,按〈RESET〉键消除报警,按住〈J3+-Z〉键使第三轴往回运动。

4. Dead-Man/E-Stop 开关

当释放"Dead-Man"开关时,状态信息提示栏中就会有报警信息。要消除报警,只需要重新按住"Dead-Man"开关并保持住,报警信息将自动消失。

新版本的机器人的"Dead-Man"开关是个 3 位开关,按压力太大也会导致报警。

紧急或特殊应用情况下,若按一下示教盒右上方红色的"E-STOP"急停按钮,则在屏幕的状态信息提示栏中会有急停报警。要复位该信息,只需顺时针旋转该按钮使其复位,再按〈RESET〉键复位即可。

请注意在进行急停或复位急停操作时,除了可以听得到第二轴和第三轴的抱闸声音,还可以听到机器人控制柜内部断路器的跳闸声音。

5. 要点

要求在平板上焊接一条 V 形坡口对接焊缝。焊接时以较小的焊枪倾角,保证焊枪呈直线向前焊接。保持干伸长(stick out)为 5/8in、收弧行走速度为 40IPM,焊接程序(weld procedure)预设置为 25V、300IPM。V 形坡口焊缝的两脚长约 2in。

6. 示教程序

生成一个新的程序"Exercise 2"。将焊接试板用夹钳固定,将吸烟尘器的吸尘口放置于离试板 2in(1in=0.0254m)远的地方(如果有的话)。示教 7 个点,在保存起弧点和收弧点的时候使用"F2 ARCSTART"和"F4 ARCEND"命令,而焊缝中的其他位置点用"F3 WELD POINT"。

为完整地测试该程序,设计如下焊接程序。

1)设置机器人为焊接模式:

    Step off
    Speed to 100%

2)按〈SHIFT+WELD ENBL〉键,并确认"weld enable"在点亮状态。如果没有同时按〈SHIFT〉和〈WELD ENBL〉键,可以按〈EDIT〉键回到程序编辑模式。必须满足以上 3 个条件程序才能运行。

3)将焊丝剪短到接近导电嘴,打开焊机的电源。

4)提醒其他在该区域内的人注意安全。

5)按〈SHIFT+FWD〉键运行程序:

    1.J P[1] 100% CNT 100
    2.J P[2] 100% CNT 100
    3.J P[3] 100% FINE
    Arc Start [1]
    4: L P[4] 40 IPM CNT 100
    5: L P[5] 40 IPM FINE
    Arc End [1]
    6.J P[6] 100% CNT 100
    7.J P[1] 100% CNT 100
    End

如果发生以下问题,请按照步骤进行排查:

1）不起弧——检查"weld enable"。

2）起弧不正常——松开左手大拇指以暂停程序运行,操作机器人到合适的位置,"weld enable"打到 Off,"Step"打开,复位错误,回到"HOME"位置,将焊丝剪到合适的长度,继续运行程序。

3）如果有任何其他情况发生,暂停程序。

4.5.2 焊接参数的选择与设定

1. 焊接参数的选择

实际中,焊接的种类和焊接的方式很多,应根据焊件的材料、尺寸、接头形式等来确定焊接参数,然后对机器人系统及焊机进行设置。在预选电压、电流、焊接速度、气体流量等参数后对焊件进行试焊接,根据焊缝的质量对参数进行适当的调整,通过不断地实践以保证焊接质量完全符合技术要求。

（1）薄板焊接

通常情况下,薄板焊接方式有平角焊、向上立焊和向下立焊等,如图 4-47 所示。

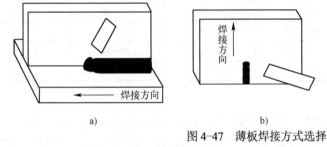

图 4-47 薄板焊接方式选择
a) 平角焊 b) 向上立焊 c) 向下立焊

以薄板焊接中的平角焊为例,进行焊接参数的选择。取两块相同的薄板,材质为 20 钢,其尺寸如图 4-48 所示。将两块薄钢板以 T 形接头的方式焊接在一起。

低碳钢平角焊焊接参数见表 4-13。根据板厚为 2mm,选出焊丝直径为 1.0mm,焊接电流为 115～125A,焊接电压为 19.5～20V,焊接速度为 50～60cm/min,气体流量为 10～15L/min。

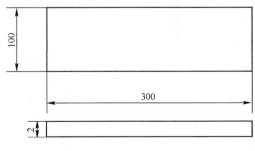

图 4-48 薄板

表 4-13 低碳钢平角焊焊接参数表

板厚/mm	焊丝直径/mm	焊接电流/A	焊接电压/V	焊接速度/(cm/min)	气体流量/(L/min)
1.0	0.8	70～80	17～18	50～60	10～15
1.2	1.0	85～90	18～19	50～60	10～15
1.6	1.0，1.2	100～110	18～19.5	50～60	10～15
	1.2	120～130	19～20	40～50	10～20
2.0	1.0，1.2	115～125	19.5～20	50～60	10～15
3.2	1.0，1.2	150～170	21～22	45～50	15～20
	1.2	200～250	24～26	45～60	10～20
4.5	1.0，1.2	180～200	23～24	40～45	15～20
	1.2	200～250	24～26	45～50	15～20
6	1.2	220～250	25～27	35～45	15～20
	1.2	270～300	28～31	60～70	15～20
8	1.2	270～300	28～31	55～60	15～20
	1.2	260～300	26～32	25～35	15～20
	1.6	300～330	25～26	30～35	15～20
12	1.2	260～300	26～32	25～35	15～20
	1.6	300～330	25～26	30～35	15～20
16	1.6	340～350	27～28	35～40	15～20
19	1.6	360～370	27～28	30～35	15～20

（2）薄板和管焊接

薄板与管的焊接与薄板之间的焊接一样，也采用平角焊方式，因此只需知道焊件的厚度即可，焊件尺寸如图 4-49 所示。将圆管焊接在薄板上直径为 60mm 的孔的位置，因此焊件的厚度主要考虑薄板的厚度。根据表 4-13，薄板和管焊接的焊接参数与薄板之间的焊接保持一致。

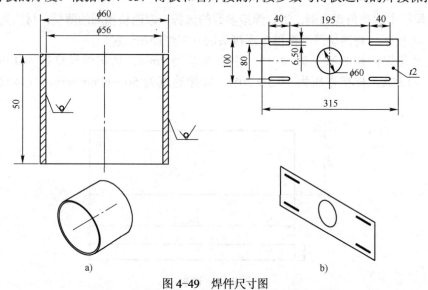

图 4-49 焊件尺寸图
a) 管 b) 薄板

2. 焊机参数设置

在焊接时，使用的焊机电源是数字式逆变焊机 CV350-R，它是林肯电气为 FANUC 机器人设计的经济实用型焊机。CV350-R 的基本参数见表 4-14。

表 4-14 CV350-R 的基本参数

适用材料	焊接波形	电流范围/A	通信方式	逆变技术	输入电源/V
低碳钢	CV	60～350	Arc Link	Inverter(30kHz)	380 3 相

焊机通过 Arc Link 直接与 FANUC 弧焊机器人进行通信，再配合 FANUC 弧焊机器人专用的 LR ARC TOOL 软件，将焊机的基本参数直接传入到弧焊机器人中，而无需在焊机中设置参数，只需在机器人示教盒上直接选择焊机的生产厂家和焊机电源的型式即可。

综上，只需对示教盒上的 ARC TOOL 软件进行设置，设定 ARC TOOL 软件的界面如图 4-50 所示，界面中各参数的含义见表 4-15。

如图 4-50 所示，将光标下移至"6 制造业者"处，按〈F4〉键，进入如图 4-51 所示界面，选择"7 Lincoln Electric"（林肯电源）。将光标下移至"7 型式"，按〈F4〉键，进入如图 4-52 所示焊机型式选择界面（此界面根据选择电源厂家的不同而会有差异），一般选择"2 Power Wave+ENet"。

上述操作设置完毕后，按示教盒上的〈FCTN〉功能键，从菜单中选择"1 冷开机（Coldstart）"，结束整个焊机电源选择。如果在"6 制造业者"中找寻不到焊机电源厂家信息，可在如图 4-51 所示界面选择"4 General Purpose"（通用模式），并在"7 型式"中选择与焊机电源相符合的焊接控制方式。

图 4-50 设定 ARC TOOL 软件的界面

表 4-15 界面中各参数含义

设定项目	说明	备注
F 号码	软件画面序列号，多种焊机时可对其进行设定	
焊接设定	可以将送丝速度单位、焊接速度单位自动更改为各国标准的单位	单位更改后自动运算

（续）

设定项目	说明	备注
送丝速度单位	设定送丝速度的单位	设定后自动调用
焊接速度单位	设定焊接速度的单位	设定后自动调用
焊接速度	一旦设定，则"WELD_SPEED"默认为该值 1:L P[2] WELD_SPEED FINE	直接键入数值
制造业者	焊机生产厂家选择	
型式	选择焊机的型式	生产厂家不同会有差别
多程序	多程序执行时的有效/无效选择	只有林肯焊机才能选择
焊接条件号码	可以设定电弧焊接条件画面中能够使用的焊接条件号码的个数	默认设置为32
焊接装置号码	给焊机编号	多焊机作业时可设置

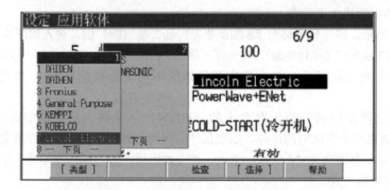

图 4-51 焊机生产厂家选择画面

图 4-52 焊机型式的选择画面

3．机器人焊接条件设置

根据选定的焊接参数，初设焊接电流为 115A，电压为 20V。此处选择由焊接命令直接设定：Arc Start [WP0,20V,115A,0.0,0.5S]；焊接速度为 50cm/min，引弧时间为 0.5s，再引弧有效。

（1）机器示教

在对机器人进行示教焊接之前，需要对焊接系统各部分及参数进行确认，焊前准备的具体内容见表 4-16。

表 4-16 焊前准备

序号	项目	内容
1	焊丝的安装	将适合焊接的焊丝正确安装入送丝机构,确保焊丝的直径与所使用的送丝轮的直径保持一致
2	焊枪的确认	检查导电嘴是否与焊丝直径相一致
3	配电柜的断路器的闭合	先确认变压器电源是否正确,检查无误后闭合断路器
4	焊机的接通	合上电源,背面的冷却扇开始运转
5	送丝机的设定	对送丝电动机的种类进行设定,采用机械伺服驱动(4 轮:Auto Drive 100) 若送丝电动机设定不正确,将不能按照指定的送丝速度送丝,其结果是难以保证焊接质量
6	机器人侧的设定	对焊机和焊接参数进行设定
7	示教盒显示值的确认	确认示教盒上电压、电流、线速(送丝速度)的设定值及焊接方法的设定正确
8	点动送丝	机器人发出点动送丝命令(SHIFT+WIRE)送出焊丝,直到焊丝从焊枪前端伸出
9	调整保护气体的流量	在焊接系统界面选气体喷出有效,并选气体喷出时间,一般设置为5s,5s后自动停止送出气体 打开气瓶上的阀门,注意观察流量计,一般将流量控制在 10~25L/min 之间较适宜,焊接电流越大,所需保护气体流量也应越大

(2)程序点示教

1)薄板焊接示教

按照弧焊要求对机器人进行编程示教,薄板焊接程序点示教步骤如图 4-53 所示。

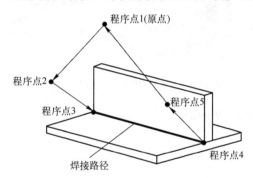

图 4-53 薄板焊接程序点示教步骤

薄板焊接程序如图 4-54 所示。

```
行           命令                          内容说明
1:    J P[1] 100% CNT100              移到原点位置(程序点1)
2:    J P[2] 100% CNT100              移到焊接开始附近(程序点2)
3:    L P[3] WELD_SPEED FINE          移到焊接开始点(程序点3)
 :    Arc Start[WP0,20V, 115A, 0.0,0.5]    焊接开始
4:    L P[4] 50cm/min FINE            移到焊接结束点(程序点4)
 :    Arc End[WP0, 20V, 115A, 0.0,0.5]     停止焊接
5:    L P[5] WELD_SPEED FINE          离开焊接点(程序点5)
6:    J P[1] 100% CNT100              返回原点位置(程序点1)
7:    END
```

图 4-54 薄板焊接程序

薄板焊接成品如图4-55所示。

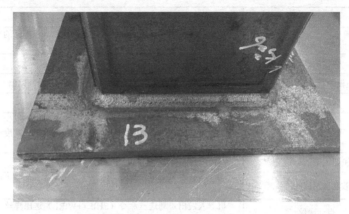

图4-55 薄板焊接成品

2）薄板和管焊接示教

按照弧焊的要求，对机器人进行示教，薄板和管焊接程序点示教步骤如图4-56所示。

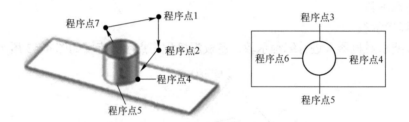

图4-56 薄板和管焊接程序点示教步骤

薄板和管焊接程序如图4-57所示。

行	命令	内容说明
1:	J P[1] 100% CNT100	移到原点位置（程序点1）
2:	J P[2] 100% CNT100	移到焊接开始附近（程序点2）
3:	L P[3] WELD_SPEED FINE	移到焊接开始点（程序点3）
:	Arc Start[WP0,20V, 115A, 0.0,0.5]	焊接开始
4:	C P[4]	前半圆弧中间点（程序点4）
:	P[5] 50cm/min FINE	前半圆弧结束点（程序点5）
5:	L P[6] 50cm/min FINE	后半圆弧开始点（程序点5）
6:	C P[7]	后半圆弧中间点（程序点6）
:	P[8] 50cm/min FINE	后半圆弧结束点（程序点3）
:	Arc End[WP0, 20V, 115A, 0.0,0.5]	停止焊接
7:	L P[9] WELD_SPEED FINE	离开焊接点（程序点7）
8:	J P[1] 100% CNT100	返回原点位置（程序点1）
9:	END	

图4-57 薄板和管焊接程序

薄板和管焊接的成品如图4-58所示。

图 4-58　薄板和管焊接的成品

任务 4.6　典型工业机器人弧焊工作站系统技术交底材料的整理和编写

【知识目标】

1. 掌握工业机器人弧焊工作站技术交底材料的编写步骤与方法。
2. 掌握工业机器人弧焊工作站技术交底材料的清单整理方法。

【技能目标】

1. 能整理出工业机器人弧焊工作站设备全套说明书。
2. 能够按照技术交底材料的要求完成方案整理。

【素质目标】

1. 具备使用规范的行文格式整理材料的能力。
2. 养成良好的行为习惯。

【任务情景】

完成工业机器人弧焊工作站技术交底材料的整理与编写工作。

【任务分析】

技术交底是企业极为重要的一项技术管理工作,是施工方案的延续和完善,也是项目质量预控的最后一道关口。其目的是使参与项目施工的技术人员熟悉和了解所承担项目的特点、设计意图、技术要求、施工工艺及应注意的问题,使参与项目施工操作的工人了解自己所要完成的分项工程的具体工作内容、操作方法、施工工艺、质量标准和安全注意事项等。

【知识准备】

4.6.1　主要技术交底材料

工业机器人弧焊工作站常见的技术交底材料主要包括以下部分:

1. 工作站操作说明书

工作站操作说明书要包含以下内容:
1) 工作站概况和基本软硬件组成。
2) 工作站基本操作流程,关键性的技术及操作中可能会存在的问题。
3) 特殊设备的操作处理细节及操作须知。
4) 工作站开关机流程及注意事项。
5) 工作站常见故障的现象描述及处理方法。
6) 工作站的程序及其注解。

2. 工作站全套图样

应将方案、设计、施工阶段的所有相关图样均整理好交付给使用方。
1) 工作站布局图及网络拓扑图。
2) 电气原理图及接线图。
3) 工作站系统安装图。
4) 非标件零件图及装配图。

3. 工作站设备程序

应将调试后的设备程序,如工业机器人程序、PLC 程序、HMI 工程文件以及变频设置文件等,全部整理并标注好后交付给使用方。

4. 工作站设备说明书

应将工作站中使用的成品设备说明书整理好后交付给使用方,以确保使用方在使用过程中可以方便地查阅。

4.6.2 工作站操作说明书的编写

工作站的技术资料编写工作,主要是操作说明书的编写,使用方通过工作站的操作说明书能够操作设备、调试与维护设备及处理设备简单故障等。以 FANUC 工业机器人弧焊工作站为例,说明工作站操作说明书的编写方法。

工作站操作说明书主要包括目录和正文两部分。

1. 目录

典型工业机器人弧焊工作站操作说明书的目录样式如图 4-59 所示。

2. 正文

FANUC 工业机器人弧焊工作站 Smart Arc 焊接系统使用说明书第 1 章的内容编写示例如下:

1 简介

本章对 Smart Arc 焊接系统的基本构造和各种设备进行说明。

1.1 Smart Arc 焊接系统构成

Smart Arc 焊接系统主要由机器人控制柜、焊机、送丝机、焊枪构成,如图 4-60 所示,其电缆组成见表 4-17。

目录

A	为了安全使用	A-1
	A-1 连接急停电路	A-1
	A-2 本说明书的警告	A-1
	A-2-1 一般注意事项	A-2
	A-2-2 安装时的注意事项	A-2
	A-2-3 操作时的注意事项	A-2
	A-2-4 编程时的注意事项	A-3
	A-2-4 维护作业时的注意事项	A-3
	A-3 警告标记	A-6
	A-4 报废注意事项	A-7
	目录	A-2
0	前言	0
1	简介	1
	1.1 Smart Arc 焊接系统构成	1
	1.2 Smart Arc 焊接系统及其部件规格	2
	1.2.1 焊接系统规格	2
	1.2.2 机器人和管线包规格	3
	1.2.3 焊机规格	5
	1.2.4 焊枪规格	5
	1.2.5 送丝盘支架组件	6
	1.3 Smart Arc 焊接系统设备介绍	6
	1.3.1 机器人设备介绍	6
	1.3.2 焊接设备介绍	8
2	设备硬件安装	11
	2.1 外置机器人的焊接系统设备硬件安装	11
	2.1.1 机器人设备的硬件安装	11
	2.1.2 焊接设备的硬件安装	11
	2.2 内置机器人的焊接系统设备硬件安装	17
	2.2.1 机器人设备的硬件安装	17
	2.2.2 焊接设备的硬件安装	17
3	系统软件配置	25
	3.1 控制启动下的软件设定	25
	3.2 Weld I/O 信号设定	29
	3.3 GI/GO 组信号设定	30
	3.4 参数设定及使用	35
	3.5 弧焊软件功能使用	37
	1.2.1 接触传感功能	37
	1.2.2 电弧跟踪功能	37

图 4-59 典型工业机器人弧焊工作站操作说明书的目录样式

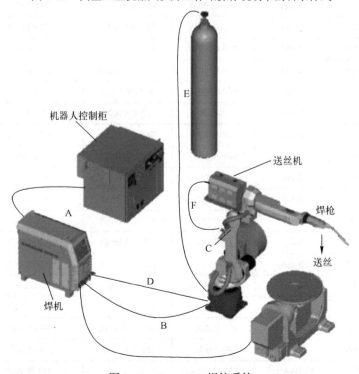

图 4-60 Smart Arc 焊接系统

表 4-17 Smart Arc 焊接系统电缆组成表

编号	名称	作用	备注
A	焊机通信电缆	机器人与焊机相互通信	DeviceNet
B	焊机正极电缆	焊接正极回路	
C	送丝通信电缆	焊机与送丝机相互通信	
D	焊机负极电缆	焊接负极回路	

1.2 Smart Arc 焊接系统及其部件规格

本节主要介绍 Smart Arc 焊接系统的各设备配置的规格及设备配置组成的明细。

1.2.1 焊接系统规格

不同规格的 Smart Arc 焊接系统对应不同的产品编号和系统配置，见表 4-18。

表 4-18 Smart Arc 焊接系统规格

序号	产品编号	系统配置（产品名称）				
		机器人型号	焊机型号	送丝机型号	焊枪型号	管线包型号
1	SAP-C350-R001	R-0iB	SFP-C350iA	SFP-SW100iA	SFG-E350GC	SFP-S002
2	SAP-C350-R002	R-0iB	SFP-C350iA	SFP-SW100iA	SFG-E350GC	SFP-S004
3	SAP-C350-R003	R-0iB	SFP-C350iA	SFP-SW100iA	SFG-E350GC	SFP-S006
4	SAP-C350-R004	R-0iB	SFP-C350iA	SFP-SW100iA	SFG-E7GL	SFP-S002
5	SAP-C350-R005	R-0iB	SFP-C350iA	SFP-SW100iA	SFG-E7GL	SFP-S004
6	SAP-C350-R006	R-0iB	SFP-C350iA	SFP-SW100iA	SFG-E7GL	SFP-S006
7	SAP-C500-R001	R-0iB	SFP-C500iA	SFP-SW100iA	SFG-E350GC	SFP-S002
8	SAP-C500-R002	R-0iB	SFP-C500iA	SFP-SW100iA	SFG-E350GC	SFP-S004
9	SAP-C500-R003	R-0iB	SFP-C500iA	SFP-SW100iA	SFG-E350GC	SFP-S006
10	SAP-C500-R004	R-0iB	SFP-C500iA	SFP-SW100iA	SFG-E7GL	SFP-S002
11	SAP-C500-R005	R-0iB	SFP-C500iA	SFP-SW100iA	SFG-E7GL	SFP-S004
12	SAP-C500-R006	R-0iB	SFP-C500iA	SFP-SW100iA	SFG-E7GL	SFP-S006
13	SAP-P400-R001	R-0iB	SFP-P400iA	SFP-SW100iA	SFG-E350GC	SFP-S002
14	SAP-P400-R002	R-0iB	SFP-P400iA	SFP-SW100iA	SFG-E350GC	SFP-S004
15	SAP-P400-R003	R-0iB	SFP-P400iA	SFP-SW100iA	SFG-E350GC	SFP-S006
16	SAP-P400-R004	R-0iB	SFP-P400iA	SFP-SW100iA	SFG-E7GL	SFP-S002
17	SAP-P400-R005	R-0iB	SFP-P400iA	SFP-SW100iA	SFG-E7GL	SFP-S004
18	SAP-P400-R006	R-0iB	SFP-P400iA	SFP-SW100iA	SFG-E7GL	SFP-S006
19	SAP-P500-R001	R-0iB	SFP-P500iA	SFP-SW100iA	SFG-E350GC	SFP-S002
20	SAP-P500-R002	R-0iB	SFP-P500iA	SFP-SW100iA	SFG-E350GC	SFP-S004
21	SAP-P500-R003	R-0iB	SFP-P500iA	SFP-SW100iA	SFG-E350GC	SFP-S006
22	SAP-P500-R004	R-0iB	SFP-P500iA	SFP-SW100iA	SFG-E7GL	SFP-S002
23	SAP-P500-R005	R-0iB	SFP-P500iA	SFP-SW100iA	SFG-E7GL	SFP-S004
24	SAP-P500-R006	R-0iB	SFP-P500iA	SFP-SW100iA	SFG-E7GL	SFP-S006
25	SAP-C350-M001	M-10iA/12	SFP-C350iA	SFP-SN100iA	SFG-I350GC	SFP-S001

(续)

序号	产品编号	系统配置（产品名称）				
		机器人型号	焊机型号	送丝机型号	焊枪型号	管线包型号
26	SAP-C350-M002	M-10iA/12	SFP-C350iA	SFP-SN100iA	SFG-I350GC	SFP-S003
27	SAP-C350-M003	M-10iA/12	SFP-C350iA	SFP-SN100iA	SFG-I350GC	SFP-S005
28	SAP-C350-M004	M-10iA/12	SFP-C350iA	SFP-SN100iA	SFG-I7GL	SFP-S001
29	SAP-C350-M005	M-10iA/12	SFP-C350iA	SFP-SN100iA	SFG-I7GL	SFP-S003
30	SAP-C350-M006	M-10iA/12	SFP-C350iA	SFP-SN100iA	SFG-I7GL	SFP-S005
31	SAP-C500-M001	M-10iA/12	SFP-C500iA	SFP-SN100iA	SFG-I350GC	SFP-S001
32	SAP-C500-M002	M-10iA/12	SFP-C500iA	SFP-SN100iA	SFG-I350GC	SFP-S003
33	SAP-C500-M003	M-10iA/12	SFP-C500iA	SFP-SN100iA	SFG-I350GC	SFP-S005
34	SAP-C500-M004	M-10iA/12	SFP-C500iA	SFP-SN100iA	SFG-I7GL	SFP-S001
35	SAP-C500-M005	M-10iA/12	SFP-C500iA	SFP-SN100iA	SFG-I7GL	SFP-S003
36	SAP-C500-M006	M-10iA/12	SFP-C500iA	SFP-SN100iA	SFG-I7GL	SFP-S005
37	SAP-P400-M001	M-10iA/12	SFP-P400iA	SFP-SN100iA	SFG-I350GC	SFP-S001
38	SAP-P400-M002	M-10iA/12	SFP-P400iA	SFP-SN100iA	SFG-I350GC	SFP-S003
39	SAP-P400-M003	M-10iA/12	SFP-P400iA	SFP-SN100iA	SFG-I350GC	SFP-S005
40	SAP-P400-M004	M-10iA/12	SFP-P400iA	SFP-SN100iA	SFG-I7GL	SFP-S001
41	SAP-P400-M005	M-10iA/12	SFP-P400iA	SFP-SN100iA	SFG-I7GL	SFP-S003
42	SAP-P400-M006	M-10iA/12	SFP-P400iA	SFP-SN100iA	SFG-I7GL	SFP-S005
43	SAP-P500-M001	M-10iA/12	SFP-P500iA	SFP-SN100iA	SFG-I350GC	SFP-S001
44	SAP-P500-M002	M-10iA/12	SFP-P500iA	SFP-SN100iA	SFG-I350GC	SFP-S003
45	SAP-P500-M003	M-10iA/12	SFP-P500iA	SFP-SN100iA	SFG-I350GC	SFP-S005
46	SAP-P500-M004	M-10iA/12	SFP-P500iA	SFP-SN100iA	SFG-I7GL	SFP-S001
47	SAP-P500-M005	M-10iA/12	SFP-P500iA	SFP-SN100iA	SFG-I7GL	SFP-S003
48	SAP-P500-M006	M-10iA/12	SFP-P500iA	SFP-SN100iA	SFG-I7GL	SFP-S005

注：1. Smart Arc 焊接系统的机器人控制柜型号统一为 R-30iB Mate。
2. Smart Arc 焊接系统的送丝盘支架默认型号统一为 SFP-WS01。

1.2.2 机器人和管线包规格

Smart Arc 焊接系统管线包的组件包括送丝机安装支架、焊机通信电缆、送丝机通信电缆、焊接正极电缆、焊接负极电缆、气管、内置管线包增长气管。Smart Arc 焊接系统机器人和管线包规格及对应情况见表 4-19。

表 4-19 Smart Arc 焊接系统机器人和管线包规格及对应情况

序号	管线包型号	管线包名称	机器人型号
1	SFP-S001	内置机器人系统标准配置 A	M-10iA/12
2	SFP-S002	外置机器人系统标准配置 A	R-0iB
3	SFP-S003	内置机器人系统标准配置 B	M-10iA/12
4	SFP-S004	外置机器人系统标准配置 B	R-0iB

（续）

序号	管线包型号	管线包名称	机器人型号
5	SFP-S005	内置机器人系统标准配置C	M-10iA/12
6	SFP-S006	外置机器人系统标准配置C	R-0iB

SFP-S001（内置机器人系统标准配置A）组件见表4-20。

表4-20 SFP-S001（内置机器人系统标准配置A）组件

序号	组件编号	组件名称	规格型号	备注
1	SFP-D003	焊机通信电缆	3m	DeviceNet
2	SFP-SN005	送丝机通信电缆	5m	内置型
3	SFP-W007	焊接正极电缆	$50mm^2 \times 7m$	黑色
4	SFP-W007	焊接负极电缆	$50mm^2 \times 7m$	黑色
5	SFP-G008	气管	8m	
6	SFP-G001	内置管线包增长气管	$\phi 6mm \times 400mm$	
7	SFP-M001	送丝机安装支架		内置型

SFP-S002（外置机器人系统标准配置A）组件见表4-21。

表4-21 SFP-S002（外置机器人系统标准配置A）组件

序号	组件编号	组件名称	规格型号	备注
1	SFP-D003	焊机通信电缆	3m	DeviceNet
2	SFP-SW005	送丝机通信电缆	5m	外置型
3	SFP-W007	焊接正极电缆	$50mm^2 \times 7m$	黑色
4	SFP-W007	焊接负极电缆	$50mm^2 \times 7m$	黑色
5	SFP-G008	气管	8m	
6	SFP-M002	送丝机安装支架		外置型

SFP-S003（内置机器人系统标准配置B）组件见表4-22。

表4-22 SFP-S003（内置机器人系统标准配置B）组件

序号	组件编号	组件名称	规格型号	备注
1	SFP-D006	焊机通信电缆	6m	DeviceNet
2	SFP-SN007	送丝机通信电缆	7m	内置型
3	SFP-W009	焊接正极电缆	$50mm^2 \times 9m$	黑色
4	SFP-W009	焊接负极电缆	$50mm^2 \times 9m$	黑色
5	SFP-G012	气管	12m	
6	SFP-G001	内置管线包增长气管	$\phi 6mm \times 400mm$	
7	SFP-M001	送丝机安装支架		内置型

SFP-S004（外置机器人系统标准配置B）组件见表4-23。

表4-23 SFP-S004（外置机器人系统标准配置B）组件

序号	组件编号	组件名称	规格型号	备注
1	SFP-D006	焊机通信电缆	6m	DeviceNet
2	SFP-SW007	送丝机通信电缆	7m	外置型

（续）

序号	组件编号	组件名称	规格型号	备注
3	SFP-W009	焊接正极电缆	$50mm^2×9m$	黑色
4	SFP-W009	焊接负极电缆	$50mm^2×9m$	黑色
5	SFP-G012	气管	12m	
6	SFP-M002	送丝机安装支架		外置型

SFP-S005（内置机器人系统标准配置C）组件见表4-24。

表4-24 SFP-S005（内置机器人系统标准配置C）组件

序号	组件编号	组件名称	规格型号	备注
1	SFP-D009	焊机通信电缆	9m	DeviceNet
2	SFP-SN010	送丝机通信电缆	10m	内置型
3	SFP-W012	焊接正极电缆	$70mm^2×12m$	黑色
4	SFP-W012	焊接负极电缆	$70mm^2×12m$	黑色
5	SFP-G020	气管	20m	
6	SFP-G001	内置管线包增长气管	$\phi 6mm×400mm$	
7	SFP-M001	送丝机安装支架		内置型

SFP-S006（外置机器人系统标准配置C）组件见表4-25。

表4-25 SFP-S006（外置机器人系统标准配置C）组件

序号	组件编号	组件名称	规格型号	备注
1	SFP-D009	焊机通信电缆	9m	DeviceNet
2	SFP-SW007	送丝机通信电缆	10m	外置型
3	SFP-W009	焊接正极电缆	$70mm^2×12m$	黑色
4	SFP-W009	焊接负极电缆	$70mm^2×12m$	黑色
5	SFP-G012	气管	12m	
6	SFP-M002	送丝机安装支架		外置型

1.2.3 焊机规格

Smart Arc焊接系统焊机根据焊接模式及最大焊接电流不同，可分为4个型号，见表4-26。

表4-26 Smart Arc焊接系统焊机规格

序号	焊机型号	产品名称	（焊接模式）最大焊接电流I_{max}/A
1	SFP-C350iA	数字化焊机	350（直流）
2	SFP-C500iA		500（直流）
3	SFP-P400iA		350（脉冲/直流）
4	SFP-P500iA		500（脉冲/直流）

1.2.4 焊枪规格

Smart Arc焊接系统焊枪共有4个型号，见表4-27。

表 4-27　Smart Arc 焊接系统焊枪规格

序号	焊枪型号	焊枪名称	焊枪角度/(°)	备注
1	SFG-E350GC	内置空冷焊枪	35	外置型
2	SFG-I350GC		35	内置型
3	SFG-E7GL		22	外置型
4	SFG-I7GL		22	内置型

1.2.5　送丝盘支架组件

Smart Arc 焊接系统送丝盘支架组件包括：送丝盘支架、焊丝盘罩壳、焊丝盘芯轴、送丝管、送丝管快插接头。焊接系统送丝盘支架组件如表 4-28 所示。

表 4-28　Smart Arc 焊接系统送丝盘支架组件

序号	组件编号	组件名称	规格型号
1	SFP-WS01-1	送丝盘支架	
2	SFP-WS01-2	焊丝盘罩壳	
3	SFP-WS01-3	焊丝盘芯轴	
4	SFP-WS01-4	送丝管	3m
5	SFP-WS01-5	送丝管快插接头	

1.3　Smart Arc 焊接系统设备介绍

1.3.1　机器人设备介绍

机器人设备主要由机器人本体和机器人控制柜组成。机器人本体分为 R-0iB（见图 4-61）和 M-10iA/12（见图 4-62）两个型号，其规格参数见表 4-29。

图 4-61　R-0iB 机器人

图 4-62　M-10iA/12 机器人

表 4-29　机器人本体规格参数

型号	R-0iB	M-10iA/12
机构	外置式	内置式
关节数量	6 轴	6 轴
可达半径/mm	1437	1420

(续)

安装方式①	地面安装、倒吊安装、倾斜安装		地面安装、倒吊安装、倾斜安装
运动范围/(°)	J1	360	360
	J2	250	250
	J3	455	445
	J4	380	380
	J5	280	380
	J6	720	720
最高速度②/[(°)·s^{-1}]	J1	225	230
	J2	215	225
	J3	255	230
	J4	425	430
	J5	425	430
	J6	625	630
手腕最高速度/(mm/s)	2000		2000
手腕最大负载/kg	3		12
J3 轴最大负载③/kg	7		12
手腕允许负载转矩/(N·m)	J4	8.9	22
	J5	8.9	22
	J6	3.0	9.8
手腕允许负载惯量/(kg·m²)	J4	0.28	0.65
	J5	0.28	0.65
	J6	0.035	0.17
驱动方式	交流伺服电机驱动		交流伺服电机驱动
重复定位精度/mm	±0.08		±0.08
机器人重量④/kg	145		130
输入电源功率/(kV·A)(平均功耗/kW)	2 (1)		2 (1)
安装条件	环境温度：0~45℃ 环境湿度：通常在 75% RH 以下（无结露现象），短期在 90% RH 以下（1 个月之内）振动加速度：4.9m/s²（0.5g）以下		环境温度：0~45℃ 环境湿度：通常在 75% RH 以下（无结露现象），短期在 90% RH 以下（1 个月之内）振动加速度：4.9m/s²（0.5g）以下

① 如采用倾斜安装方式，机器人 J1 轴和 J2 轴的运动范围将受到限制。
② 短距离运动时，可能达不到各轴的最高标称速度。
③ 根据手腕部负载重量的不同而受到限制。
④ 不含机器人控制器的重量。

M-10iA/12 机器人内部装有内置管线包，内置管线一头安装于机器人 J1 轴底座上，另一头裸露在机器人 J3 轴。

1.3.2 焊接设备介绍

焊接设备包括焊机和送丝机。焊机及送丝机的接口示意如图 4-63、图 4-64 所示，技术规格见表 4-30、表 4-31。

图 4-63 焊机接口示意图　　　　图 4-64 送丝机接口示意图

表 4-30 焊机技术规格

焊机型号	C350iA	P400iA	C500iA/P500iA
控制方式	数字控制		
额定输入电压/V，相数	AC 380±25%，3 相		
输入电源频率/Hz	45～65		
额定输入容量/[(kV·A)(kW)]	15（12.7）	19.7（18）	24（22.3）
功率因数	0.94	0.94	0.93
输出特性	CV		
额定输出电流/A	350	400	500
额定输出电压/V	31.5	34	39
额定负载持续率（%）	直流100	直流100	直流60
额定输出空载电压/V	73.3	73.3	73.3
输出电流范围/A	30～400	30～400	30～500
输出电压范围/V	12～45	12～45	12～45
外壳防护等级	IP23		
环境温度/℃	-10～40（主机-39 可起机）		
绝缘等级	H		

表 4-31 送丝机技术规格

送丝传动控制方式	光电编码器反馈+独立芯片高速环路控制
送丝机额定电流/A	3.5
送丝机额定电压/V	36
送丝速度/(m/min)	1.4～24
送丝轮直径/m	0.8～1.6
焊丝盘类型	所有标准化的焊丝盘
驱动装置	四轮送丝驱动装置
焊枪接口	欧式接口

【拓展阅读】

当下数字经济已成为世界经济发展的新动力和全球新一轮产业变革的核心力量。数字时代，每一个产业皆不能独立地创造价值，唯有与更好的生产体系共生、与更多的产业联结，才能得到高质量发展。数字技术的高速发展意味着，制造质量不只在于分工，而更多要依赖协同。目前我国制造业低成本比较优势日益下降，传统发展道路越发艰难，推动制造业的数字化转型有望成为提高产业发展质量、重塑制造业竞争优势的一剂良药。为此，就必然要加快发展数字经济，通过积极布局数字经济的新平台、新模式，完善和优化全球化产业链，推动制造业迈向高质量发展之路。

项目 5　数字化生产线的构架及技术特点

【项目场景】

某铝壳电机关键构件现有生产线的加工工艺流程为：毛坯件入库→上料→粗加工→精加工→成品检测→入库，由于每道工序花费的时间较长，再加上生产线自动化、智能化的程度普遍偏低，不同工序之间的上下料多依靠人工，导致劳动负荷增加、生产安全性降低、生产率降低。不仅如此，工件在机床装夹过程中定位精度不高，使生产质量受到影响，更有可能损坏刀具，造成一定的经济损失；工件粗、精加工完成后尺寸的检测，大多是人工通过普通的测量仪进行检测，由于仪器的精度和操作者的娴熟度都会影响检测结果，并且检测数据并不能及时反馈给机床系统，因此不能及时地修正机床的相关参数，进而增加了生产线加工的废品率；仓储模块不能对每个仓位的产品规格信息进行实时统计与数据反馈。

数字化生产线是基于先进控制技术、工业机器人技术、视觉检测技术、传感技术以及 RFID 技术等，并集成了多功能控制系统和顶尖检索设备，能够进行工序内容多且复杂的作业、实现产品多样化定制和批量生产的生产线，它基于新一代信息通信技术与先进制造技术的深度融合，在生产过程中可同步优化整个生产流程，数字化生产线如图 5-1 所示。

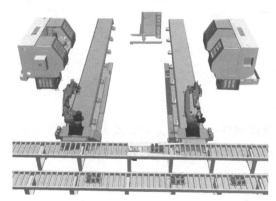

图 5-1　数字化生产线

本项目以某铝壳电机关键构件生产为背景，根据数字化生产线智能化、信息化的发展要求，通过分析工件的生产工艺和生产线的功能需求，对生产线总体布局、工艺流程进行仿真设计与优化，对工业机器人进行示教与轨迹规划，对控制系统进行设计，以实现整条生产线从生产调度、自动化上下料、数控加工、智能检测、自动化仓储到数据管理与远程监控的高度自动化，提高该铝壳电机关键构件的生产率与质量，提高生产线的数据管理水平，节约人力成本，降低安全风险。因此，本项目具有一定的工程实践价值。

【项目描述】

认知数字化生产线的基本构架，了解数字化生产线的基本技术特点与调试方法。

【知识目标】

1. 了解数字化生产线的基本系统构架。
2. 熟悉数字化生产线的关键技术及特点。
3. 熟悉数字化生产线调试方法。

【技能目标】

1. 能说出数字化生产线的基本系统构架。
2. 能说出数字化生产线的关键技术及特点。
3. 能说出数字化生产线调试方法。

任务 5.1　数字化生产线的系统构架

【知识目标】

了解数字化生产线的基本系统构架。

【技能目标】

能说出数字化生产线的基本系统构架。

【素质目标】

1. 了解推进工业数字化转型的发展趋势。
2. 提高创新发展的思维能力。

【任务情景】

铝壳电机关键构件原有的工艺流程和生产线结构单一，工人劳动强度大，原有工艺流程如图 5-2 所示。请根据任务分析，完成数字化生产线系统构架的搭建，列出生产线的关键技术、特点与调试步骤。

【任务分析】

本次任务以某铝壳电机关键构件生产线自动化升级改造项目为背景，经调研，该厂原有生产线存在自动化和智能化程度较低、生产线柔性较差、生产线数据缺乏有效的管理、生产率较低下、工人劳动强度较大等缺点。

为适应现代制造业的升级与转型，对数字生产线提出了如下要求：

1）智能仓储。
2）自动化上下料。
3）智能化检测。
4）生产线信息化管理。
5）柔性化生产。

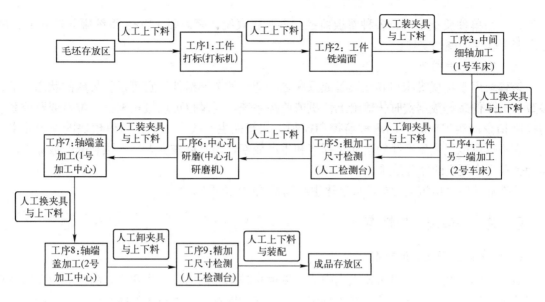

图 5-2 原有工艺流程

改造后的数字化生产线一共有 5 台机器人，分属五大制造环节：OP1、OP2、OP3、OP4、OP5，即原料仓、车铣中心、传送机构、加工中心、组装与成品仓。每一个制造环节都有工业机器人，能执行多种不同任务，包括机床上下料、搬运、装配等，可大幅提高生产率。

【知识准备】

5.1.1 系统构架

根据生产线的改造需求，在现有机加工工艺不变的前提下，对生产线进行自动化与智能化改造，增加如下几个功能模块：

（1）智能仓储模块

智能仓储模块主要包括立体仓库、出入库综合中转平台、RFID（射频识别）检测系统、产品出入库视觉检测系统等。该模块中立体仓库需要满足产品自动化出入库的硬件需要，并能实时监控库位工件信息；出入库中转平台需要满足零件出入库过程中零件的定位及放置姿态的要求；RFID 检测系统需要满足产品自动化、数字化生产的通信技术要求；产品视觉检测系统应能识别并检测产品的形状及尺寸。

（2）机器人自动上下料模块

机器人自动上下料模块主要包括 6 轴工业机器人、地轨、机器人夹具快换平台。该模块主要完成工件在加工、检测、存储过程中的自动化上下料和夹具自动快换的任务。

（3）智能检测模块

智能检测模块主要包括进行测量工件外径尺寸和清理残留切屑等操作的外观检测装置。

（4）MES 生产线管理与监控模块

MES 生产线管理与监控模块主要包括监控显示屏、MES 生产管理系统和 MES 系统服务器，其中监控显示屏用于对整个制造单元的信息及设备状态的可视化监控与上位操作；MES 生产管理系统实现自动任务排产、单元生产过程的自动控制、生产过程质量管理、单元设备履历管理、产品单件质量追溯、各种看板监控、各种报表统计等需要；MES 系统服务器满足 MES 生产管理软件的硬件支持。

（5）机床通信模块

该模块用于实现机床与其他设备或系统之间通信的关键组件。它可以将机床的状态、工作参数、故障信息等数据实时传输给上位机或监控系统，同时也可以接收来自上位机或监控系统的控制指令，实现对机床的远程监控和控制。在智能生产线中，机床通信模块的作用非常重要。它不仅可以提高生产线的自动化程度和生产效率，还可以减少人工干预和降低故障率，从而为企业带来更高的经济效益。

改造后的铝壳电机关键构件数字化生产线系统构架如图 5-3 所示。

5.1.2 关键技术与特点

1. 数字化生产线关键技术

数字化生产线一般是以机器人为中心，以信息技术和网络技术为纽带，将所有设备联系在一起的大型自动化生产线。在全球市场中，日益加剧的竞争压力对生产线提出了更高的要求，数字化生产线将越来越多地应用于汽车制造、电子电器生产、物流仓储等行业。

当前，新一轮的工业革命正在深化，以数字化技术为基础，在互联网、物联网、云计算、大数据等技术的强力支持下催生的产业模式创新，也会使制造业的产业模式发生根本性变化。我国需要依靠科技创新，以智能制造为核心，抢占国际竞争制高点，提高经济发展核心竞争力，谋求未来发展的主动权，在智能制造方面走在前列。

数字化生产线使用成套自动化设备替代传统设备和人工作业的组合，设备具有自动识别、检测、传感等功能，能够实现上下料、传送和储存等工序的自动化。采用 RFID、条形码、二维码等技术，实现对生产线的制造过程、产品质量、工装设备等进行控制与数据采集。生产线采用单独的控制系统，实现关键工序设备自动控制，各设备能够连续运转，还采用了 DCS（分布式控制系统）、DNC（分布式数控）等生产过程控制与调度自动化系统。采用 HMI 技术、SCADA 等信息监视控制手段，在生产线内实现生产数据的采集、监控和传递。

MES 通过控制包括物料、设备、人员、流程指令和设施在内的所有工厂资源来提高其制造竞争力，提供了一种能系统地在统一平台上集成诸如质量控制、文档管理、生产调度等功能的方式。MES 在车间执行层面的引入，大大改善了车间生产流程的调度和管理效率。ERP 系统是一个基于客户机/服务器架构的开放的、集成的企业资源计划系统，覆盖了与 PLC 生产制造和销售相关的供应链管理、订单管理、生产计划、库存管理等方面。

2. 数字化生产线特点

（1）产品智能化

产品智能化是指把传感器、处理器、存储器、通信模块和传输系统融入各种产品，使产品具备能被动态存储、感知和通信的能力，从而实现产品的可追溯、可识别、可定位。

（2）装备智能化

通过先进制造、信息处理、人工智能等技术的集成和融合，可以形成具有感知、分析、推理、决策、执行、自主学习及维护等自组织、自适应功能的智能生产系统以及网络化、协同化生产设施，进而实现装备智能化。

项目 5　数字化生产线的构架及技术特点

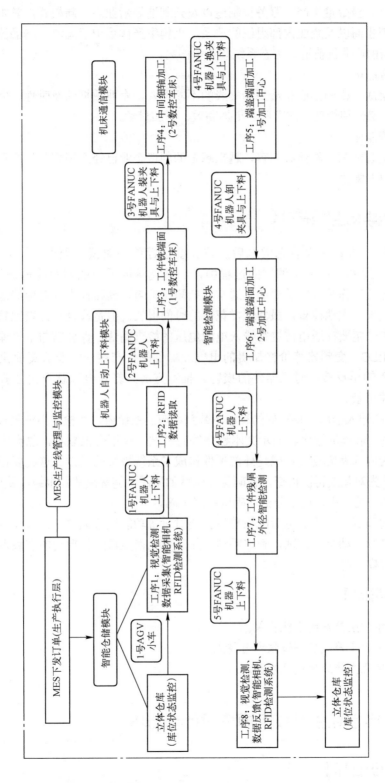

图 5-3　数字化生产线系统构架图

（3）生产方式智能化。

个性化定制、极少量生产、服务型制造以及云制造等新业态、新模式，其本质是在重组客户、供应商、销售商以及企业内部组织的关系，重构生产体系中信息流、产品流、资金流的运行模式，重建新的产业价值链、生态系统和竞争格局。

（4）管理智能化

随着纵向集成、横向集成和端到端集成的不断深入，企业数据的及时性、完整性、准确性不断得到提高，必然使管理更加准确、更加高效、更加科学。

（5）服务智能化

智能服务是智能制造的核心内容，越来越多的制造企业已经意识到从生产型制造向生产服务型制造转型的重要性。

5.1.3　数字化生产线调试

数字化生产线设备在安装完成之后，首先要进行单站调试，无误后，才能保证联调工作的顺利完成。此外，在单站调试的过程中，一些调试助手也能够快速地进行验证。

上电前的检查工作是非常重要的，通常包括短路检查、断路检查、对地绝缘检查。推荐方法：用万能表一根一根地检查，虽然这样花费的时间很长，但是检查是比较完整的。为了减少不必要的损失，一定要在通电前进行输入电源电压的检查确认，保证它与电气原理图所要求的一致。对于有PLC、变频器等价格昂贵的电气元器件的生产线一定要认真地执行这一步骤，避免电源的输入输出反接，对元器件的损害。推荐方法：打开电源总开关之前，先进行一次电压的测量，并记录。

检查PLC的输入输出。将写好的程序下载到相应的系统内，并检查系统的报警。下载程序包括PLC程序、触摸屏程序、显示文本程序等。调试工作不会很顺利，总会出现一些系统报警，一般是因为内部参数没设定或是外部条件构成了系统报警的条件。这就要根据调试者的经验进行判断，首先对配线再次检查，在确保正确后如果还不能解决故障报警，就要对PLC等的内部程序进行详细的分析，逐步分析，确保程序正确。

设备功能的调试。排除上电后的报警后就要对设备功能进行调试了。首先要了解设备的工艺流程，然后进行手动空载调试，确定手动工作动作无误后再进行自动的空载调试。空载调试完毕后，进行带载的调试。

【课后巩固】

1. 简述数字化生产线的系统构架。
2. 简述数字化生产线的关键技术与特点。
3. 简述数字化生产线的调试步骤。

任务5.2　数字化生产线各模块设计与仿真

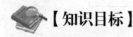【知识目标】

1. 掌握数字化生产线的Process Simulate仿真建模方法。

2. 掌握 Process Simulate 的运动学创建方法。
3. 掌握 Process Simulate 的工艺流程仿真操作。

【技能目标】

1. 能够对数字化生产线各模块进行仿真建模。
2. 能够对模型进行运动学定义。
3. 能够对数字化生产线进行装配仿真。

【素质目标】

1. 具备发现问题、解决问题的能力。
2. 增强团队意识,具备与人合作、交流的能力。

【任务情景】

Process Simulate 软件可用于人机工程仿真、装配过程仿真和机器人离线仿真。通过 Process Simulate 软件,可进行数字化生产线的建模与仿真。

【任务分析】

Process Simulate 软件支持多种品牌机器人控制器,如 FANUC、ABB、YASKWA、KUKA、SCARA、NC、松下、UR 等,可进行多机器人、多工位的过程仿真验证。本任务需要将数字化生产线三维模型导入 Process Simulate 仿真软件中,在 Process Simulate 软件中完成建模设置、运动学创建与工艺流程仿真操作。在知识准备阶段,以机器人上下料模块为例演示如何完成建模设置、运动学创建与工艺流程仿真操作。

【知识准备】

5.2.1 基于 Process Simulate 的仿真建模

Process Simulate 软件仿真数据类型为.jt 格式,可通过外部插件对常用软件 CATIA、UG、Pro/E 等 3D 设计软件数据进行快速批量转换,也可通过 Process Simulate 软件自带的数据转换功能进行转换,但其只能转换.STP 格式的 3D 数据。

在 Process Simulate 标准模式下,新建 LineSimulationStudy,如图 5-4 所示。

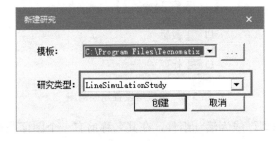

图 5-4 新建 LineSimulationStudy

在"转换并插入 CAD 文件"对话框中单击"添加",会弹出"文件导入设置"对话框,在路径中添加 Line.jt 文件。在文件导入设置中,将"基本类"设置为"资源",勾选"插入组件"与"创建整体式 JT 文件",并选择"用于每个子装配",完成后单击"确定"。模型导入如图 5-5 所示。

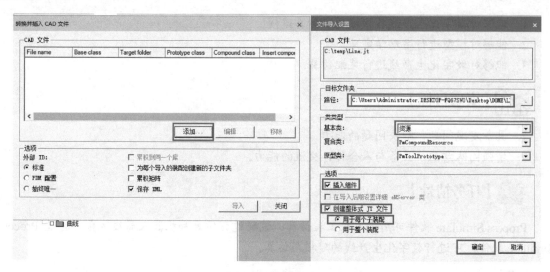

图 5-5 模型导入

在建模状态下的对象树中,选中名称为 Line 的模型,单击"设置建模范围",如图 5-6 所示。

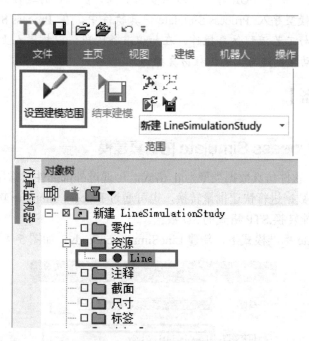

图 5-6 将模型设置建模范围

设置建模范围后的模型已成为活动组件,在其名称前有一个图标叠加层,模型图层如图 5-7 所示。

项目5 数字化生产线的构架及技术特点

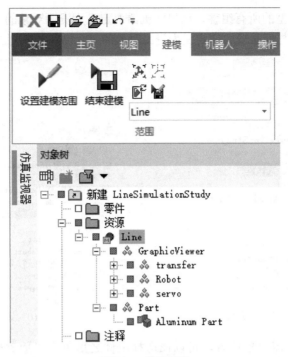

图 5-7 模型图层

对于处于建模状态的模型，需要根据属性将它定义为不同类型的组件，如需要将铝壳原材料定义为 PartPrototype 零件类型，将工业机器人定义为 Robot 资源类型。以定义铝壳原材料为例，选中"零件"，再单击新建零件图标，在弹出的"新建零件"对话框中选择 PartPrototype，单击"确定"，新建零件组件如图 5-8 所示。

图 5-8 新建零件组件

在对象树中，将铝壳原材料模型拖入零件的 PartPrototype 组件下，完成零件的定义，如图 5-9 所示。

用上述方法定义模型的所有组件，这里将机器人定义为资源对象的 Robot 组件，将机器人吸盘手抓、传送带模块与伺服模块都定义为资源对象的 ToolPrototype 组件，定义后的其他组件如图 5-10 所示。

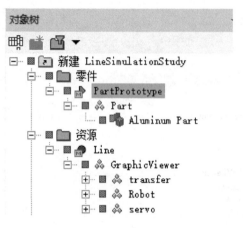

图 5-9 完成零件的定义

图 5-10 定义后的其他组件

模型组件导入后如需调整位置，可以在选择组件之后单击"放置操控器"后进行位置调整，放置操控器的步骤如图 5-11 所示。

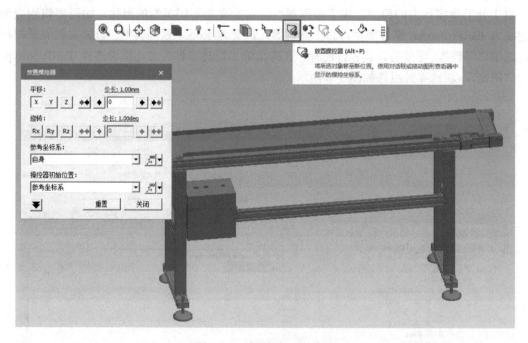

图 5-11 放置操控器的步骤

操控器初始位置有默认的参考坐标系，用户也可以使用创建坐标系的方式来自定义新的工作坐标系，在选取了对象之后，单击"创建坐标系"，可以在弹出的如图 5-12 所示的下拉菜单中选择相应命令创建一个新的坐标系。

项目 5 数字化生产线的构架及技术特点

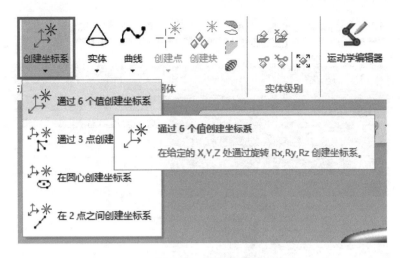

图 5-12 下拉菜单

完成建模后，使用 End Modeling 命令可结束对组件的建模，Process Simulate 会将该组件保存在系统根目录下。在关闭 Process Simulate 之前，如果不结束建模会话，下次打开 Process Simulate 时，会显示对象仍然处在建模状态。使用 End Modeling 命令，系统会更新链接到该组件的所有实例。要保存 Process Simulate 的研究，可以单击"文件"→"断开研究"→"保存"，如图 5-13 所示。

图 5-13 保存 Process Simulate 的研究

5.2.2 基于 Process Simulate 的运动学属性创建

在上一小节中完成了模型组件设置，本小节将完成运动学属性创建，以工业机器人为例，在对象树中选取已经定义为"Robot"类型的资源，单击"运动学编辑器"进行运动学属性的创建，运动学编辑器如图 5-14 所示。

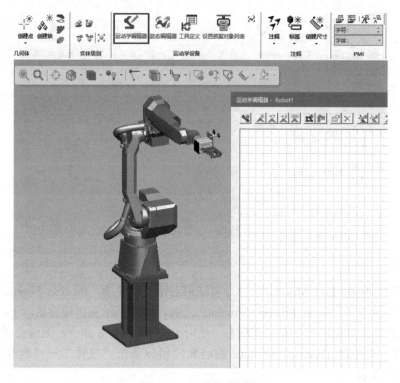

图 5-14 运动学编辑器

本例中的工业机器人共有 6 个运动关节,在"运动学编辑器"中为工业机器人创建 7 个链接,基座(不运动的)部分命名为 base,其他 6 个轴依次命名为 lnk1～lnk6,如图 5-15 所示。

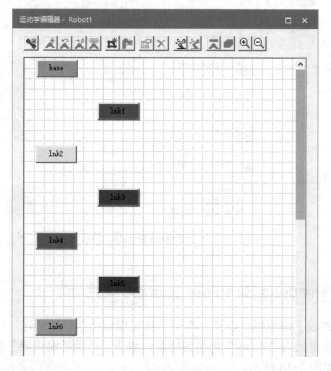

图 5-15 创建 7 个链接

添加 base 和 lnk1 之间的运动关节 j1：选中 base 和 lnk1，单击"创建关节"，在弹出的"关节属性"对话框中，将"关节类型"设为"旋转"，通过定义两个端点来为关节创建一个轴，设定运动轴的起点是基座顶部圆心，终点是基座底部几何中心点，完成后单击"确定"按钮，创建运动关节的操作如图 5-16 所示。一般情况下，为了方便设定运动轴，会隐藏干扰视线的组件，如这里在创建 j1 关节时就隐藏了机器人底座和 lnk1 组件。

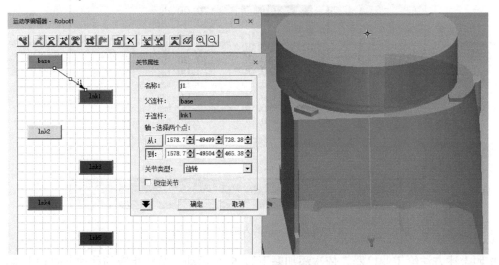

图 5-16　创建运动关节的操作

在"运动学编辑器"中，打开"关节调整-Robot1"对话框，拖动"转向/姿态"滑动条，如图 5-17 所示，可以在图形查看器中看到相应部件随运动关节的运动，以检验对象的运动学定义正确性。

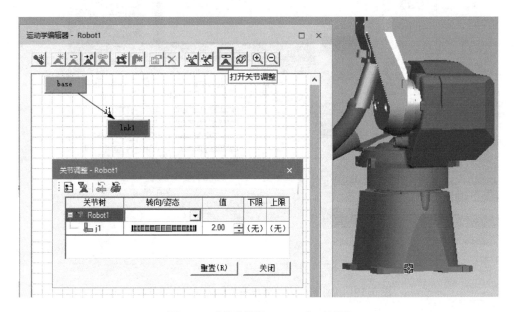

图 5-17　"关节调整-Robot1"对话框

在关节调整时，可以添加每个关节移动的上限和下限，本例中的机器人为 FANUC R200i 系列工业机器人,通过示教器系统中查看机器人的轴动作范围,如图5-18所示。

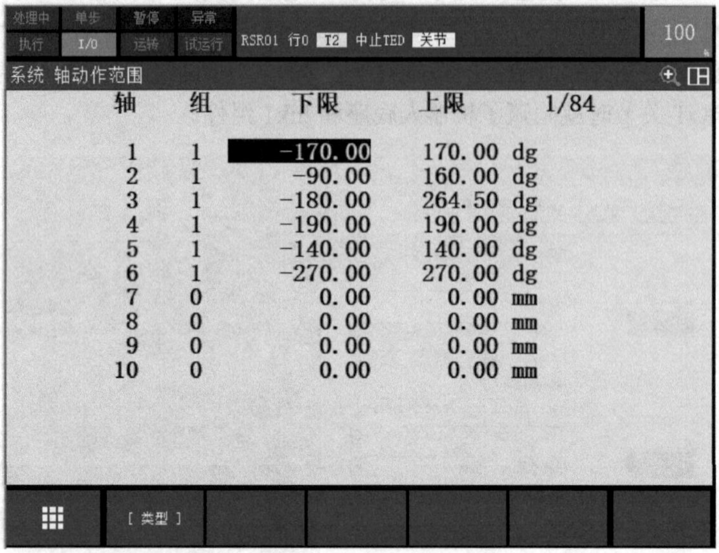

图5-18 机器人的轴动作范围

按照上述方法给工业机器人依次添加剩下的5个运动关节和相应的移动上限和下限,工业机器人关节与关节运动限制的完整添加如图5-19所示。

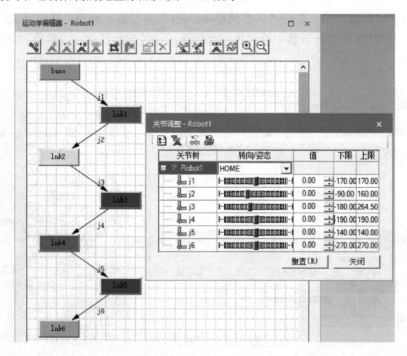

图5-19 工业机器人关节与关节运动限制的完整添加

为组件定义、创建链接和关节后,组件就成了一个设备,可以继续为设备设置基准坐标系和创建工具坐标系,具体方法如下:

在 Robot1 设备的底部中心创建一个坐标系，将其命名为 Base；在末端法兰中心创建一个坐标系，并将其命名为 TCPF，设置基准坐标系和创建工具坐标系如图 5-20 所示。

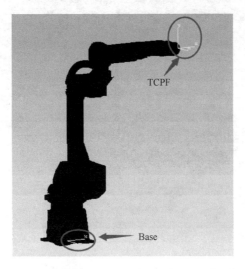

图 5-20　设置基准坐标系和创建工具坐标系

完成后退出运动学编辑器，在对象树中，机器人基准坐标系 BASE FRAME 和 TCPF 坐标系都被成功创建，右击工业机器人本体，出现机器人特有的功能图标，机器人属性创建成功，如图 5-21 所示。

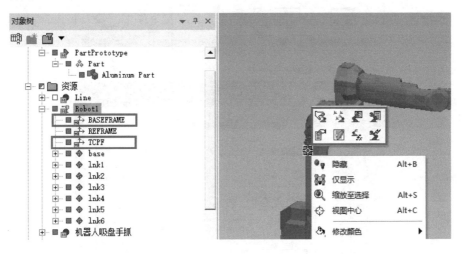

图 5-21　机器人属性创建成功

5.2.3　基于 Process Simulate 的工艺流程仿真操作

在上一小节中，已经为机器人创建了运动学属性，本小节将以机器人上下料过程为例完成工艺流程仿真操作。

第一步，为机器人安装工具，在此之前需要为安装的吸盘工具创建一个工具坐标系 TCP1，如图 5-22 所示。

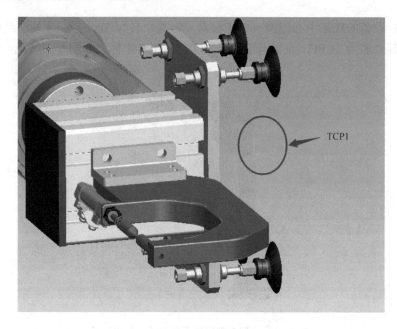

图 5-22 吸盘工具坐标系的创建

在"机器人"选项卡中单击"机器人属性",在"机器人属性:Robot1"对话框中单击"安装工具",机器人属性设置如图 5-23 所示。

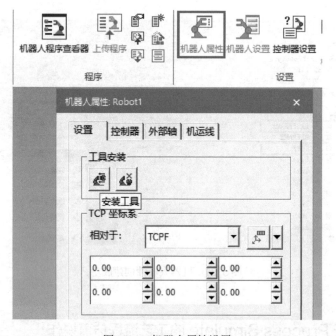

图 5-23 机器人属性设置

随后,弹出"安装工具-机器人 Robot1"对话框,在"安装的工具"选项组中,将"工具"选择为对象树→资源→机器人吸盘手抓,"坐标系"选择为机器人的 TCPF 坐标系。在"安装工具"选项组中,将安装的位置选择为 Robot1,坐标系选择为安装工具的工具坐标系 TCP1,安装工具如图 5-24 所示,然后单击"应用"。至此,机器人的吸盘工具就安装完毕。

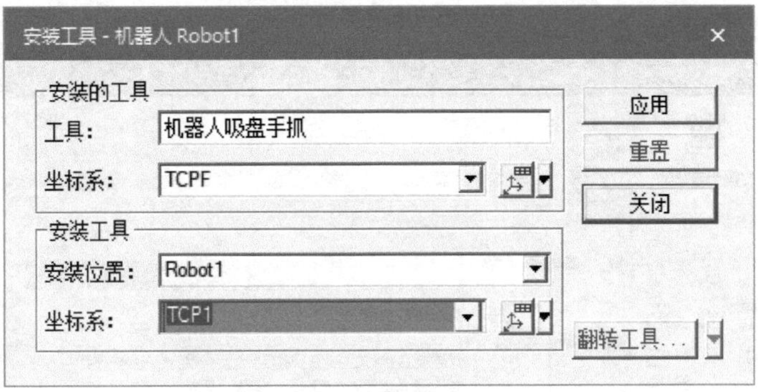

图 5-24 安装工具

第二步，设置握爪对象，使用设置抓握对象列表命令，可以定义可由工具夹持或吸取对象的列表。当列表被启用时，工具可以夹持或吸取任何处于碰撞状态并在列表中定义的对象。默认情况下，该列表与所有抓取动作（夹具操作、吸取和放置操作，以及逻辑行为的抓取动作）的夹具的特定实例相关，并且仅用于当前研究。

如果在机器人上安装了吸盘手抓，当启用抓握对象列表时，与手抓处于碰撞状态且包含在列表中的零件会被拾取，机器人会将零件移动到目标位置。

要设置抓握对象列表，具体操作步骤：在对象树中的资源对象中先点选机器人吸盘手抓，然后单击"建模"选项卡中的"设置抓握对象列表"；在弹出的"设置抓握对象-机器人吸盘手抓"对话框中，进行需要被握爪对象的选择，选择零件中的 PartPrototype，如图 5-25 所示。至此，机器人吸盘工具的握爪对象设置完毕。

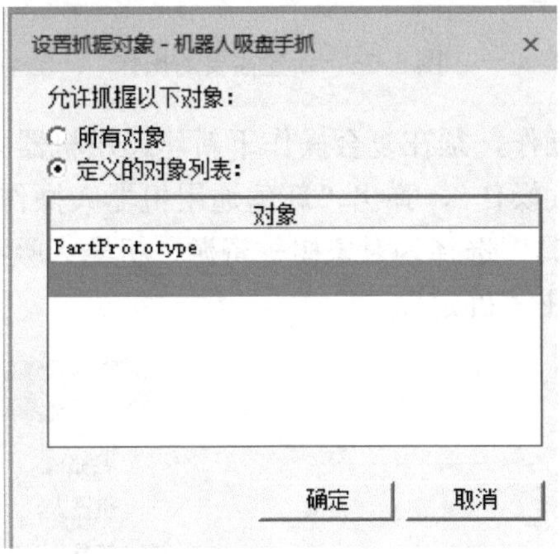

图 5-25 "设置抓握对象-机器人吸盘手抓"对话框

第三步，所有的机器人上下料仿真操作都需要在操作树中完成，可以在操作树中新建需要的操作，如图 5-26 所示。

这里需要先新建一个复合操作，单击"新建操作"→"新建复合操作"选项，可以创建一个新的复合操作。复合操作是由其他操作组成的操作，也可以包含其他复合操作。复合操作也可以称为操作序列。复合操作可以包括不同类型的操作，单击"新建复合操作"对话框中的"确定"，会在操作树中创建并显示一个空的新复合操作，如图 5-27 所示。新复合操作会自动设置为当前操作，并显示在序列编辑器中。

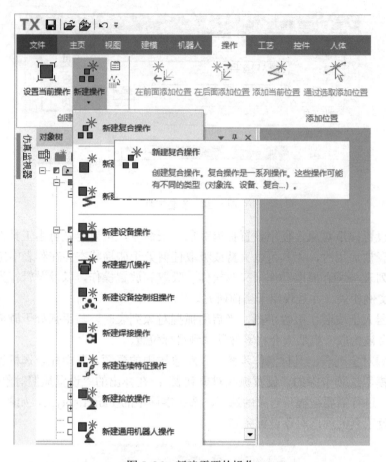

图 5-26　新建需要的操作

为完成机器人的上下料操作，须在复合操作下新建通用机器人操作，单击"操作"→"新建操作"→"新建通用机器人操作"，弹出"新建通用机器人操作"对话框，"机器人"选择为对象树→资源→Robot1，"工具"选择为对象树→资源→机器人吸盘手抓，新建机器人通用操作设置如图 5-28 所示。然后单击"确定"。

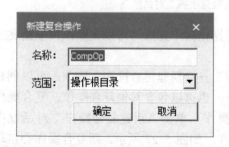

图 5-27　新建复合操作

图 5-28　新建机器人通用操作设置

在"操作"中可以通过"在前面添加位置""在后面添加位置""添加当前位置""通过选取添加位置""通过选取添加多个位置"和"交互式添加位置"来添加机器人移动点位。

单击"添加当前位置",即把机器人当前位置添加进仿真操作中,如图5-29所示。

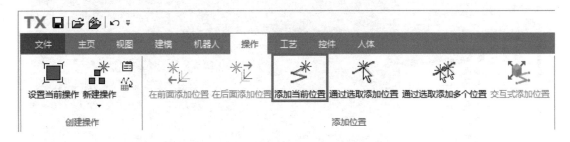

图5-29 单击"添加当前位置"

在对象树中选择Robot1,在"机器人"中单击"跳转至位置",选取新的点位后,机器人则可以跳转至新的位置,如图5-30所示。

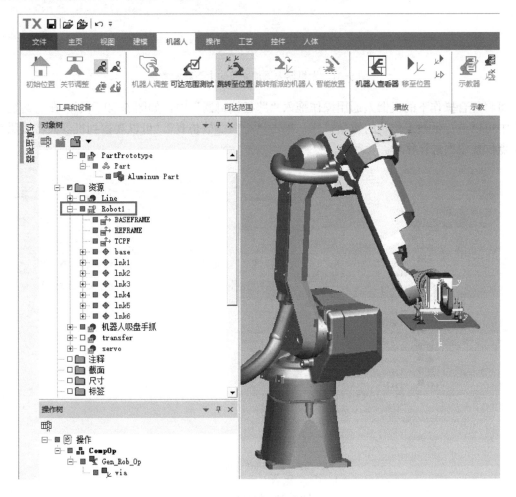

图5-30 选择"跳转至位置"

然后单击"添加当前位置",便可以在通用机器人操作下生成新的位置,用此方法可以为机器人添加完整的上下料示教点,如图 5-31 所示。

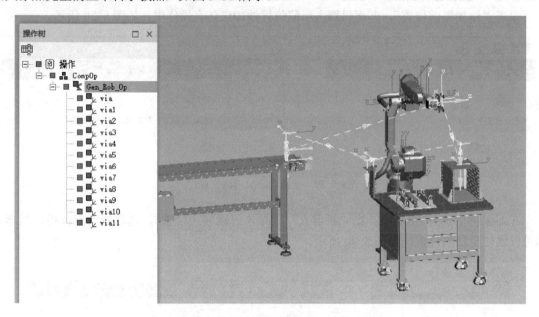

图 5-31　为机器人添加完整的上下料示教点

可将复合操作下的机器人通用操作拖入"路径编辑器"中,如图 5-32 所示,在"路径编辑器"中可以进行示教点位置的重新排序,单击"正向播放仿真",可以观察到机器人将按照路径顺序点位置依次进行移动。

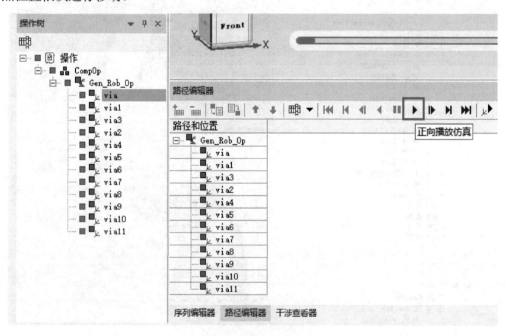

图 5-32　路径编辑器

完成后,可以保存或者另存为相关的研究文件。

【课后巩固】

如何让工件通过传输带到达机器人的工作区域?又如何让机器人能准确地抓取工件并放到合适的位置上?

任务 5.3　识读数字化生产线的设计图和技术文件

【知识目标】

1. 了解识读机械图样的一般方法。
2. 了解识读电气原理图的一般方法。

【技能目标】

能正确识读机械图样和电气原理图等。

【素质目标】

1. 具有分析与决策的能力。
2. 具有发现问题、解决问题的能力。
3. 具有团体协作的能力。

【任务情景】

以该铝壳电机关键构件数字化生产线安装与调试为工作内容导向,完成机械图样和电气原理图领域课程任务学习,使课程学习内容与工作内容良好对接。

【任务分析】

掌握制图与识图的基本知识与技能,对于生产线的安装、调试、维护与维修过程,是必不可少的。

【知识准备】

5.3.1　识读机械图

组成机器的最小单元是零件,识读零件图的目的就是根据零件图想象出零件的结构形状、了解零件的尺寸和技术要求,以便指导生产和解决技术问题,这是生产制造企业中机械工程技术人员应具备的技能。识读零件图的方法与步骤如下:

1)了解零件名称和材料及图样比例等。从名称大致了解零件的用途;从材料可知其大概的制造方法;从图样比例可估计零件的大小。

2)分析各个视图,弄清它们的名称、剖切位置关系、投影关系以及其所表达的内容。用形体分析法和线面分析法分析结构的相对位置,然后推断出零件的整体结构形状。

3)分析零件的总体尺寸、定形尺寸、定位尺寸、尺寸基准以及零件的主要尺寸,以明确零件各部分的大小。

4)分析零件的尺寸极限要求与几何公差、表面结构等技术要求和质量指标。

图 5-33 所示为铝壳电机轴承固定件零件图。

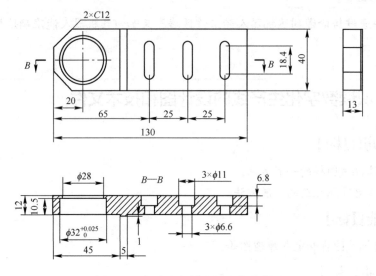

图 5-33 铝壳电机轴承固定件零件图

装配图主要用于表达机械部件的形状结构、传动关系、工作原理以及零件间的装配关系。在生产过程中，一般根据装配图组织生产，将零件装配成部件和机器。在日常的生产与技术交流的过程中，看懂装配图是组装技术人员必备的能力，在设计、装配、安装、调试及技术交流时都需要装配图。

在学习数字化生产线系统时，装配图的识读更是一项必须具备的技能。在数字化生产线的使用和维修的过程中，装配图是了解生产线各个部件的工作原理、性能，是决定拆装、生产、维护和维修方法的重要依据。装配图包括一组视图，选用一组视图并采用各种表达方法正确、完整地表示出来。图 5-34 所示为数控车床四工位刀架装配图。

5.3.2 识读电气原理图

电气原理图的识读是非常重要的，因为它是数字化生产线安装、调试和维修的理论依据，识读电气原理图的方法和步骤和识读机械图样有相同之处，也有其自身特点。

（1）了解电气原理图中电气元器件的布局规则

电气原理图中电气元器件的布局，应根据便于阅读的原则安排。电气原理图尽可能按功能布置，按动作顺序从上到下，从左到右排列。当同一电气元器件的不同部件分散在不同位置时，为了表示是同一元器件，要在电气元器件的不同部件处标注统一的文字符号。对于同类元器件，要在其文字符号后加数字序号来区别。所有电器的可动部分均按没有通电或没有外力作用时的状态画出。应尽量减少线条和避免线条交叉。各导线之间有电联系时，在导线交点处画实心圆点。根据图面布置需要，可以将图形符号旋转绘制，一般逆时针方向旋转 90°，但文字不可倒置。另外图样上方的 1、2、3 等数字是图区的编号，它是为了方便检索电气电路、阅读分析，从而避免遗漏设置的。图 5-35 所示为数字化生产线的系统配电图，满足了电气原理图元器件的布局要求。

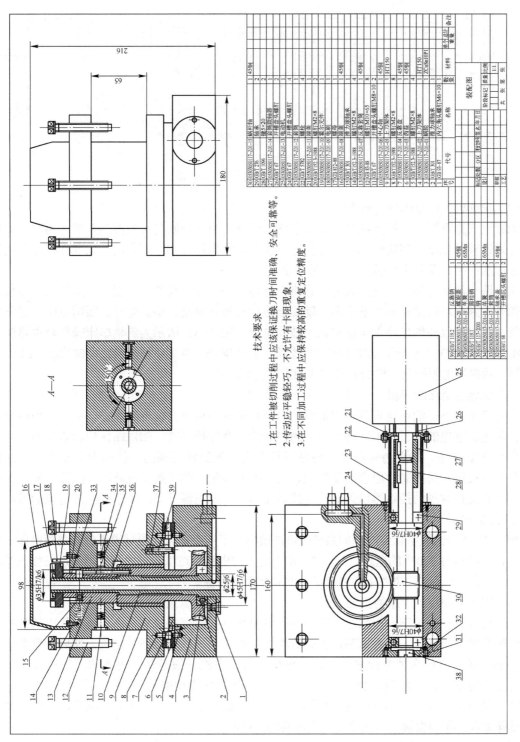

图 5-34 数控车床四工位刀架装配图

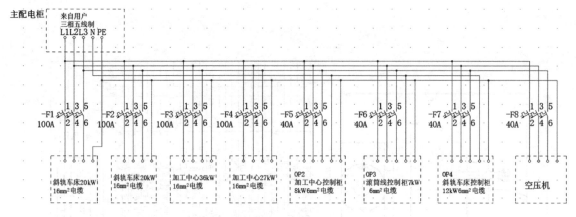

图 5-35　数字化生产线的系统配电图

（2）识读电气原理图的一般方法

识读电气原理图的一般方法是先看主电路，明确主电路控制目标与控制要求，再看辅助电路，并通过辅助电路的回路研究主电路的运行状态。电气原理图中所有电气元器件都应采用现行国家标准中统一规定的图形、文字符号表示。

主电路一般是电路中的动力设备，它将电能转变为机械运动的机械能，典型的主电路就是从电源开始到电动机结束的那条电路。辅助电路包括控制电路、保护电路、照明电路。通常来说，除了主电路以外的电路都可以称之为辅助电路。图 5-36 所示为斜轨车床操作台电路图，B1-B4、C1-C4、D1-D4 属于电路中的主控电路，其他辅助电路则包括废料仓电源控制、PLC 电源控制、触摸屏电源控制、机器人自动注油系统电源控制。

（3）识读主电路的步骤

①看清主电路中的用电设备。用电设备是消耗电能的用电器或电气设备，要搞清用电设备是怎样从电源取电的，了解主回路中所用的控制电气及保护装置，如短路保护的熔断器、过载保护的热继电器等。②看清楚用电设备是用什么电气元器件控制的。控制用电设备的方法很多，包括直接用开关控制、用启动器控制、用接触器控制。③了解主电路所用的控制器及保护电器。前者是指常规的接触器以外的其他控制元器件，如电源开关。④了解电源电压的等级是 380V 还是 220V。

图 5-35 所示的数字化生产线的系统配电图就标明了所有车床及控制操作台的电源电压等级都是三相五线制的 380V 的电压。从图 5-36 中的主控电路也可以看得出来使用的是三相五线制的 380V 电压，并且主控电路中都具有断路器和熔断器的保护。

（4）识读辅助控制电路的步骤

①分析辅助控制电路。根据主电路中各电动机和执行电器的控制要求，逐步找出辅助控制电路中的其他控制环节。②看电源：首先看清电源的种类，是直流还是交流。然后，要看清控制电路的电源是从什么地方接来的，以及电压等级。电源一般是从主电路的两条相线上接来的，其电压为 380V。也有从主电路的一条相线和一条零线上接来的，电压为单相 220V。③了解控制电路中所采用的各种继电器、接触器的用途，如采用了一些特殊的继电器，还应了解它们的动作原理。④根据辅助电路来研究主电路的动作情况。

图 5-37 所示为滚筒线操作台电路，包括主控电路和辅助控制电路。主控电路主要控制的是滚筒运行的三个电动机，辅助控制电路主要是通过触摸屏来控制滚筒的启停以及正反转、轴流

风机的启停。主控电路的电源为 380V，辅助控制电路的电压为 220V。主控电路采用了按钮加接触器启动的方案，辅助控制电路采用的是触摸屏加 PLC 的控制方案。

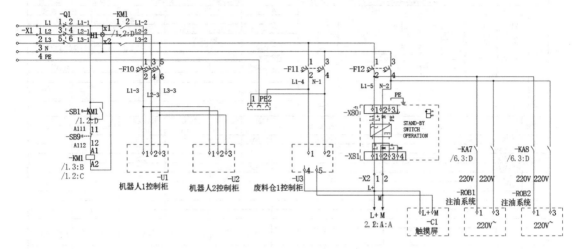

图 5-36　斜轨车床操作台电路图

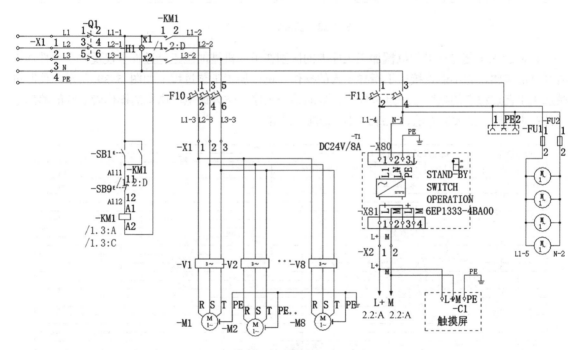

图 5-37　滚筒线操作台电路

5.3.3　识读技术文件

数字化生产线的技术文件主要包括加工工序卡和工艺过程卡。

加工工序卡是规定某一工序内具体加工要求的文件。除工艺守则已有的规定之外，一切与工序有关的工艺内容都应体现在加工工序卡片上，如机械加工工序卡、机械加工工艺过程卡、装配工序卡、操作指导卡等。机械加工工序卡的识读是相关人员必须掌握的一项基本技能，目前组织产品加工的工艺技术文件主要以加工工序卡为主，如图 5-38 所示。

机械加工工序卡	产品型号	11sk	零件图号	Sk-01		
	产品名称		零件名称	阶梯轴	共 2 页	第 2 页

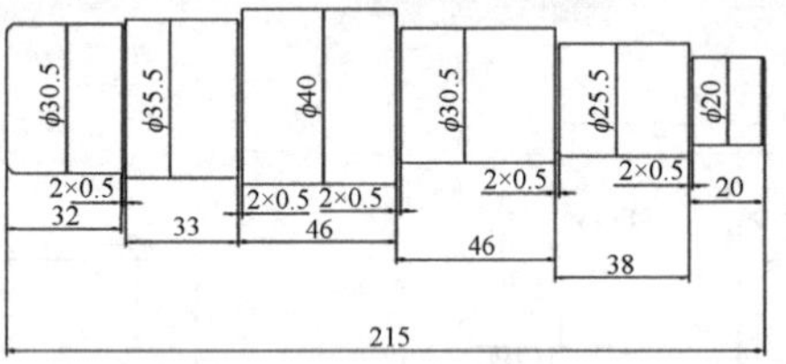

车间	工序号	工序名称	材料牌号
金工		车削	45
毛坯种类	毛坯外形尺寸/mm	每毛坯可制件数	每台件数
棒料	φ45x225		
设备名称	设备型号	设备编号	同时加工件数
普通车床	C616		
夹具编号	夹具名称		切削液
	自定心卡盘		
工位器具编号	工位器具名称		工序工时/min
			准终 单件

工序号	工步内容	工艺装备	主轴转速/(r/min)	切削速度/(m/min)	进给量/(mm/r)	切削深度/(mm)	进给次数	工步工时/min 机动	工步工时/min 辅助
1	半精车 $\phi 30 \pm 0.0065$	YT15车刀	1200	124.3	0.3	1.25	1	6.0	
2	半精车 $\phi 35 \pm 0.008$	YT15车刀	1200	143.2	0.3	1.25	1	6.2	
3	半精车 $\phi 40_{-0.062}^{0}$	YT15车刀	1200	160.1	0.3	1.25	1	8.7	
4	半精车M20	YT15车刀	1200	77.2	0.3	1.25	1	4.0	
5	半精车 $\phi 25_{-0.013}^{0}$	YT15车刀	1200	105.5	0.3	1.25	1	7.0	
6	半精车 $\phi 30 \pm 0.0065$	YT15车刀	1200	124.3	0.3	1.25	1	8.3	

										设计（日期）	校对（日期）	审核（日期）	标准化（日期）	会签（日期）
199										年 月 日				
标记	处数	更加文件号	签字	日期	标记	处数	更改文件号	签字	日期					

图 5-38　机械加工工序卡

机械加工工艺过程卡与机械加工工序卡的区别在于：机械加工工艺过程卡仅反映了零件加工所经过的步骤，它不能直接用于指导工人的操作，机械加工工艺过程卡如图 5-39 所示。按照机械加工工艺过程卡的顺序，一旦零件流转到的某一工序，作为该生产岗位的操作者必须能够确定零件在本机床上的安装方法、工序尺寸、切削用量等。

微电机壳	机械加工工艺过程卡			产品型号		零件图号			
				产品名称		零件名称	微电机壳	共 10 页	第 1 页
材料牌号 HT200	毛坯种类 铸铁	毛坯外形尺寸/mm（长×宽×高）	114×122×126	每毛坯件数	1	每台件数		备注	
工序号	工名序称	工序内容		车间	工段	设备	工艺装备	工时 准终	工时 单件
1	备料								
2	铸造	锻造毛胚		铸工					
3	清砂	清砂		金工					
4	热处理	退火（清除内应力）人工时效		金工					
5	铣	粗铣底座底面		金工		XA6132卧式铣床	专用夹具 高速钢圆柱铣刀		
6	钻孔	划线，钻孔底座上φ7.8mm的孔		金工		Z535立式钻床	专用夹具 高速钢复合钻头		
7	挎孔	按孔端面找正压紧挎孔到φ8mm		金工		Z535立式钻床	专用夹具		
8	镗孔	从底座低面镗φ8mm到φ12mm的锪头沉孔2mm		金工		Z535立式钻床	专用夹具		
9	车	粗车φ122mm两个端面		金工		CA6140车床	专用夹具		
10	铣	粗铣车内圆中的6个肋班表面和外圆表面及底座上表面		金工		XA6132卧式铣床	专用夹具		
11	钻孔	划线，钻外孔表面上2XM4–7H的底孔，φ10mm通孔		金工		Z535立式钻床	专用夹具		
12	攻螺纹	用丝锥攻2XM–7H螺纹		金工		Z535立式钻床	专用夹具		
13	攻螺纹	攻两端面3XM5–7H		金工		Z535立式钻床	专用夹具		
14	去毛刺	去除全部毛刺		钳工			钳工台		
15	终检	按零件图样要求全面检查		质检					
								设计（日期） 校对（日期） 审核（日期） 标准化（日期） 会签（日期）	
标记	处数	更加文件号 签字 日期	标记	处数	更改文件号	签字	日期		

图 5-39　机械加工工艺过程卡

生产现场施工岗位的技术指导人员，要不断地解决生产中出现的各类问题，不但要能正确理解零件图及技术文件的设计意图，而且要懂得工艺原理并具有丰富的实践经验，因此，加强识读零件图及技术文件的能力十分重要。

【课后巩固】

1. 识读零件图的一般方法和步骤是什么？

2. 识读电气原理图的一般方法和步骤是什么?

任务 5.4 数字化生产线的操作规范及方法步骤

【知识目标】

1. 熟悉基于 PROFINET 的生产网络。
2. 掌握基于触摸屏的操作规范。

【技能目标】

1. 能够说出数字化生产线基于 PROFINET 生产网络的基本构架。
2. 能够按照操作规范对触摸屏进行操作。

【素质目标】

1. 具有分析与决策的能力。
2. 具有发现问题、解决问题的能力。
3. 具有精益求精的工匠精神。
4. 培养学生奉献社会的职业道德。

【任务情景】

铝壳电机关键构件数字化生产线利用立体仓库设备可实现仓库高层合理化、存取自动化、操作简便化,它包括几大模块:立体仓库、出入库平台、FANUC 机器人、磁条导航 AGV、工位操作台,综合运用机器人编程技术、PLC 编程技术、WinCC 上位机组态技术、磁条导航 AGV 调度技术、RFID 技术、变频器驱动技术、伺服驱动技术、传感器技术、气动技术、故障模块排除等。

【任务分析】

PROFINET 支持多种数据传输介质、网络拓扑结构、技术协议(如 HTTP、SNMP、ARP、TCP/IP 等),多种有线或无线、非实时或实时(RT、IRT)的通信,通过建立 PROFINET 生产网络可实现数据"一网到底",使数据跨越现场层、控制层和管理层的实时控制与传输,将数字化生产线各部分连接为一个整体。各个单元都具备即插即用的兼容性,现场增加设备操作方便,不仅与内部元件(设备)、外接元件(设备)、工业物联网、因特网互连互通,而且用户还可以通过计算机,甚至手机、平板计算机等移动设备进行网络在线监控。

【知识准备】

5.4.1 基于 PROFINET 的生产网络

PROFINET 是基于工业以太网技术,使用 TCP/IP 和 IT 标准的一种实时以太网技术。它无缝集成了所有的现场总线，实现了工业以太网和实时以太网的技术统一。PROFINET 是自动化领域处于领先地位的工业以太网标准，它包括全厂范围的现场总线通信以及车间与管理室之间的通信。PROFINET 可以同时进行标准的以太网传输和毫秒级的实时数据传输。

本项目的数字化生产线所需设备自身都集成了 PROFINET 接口，只需要分别设置 IP 地址，保证设备间的 IP 地址在同一网段不重复即可。S7-1500、S7-1200、G120、V90、TP900 精智面板等设备通过工业以太网交换机连接，基于 PROFINET 的生产网络如图 5-40 所示。交换机不需要单独设置和硬件组态，只需要提供 24V 直流供电即可。

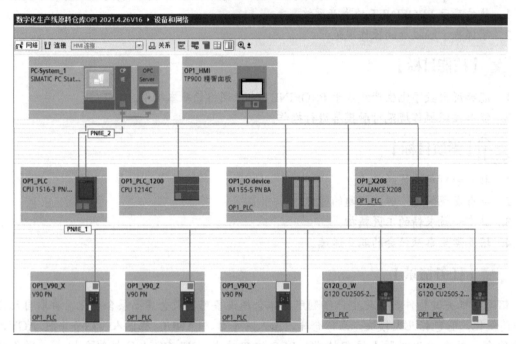

图 5-40　基于 PROFINET 的生产网络

5.4.2　基于触摸屏的操作规范

WinCC 是可视化的用来组态 SIMATIC 面板和 SIMATIC 工业 PC 的工程组态软件。WinCC 可以与多种工业化现场设备以及控制软件有效兼容，具有优良的操作界面，用户可以方便地进行可视化操作。在 WinCC 中，用户通过创建画面形成对实际现场设备的控制、监视，对运行数据的采集和管理，也可以形成对控制过程中的报警画面、数据报表等。本系统通过 WinCC 实现柔性自动化实训生产线的 HMI（人机界面），满足系统的运行要求。本系统所使用 HMI 为 TP900 Comfort 精智系列面板，参考 WinCC 使用教程，根据系统各个组成单元模块、设备、位置、监控对象，进行 HMI 的连接和 WinCC 画面的设计。

触摸屏的设计要遵循以下原则：

1.　以用户为中心的基本设计原则

在系统的设计过程中，设计人员要抓住用户的特征，发现用户的需求。在系统整个开发过程中要不断征求用户的意见。系统的设计决策要结合用户的工作和应用环境，必须理解用户对系统的要求。最好的方法就是让用户参与开发过程，这样开发人员就能正确地理解用户的需求和目标,系统就会更加成功。

2. 顺序原则

按照处理事件顺序、访问查看顺序(如由整体到单项、由大到小、由上层到下层等)与控制工艺流程等,设计监控管理和人机对话主界面及其二级界面。

3. 功能原则

按照对象应用环境及场合的具体功能要求、各种子系统控制类型、不同管理对象的同一界面并行处理要求和多项对话交互的同时性要求等,设计分功能区、多级菜单、分层提示信息和多项对话框并存的人机交互界面,从而使用户易于分辨和掌握人机交互界面的使用规律和特点,提高其可操作性。

4. 一致性原则

一致性原则包括色彩的一致、操作区域一致、文字的一致,不仅界面颜色、形状、字体与现行国家、国际或行业通用标准相一致,而且能自成一体,不同设备及其相同设计状态的颜色应保持一致。一致性原则能使运行人员看界面时感到舒适,也不会分散他们的注意力。对于新的运行人员,或紧急情况下处理问题的运行人员来说,一致性原则还能减少他们的操作失误。

5. 频率原则

按照管理对象的对话交互频率高低来设计人机界面的层次顺序和菜单的显示位置等,以提高监控和访问对话频率。

6. 重要性原则

按照管理对象在控制系统中的重要性和全局性水平,设计人机界面的菜单和对话框的位置和突显程度,从而有助于管理人员把握好控制系统的主次、实施好控制决策的顺序,最终实现最优调度和管理。

7. 面向对象原则

按照操作人员的身份特征和工作性质,设计与之相适应和匹配的人机界面。根据其工作需要,宜以弹出式窗口显示提示、引导和帮助信息,从而提高用户的交互水平和效率。

本任务以数字化生产线原料仓触摸屏操作为例,说明触摸屏的操作规范。

在操作触摸屏前,应具备以下安全条件:

1)设备无异常。
2)电气设备电源、开关及插座等设备良好,接地正常。
3)机械设备结构无损坏、设备气路气压正常。
4)操作人员已经过相关的设备操作培训。
5)运行产线时,操作人员必须随时监控产线状况。
6)发生紧急故障时,应及时按下工作台上的紧急停止按钮。

具备以上安全条件后,触摸屏的基本操作规范如下:

1)进入启动画面,如图5-41所示,查看"使用注意事项"。

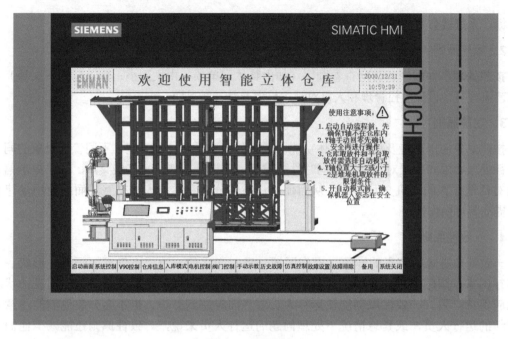

图 5-41 启动画面

2）点击触摸屏底部菜单栏"系统控制"，进入系统控制界面，如图 5-42 所示，查看原料仓各个设备当前状态是否正常。

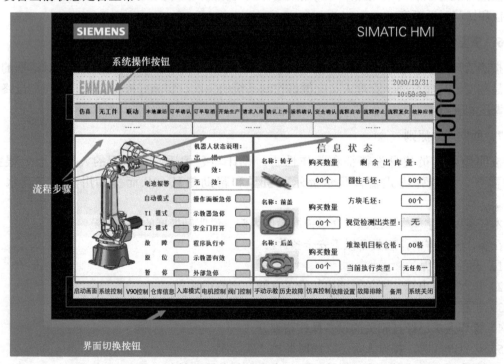

图 5-42 系统控制界面

3）点击触摸屏底部菜单栏"V90 控制"，进入 V90_轴运动控制界面，如图 5-43 所示，对 V90 进行回零点动、绝对位置与相对位置的移动检查。

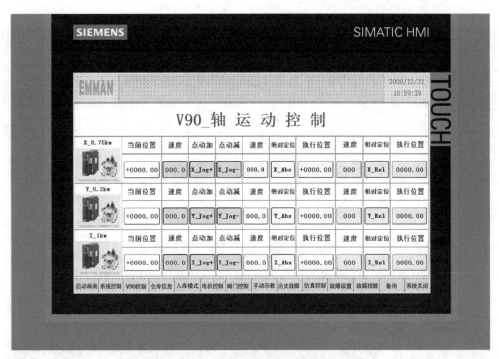

图 5-43 V90_轴运动控制界面

4）点击触摸屏底部菜单栏"仓库信息"，进入仓库信息界面，包括"智能立体仓库后面""智能立体仓库正面"和"工件信息"，如图 5-44 所示。

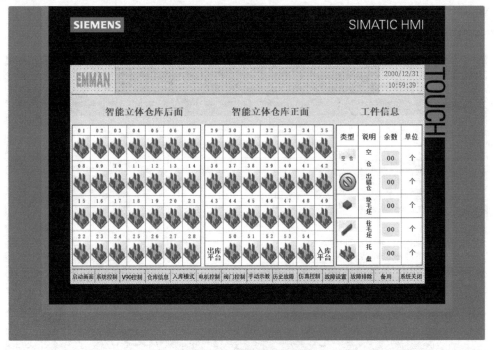

图 5-44 仓库信息界面

5）点击触摸屏底部菜单栏"入库模式"，进入入库模式界面，如图 5-45 所示，选择一个空仓格进行手动入库，入库成功之后查看仓库信息变化，之后再进行手动出库操作。

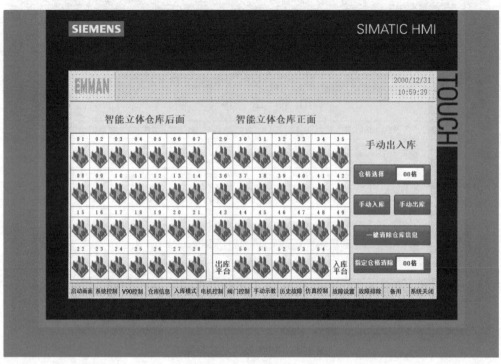

图 5-45 入库模式界面

6）点击触摸屏底部菜单栏"电机控制"，进入电机控制界面，如图 5-46 所示，手动控制"出库平台""入库平台"与"出件平台"的电机启动、电机反转、电机复位等，再使用"AGV 调度"中的功能对出入库平台进行原料的出入库。

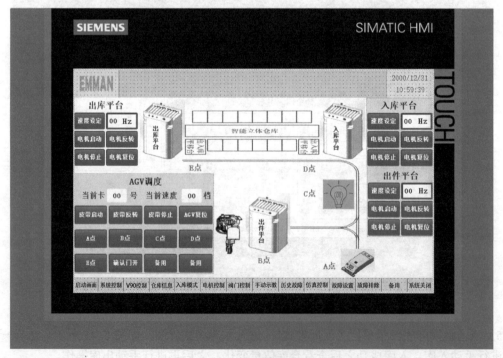

图 5-46 电机控制界面

7）点击触摸屏底部菜单栏"阀门控制"，进入阀门控制界面，如图 5-47 所示，手动控制各气缸的动作并读取、写入 RFID 数据。

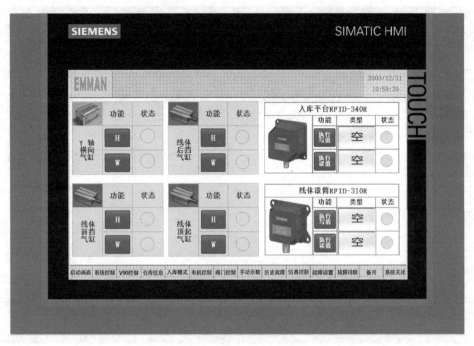

图 5-47　阀门控制界面

8）点击触摸屏底部菜单栏"手动示教"，进入手动示教界面，如图 5-48 所示，监控"当前轴位置""仓格示教"，查看定义零点画面。

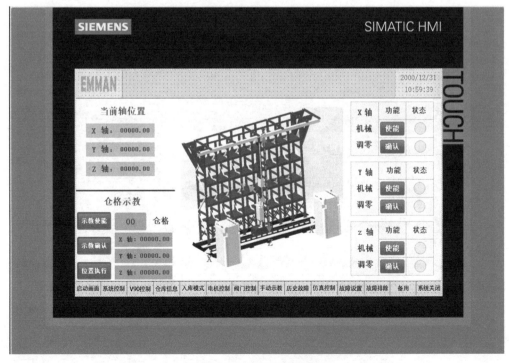

图 5-48　手动示教界面

9)点击触摸屏底部菜单栏"历史故障",进入历史故障查看界面,如图 5-49 所示,可以查看设备运行的历史故障信息。

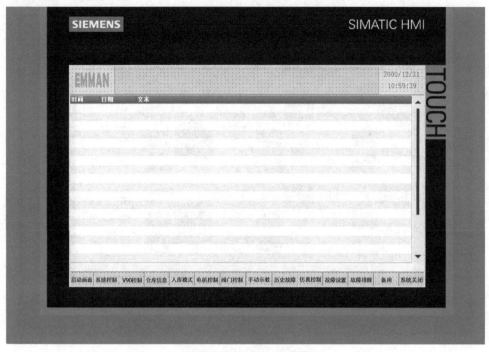

图 5-49 历史故障查看界面

10)点击触摸屏底部菜单栏"仿真控制",进入仿真控制上件界面,如图 5-50 所示,先选择立体仓库空料盘,再选择原材料,可对空料盘进行一键上件操作。

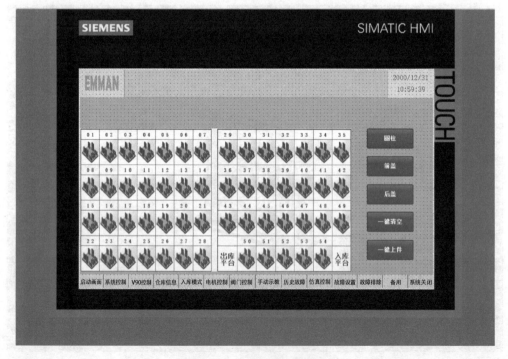

图 5-50 仿真控制上件界面

11) 点击触摸屏底部菜单栏"故障设置",进入故障设置界面,如图 5-51 所示,可对"阻挡机构后端传感器""阻挡机构前端电磁阀"等设备进行虚拟化故障设置。

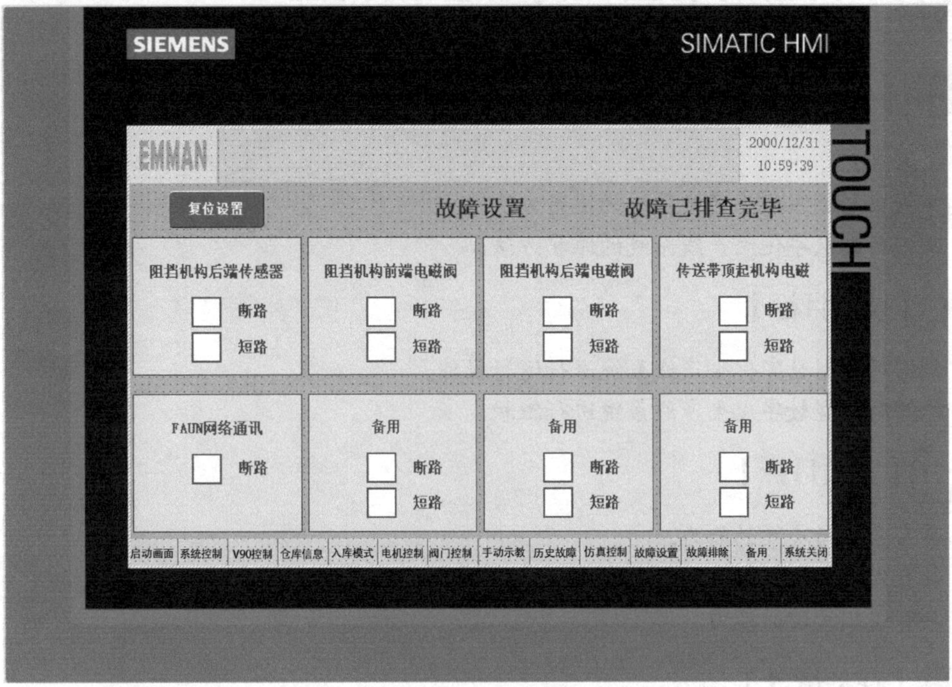

图 5-51 故障设置界面

12) 点击触摸屏底部菜单栏"故障排查",进入故障排查界面,如图 5-52 所示,可查看故障发生的具体原因。

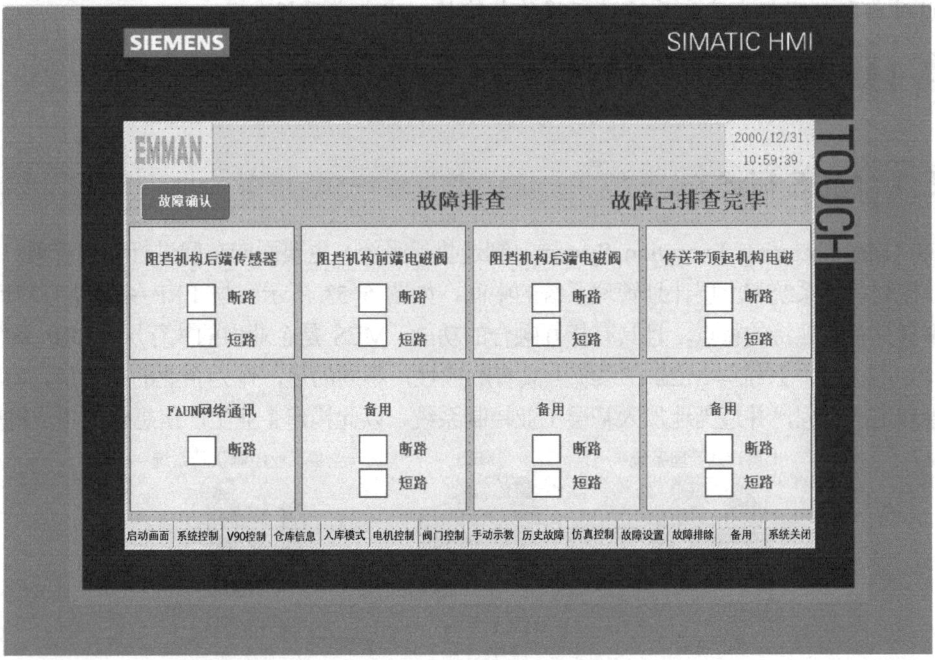

图 5-52 故障排除界面

任务 5.5　典型数字化生产线系统的运行和维护

【知识目标】

1. 了解 MES。
2. 掌握典型数字化生产线系统的运行方法。
3. 掌握典型数字化生产线系统的维护方法。

【技能目标】

1. 能够对典型数字化生产线系统进行运行操作。
2. 能够对典型数字化生产线系统进行维护。

【素质目标】

1. 具有分析与决策的能力。
2. 具有发现问题、解决问题的能力。
3. 具有组织管理的能力。

【任务情景】

MES 实现典型数字化生产线工艺流程教学任务。

【任务分析】

通过对典型数字化生产线系统进行操作与维护,完成学习任务。

【知识准备】

5.5.1　MES 概述

MES(Manufacturing Execution System,制造执行系统)主要面向车间进行信息管理。MES 在上层工业控制执行系统和上层计划管理系统的中间,如图 5-53 所示。与 ERP 系统进行对比,MES 的功能本身具有其独特的特点,且具有相互融合的功能。MES 是企业内的执行层,ERP 系统是企业内部的计划层,ERP 系统与 MES 在系统上具有顺应性,不同的是,作为企业的执行层,MES 主要是优化管理生产过程,并适当地加入基层工业控制系统,以此构建企业生产信息化的集成框架图。

图 5-53　MES

在 MES 出现之前，车间生产管理依赖若干独立的单一功能软件，如车间作业计划、工序调度、工时管理、设备管理、库存控制、质量管理、数据采集等软件。这些软件之间缺乏有效的集成与数据共享，难以达到车间生产过程的总体优化。

为了提高车间生产过程管理的自动化与智能化水平，必须对车间生产过程进行集成化管理，以实现信息集成与共享，从而达到车间生产过程整体优化的目标。MES 是面向车间的生产过程管理与实时信息的系统，它主要用来解决车间生产任务的执行问题。MES 的主要功能及概述见表 5-1。

表 5-1 MES 的主要功能及概述

序号	功能项目	功能概述
1	资源分配与状态	管理车间资源状态及分配信息
2	操作/详细调度	生成操作计划，提供作业排序功能
3	分派生产单位	管理和控制生产单位的流程
4	文档管理	管理、控制与生产单位相关的记录
5	数据采集/获取	采集生产现场中各种必要的数据
6	人力管理	提供最新的员工状态信息
7	质量管理	记录、跟踪和分析产品及过程特性
8	过程管理	监视生产，纠偏或提供决策支持
9	维护管理	跟踪和指导设备及工具的维护活动
10	产品跟踪和谱系	提供工件在任意时刻的位置及状态信息
11	性能分析	提供最新的实际制造过程及对比结果报告
12	物料管理	管理物料的运动、缓冲与储存

5.5.2 系统生产计划实施

1）打开浏览器输入广西工业职业技术学院 MES 网址（https://gxgzyznzz.yunzutai.com/account/login），登录界面如图 5-54 所示。

图 5-54 登录界面

2）登录后，单击"工作中心"中的"需求管理"，打开界面如图 5-55 所示，可以创建报修。

图 5-55　需求管理

3）单击"工作中心"中的"计划管理"，打开"计划管理"界面，如图 5-56 所示，可以添加计划。

图 5-56　计划管理

4）单击"分析中心"中的"报表管理"，如图 5-57 所示，可以查看历史报表。

图 5-57　报表管理

5.5.3　系统维护

1. MES 维护

1）单击"工作中心"中的"计划管理"，可以查看相应的维护需求，如图 5-58 所示。

图 5-58　计划管理中的维护需求

2）单击"设备中心"中的"告警与事件"，如图 5-59 所示，可以查看相应的告警记录和事件记录。

图 5-59　告警与事件

2．硬件维护与故障维修

以 FANUC 机器人维护维修为例，为了确保维修工程师的安全，应充分注意下列事项。

1）在机器人运转过程中，人员切勿进入机器人的动作范围内。

2）应尽可能在断开机器人和系统电源的状态下进行维修。若接通电源，则有触电的危险。此外，应根据需要上好锁，以避免其他人员接通电源。即使必须在接通电源的情况维修，也应尽量按下急停按钮后再进行。

3）在接通电源却必须进入机器人的动作范围内时，应在按下操作箱/操作面板或者示教盒的急停按钮后再入内。此外，作业人员应挂上"正在进行维修作业"的标牌，以提醒其他人员不要随意操作机器人。

4）在进入安全栅栏内部前，要仔细察看整个系统，确认没有危险后再入内，且必须把握系统的状态，同时要十分小心地入内。

5）在进行气动系统的维修时，务必完全释放供应气压，将管路内的压力降低到 0Pa 以后再进行。

6）在进行维修作业之前，应确认机器人或者外围设备没有处在危险的状态且没有异常。

7）当机器人的动作范围内有人时，切勿执行自动运转。

8）在墙壁和工装设备等旁边进行作业时，或者几个作业人员相互接近时，应注意不要堵住作业人员的逃生通道。

9）当机器人上备有工具时，以及除了机器人外还有传送带等可动工装设备时，应时刻注意这些装置的运动。

10）机器人作业时，应在操作箱/操作面板的旁边安排一名熟悉机器人系统且能够察觉危险的人员，保证他随时都可以按下急停按钮的状态。

11）需要更换机器人部件时，须先与机器人制造厂家联系以避免机器人损坏或作业人员受伤。

12）在检修控制装置内部时，如需要触摸到单元、印制电路板等，为了预防触电，务必先断开控制装置的主断路器的电源，而后再进行作业。在两台机柜的情况下，断开其各自的断路器的电源。

13）在更换部件或重新组装时，应注意避免异物的黏附或者异物的混入。

14）更换部件务必使用指定的部件。若使用指定部件以外的部件，则有可能导致机器人的错误操作和破损。特别是保险丝等，如果使用额定值不同的保险丝，不仅会导致控制装置内部的部件损坏，而且可能引发火灾。

15）维修作业结束后重新启动机器人系统时，应事先确认机器人动作范围内无人员，机器人和外围设备无异常。

16）在拆卸电动机和制动器时，应使用吊车等进行吊运后再拆除，以避免机器人手臂等部件落下来。

17）注意不要因为洒落在地面的润滑脂而滑倒，并尽快擦掉洒落在地面上的润滑脂。

机器人故障产生原因及排除方法主要参考相应的机器人主体维修保养说明书AX20"。

三合一夹具部分故障的原因分析及排除方法见表5-2。

表5-2 三合一夹具部分故障的原因分析及排除方法

序号	故障	原因分析	排除方法
1	夹具无法夹紧或松开	气阀没有打开	打开气阀
2	无法夹紧零件	油水过滤器调压阀压力调节过小或者油水过滤器损坏	调高压力或者更换油水过滤器
3	无法夹紧零件或无法动作	抓手气缸进出气管漏气或者弯折	检查气管并更换或者理顺气管弯折处
4	气缸没有到位信号；抓手无法抓紧或松开	抓手气缸损坏	更换损坏的抓手气缸
5	导轨无法正常伸缩	导轨处有东西阻挡滑块运动	清理导轨并涂抹润滑油
6	抓手无法夹紧零件	抓手处滑块损坏	更换滑块

输送线及自动控制系统部分故障的原因分析及排除方法见表5-3。

表5-3 输送线及自动控制系统部分故障的原因分析及排除方法

序号	故障	原因分析	排除方法
1	上料台无法上升	1. 上料台的光电检测开关没有检测到托盘 2. 升降机到底部卡住	1. 调节光电开关位置或者推动托盘 2. 先将此升降机打到手动操作模式，再将此电动机的变频器速度调低，再提升电动机按钮
2	输送机运行中托盘卡住	托盘和滚筒两侧挡圈跑偏	调整滚筒挡圈位置
3	机器人动作与预设不一致	程序号或者程序行未按要求调整	调整程序号或者程序行
4	顶托盘气缸无法收回	气缸上的磁感应开关故障	保证检查气缸上的磁感应开关检测正常
5	控制柜电源指示灯不亮	电源总开关未处于开启状态	开启开关
6	输送线无法启动	1. 调速变频器不在归零的状态 2. 电箱及生产线两旁的急停按钮被按下	1. 恢复变频器归零状态 2. 松开急停按钮

【课后巩固】

1. 本项目中铝壳电机关键构件数字化生产线系统维护的基本原则是什么？
2. 本项目中铝壳电机关键构件数字化生产线系统运行的基本步骤是什么？

【拓展阅读】

美好生活是拼出来、干出来的。正是一年又一年的努力、一代接一代的接力，才有今天的旧邦新命、青春中国。

天宫"居民"中加入的新成员："天问一号"为中国人绘制了属于自己的火星"地图"；"奋斗者"号在 2.2 万余海里的大洋中留下了中国印记。广大青年把奋斗写在辽阔山河。成都大运会、杭州亚运会、亚残运会、首届学青会成功举办，尽展运动健儿、青年志愿者的精神与风采。令人印象深刻的是，广大团员和青年拼搏在急难险重任务一线，在经济发展、科技创新、新型工业化、乡村振兴、精神文明建设、民主法治、文教体育、绿色发展、社会服务、卫国戍边、统一战线、对外交流等领域勇当排头兵和生力军，展现青春的朝气锐气。勤劳勇敢的人民、拼搏奋斗的青年、温暖明亮的中国，是新时代最美的画卷。

参 考 文 献

[1] 陈友东，谭珠珠，唐冬冬. 工业机器人集成与应用[M]. 北京：机械工业出版社，2020.

[2] 谭立新，张宏立. 工业机器人系统集成[M]. 北京：北京理工大学出版社，2021.

[3] 林燕文，魏志丽. 工业机器人系统集成与应用[M]. 北京：机械工业出版社，2018.

[4] 周书兴. 工业机器人工作站系统与应用[M]. 北京：机械工业出版社，2020.

[5] 祝春来，宋春胜，熊隽. 工业机器人集成应用技术[M]. 哈尔滨：哈尔滨工程大学出版社，2021.

工业机器人自动化生产线集成与运维

实训工作手册

姓　　名＿＿＿＿＿＿＿＿＿＿
专　　业＿＿＿＿＿＿＿＿＿＿
班　　级＿＿＿＿＿＿＿＿＿＿
任课教师＿＿＿＿＿＿＿＿＿＿

机械工业出版社

目 录

项目1 认识工业机器人自动化生产线集成工作站 1
    任务工单 1.1　认识工业机器人自动化生产线集成工作站 1
    任务工单 1.2　工业机器人自动化生产线集成工作站 4

项目2 典型工业机器人机床上下料工作站系统的设计及应用 7
    任务工单 2.1　典型工业机器人机床上下料工作站系统工艺要求分析及硬件选型 7
    任务工单 2.2　典型工业机器人机床上下料工作站系统设计方案的编写 11
    任务工单 2.3　典型工业机器人机床上下料工作站系统施工图的设计及绘制 14
    任务工单 2.4　典型工业机器人机床上下料工作站系统的仿真 17
    任务工单 2.5　典型工业机器人机床上下料工作站系统安装、调试及PLC程序的编写 ... 20
    任务工单 2.6　典型工业机器人机床上下料工作站系统技术交底材料的整理和编写 24

项目3 典型工业机器人搬运工作站系统的设计及应用 27
    任务工单 3.1　典型工业机器人搬运工作站系统的工艺要求分析及硬件选型 27
    任务工单 3.2　典型工业机器人搬运工作站系统设计方案的编写 31
    任务工单 3.3　典型工业机器人搬运工作站系统施工图的设计及建模 34
    任务工单 3.4　典型工业机器人搬运工作站系统的仿真 38
    任务工单 3.5　典型工业机器人搬运工作站视觉系统的调试 42
    任务工单 3.6　典型工业机器人搬运工作站系统的安装、调试及PLC程序编写 45
    任务工单 3.7　典型工业机器人搬运工作站系统技术交底材料的整理和编写 48

项目4 典型工业机器人弧焊工作站系统的设计及应用 51
    任务工单 4.1　典型工业机器人弧焊工作站系统工艺要求分析及硬件选型 51
    任务工单 4.2　典型工业机器人弧焊工作站系统设计方案的编写 54
    任务工单 4.3　典型工业机器人弧焊工作站系统施工图的设计及建模 57
    任务工单 4.4　典型工业机器人弧焊工作站系统的仿真 60
    任务工单 4.5　典型工业机器人弧焊工作站系统的程序编写及安装与调试 63
    任务工单 4.6　典型工业机器人弧焊工作站系统技术交底材料的整理和编写 66

项目5 数字化生产线的构架及技术特点 69
    任务工单 5.1　数字化生产线的构架及技术特点 69
    任务工单 5.2　数字化生产线各模块设计与仿真 71
    任务工单 5.3　识读数字化生产线的设计图和技术文件 74
    任务工单 5.4　数字化生产线的操作规范及方法步骤 75
    任务工单 5.5　典型数字化生产线系统的运行和维护 76

项目1 认识工业机器人自动化生产线集成工作站

任务工单1.1 认识工业机器人自动化生产线集成工作站

工作任务		认识工业机器人自动化生产线集成工作站					
姓名		班级		学号		日期	

🎬 任务情景

工业机器人自动化生产线系统是一条全自动的组装生产线,一共有6台机器人,分属四大制造环节:OP1、OP2、OP3和OP4(工件加工、加工中心、冲洗中心和组装中心)。每一个制造环节都有一个巨型机械臂,能执行多种不同任务,包括机床上下料、搬运、弧焊等。

🎯 任务目标

能力目标:
1. 能说出工业机器人自动化生产线集成工作站的应用场合。
2. 能说出工业机器人自动化生产线集成技术的发展现状及趋势。

知识目标:
1. 了解《中国制造2025》战略。
2. 了解工业机器人自动化生产线集成技术的发展现状及趋势。
3. 了解工业机器人在国内的发展前景。
4. 了解工业机器人自动化生产线集成工作站。

素质目标:
1. 具有一定的全局观念,具备信息收集和处理能力,分析、解决问题的能力,还有与他人交流、合作的能力。
2. 树立正确职业理想,增强家国情怀。

任务要求

请根据工业机器人自动化生产线描述集成工作站的应用及发展。

获取信息

认真阅读任务要求,以理解工作任务内容、明确工作任务的目标,为顺利完成工作任务、回答引导问题,做好充分的知识准备、技能准备和工具耗材的准备,同时拟订任务实施计划。

引导问题 1:
简述工业机器人工作站的定义。

引导问题 2:
简述工业机器人生产线的组成,以及工业机器人与工作站的区别。

引导问题 3:
简述工业机器人工作站的分类。

引导问题 4:
机器人输送线物流自动化系统主要由哪几部分组成?

 工作计划

1. 组员分工

班级		组号		分工
组长		学号		
组员		学号		
组员		学号		
组员		学号		

2. 工具材料清单

序号	工具或材料名称	型号规格	数量	备注

3. 工序步骤安排

序号	工作内容	计划用时	备注

任务成果

1. 各小组派代表阐述工业机器人自动化生产线的应用及其集成技术的发展现状和趋势。
2. 各小组对其他组的回答提出自己的看法。
3. 教师对各小组的回答进行点评，并选出最佳的。

工作实施

引导问题5：

请同学们按照工业机器人工作站的分类，说出它们在不同场合的应用。

评价反馈

评 分 表

序号	主要内容	考核要求	评分标准	配分	扣分	得分
1	前期准备	能说出系统工作站的定义	正确表述得10分，其他酌情扣分	10		
2	学习过程	1. 熟悉机器人的不同发展应用方向 2. 熟悉《中国制造2025》战略	1. 正确表述机器人的不同发展应用方向得20分，其他酌情扣分 2. 正确表述《中国制造2025》战略得20分，其他酌情扣分	40		
3	应用拓展	1. 拓展认识工业机器人自动化生产线集成工作站 2. 拓展认识工业机器人应用技术	1. 制作相关的PPT并展示得30分 2. 熟练表达、思路清晰得10分	40		
4	团队协作	1. 在学习和应用拓展过程中，团队能够配合紧密 2. 能发挥自己在团队中的作用	1. 团队配合不紧密，扣10分 2. 未实现充分的团队合作，扣10分	10		
备注			合计	100		

小组成员签名	
教师签名	
日期	

任务工单 1.2　工业机器人自动化生产线集成工作站

工作任务		工业机器人自动化生产线集成工作站					
姓名		班级		学号		日期	

🎬 任务情景

工业机器人自动化生产线工作站由机器人机床上下料工作站、机器人搬运工作站、机器人弧焊工作站组成，三个工作站由工件输送线相连接。通过机器人自动化生产线工作站布置图，认识工业机器人自动化生产线工作站。

任务目标

能力目标：
1. 能够识别不同种类的工业机器人工作站。
2. 能够说明各种工业机器人工作站的应用。

知识目标：
1. 熟悉工业机器人典型工作站的分类。
2. 掌握机器人工作站的应用场合。

素质目标：
1. 具有分析与决策能力。
2. 具有发现问题、解决问题的能力。
3. 具有团体协作能力。
4. 具有组织管理能力。

任务要求

通过机器人自动化生产线工作站布置图，认识工业机器人自动化生产线工作站。

获取信息

认真阅读任务要求，以理解工作任务内容、明确工作任务的目标，为顺利完成工作任务、回答引导问题，做好充分的知识准备、技能准备和工具耗材的准备，同时拟订任务实施计划。

引导问题 1：

简述搬运工作站的组成。

❓ **引导问题 2：**
简述弧焊工作站的组成及分类。

❓ **引导问题 3：**
简述机床上下料工作站的组成。

❓ **引导问题 4：**
简述工业机器人工作站的主要设备。

工作计划

1. 组员分工

班级		组号		分工	
组长		学号			
组员		学号			
组员		学号			
组员		学号			

2. 工具材料清单

序号	工具或材料名称	型号规格	数量	备注

3. 工序步骤安排

序号	工作内容	计划用时	备注

📚 任务成果

1. 各小组派代表阐述各工业机器人工作站的特征和应用场合。
2. 各小组对其他组的回答提出自己的看法。
3. 教师对各小组的回答进行点评,并选出最佳的。

🛠 工作实施

❓ 引导问题 5:

按照典型系统工作站的分类,分别说出它们在不同场合的应用。

🖥 评价反馈

评 分 表

序号	主要内容	考核要求	评分标准	配分	扣分	得分
1	前期准备	能说出典型系统工作站的应用场景	正确表述得 10 分,其他酌情扣分	10		
2	学习过程	1. 熟悉典型工作站的不同应用方向 2. 熟悉典型工作站的组成	1. 正确表述典型工作站的不同应用方向得 20 分,其他酌情扣分 2. 正确表述典型工作站的组成得 20 分,其他酌情扣分	40		
3	应用拓展	1. 拓展认识典型工作站的技术优点 2. 拓展认识典型工作站的环境和设备	1. 制作相关的 PPT 并展示得 30 分 2. 熟练表达、思路清晰得 10 分	40		
4	团队协作	1. 在学习和应用拓展过程中,团队能够配合紧密 2. 能发挥自己在团队中的作用	1. 团队配合不紧密,扣 10 分 2. 未实现充分的团队合作,扣 10 分	10		
备注			合计	100		
小组成员签名						
教师签名						
日期						

项目 2　典型工业机器人机床上下料工作站系统的设计及应用

任务工单 2.1　典型工业机器人机床上下料工作站系统工艺要求分析及硬件选型

工作任务	典型工业机器人机床上下料工作站系统工艺要求分析及硬件选型					
姓名		班级		学号		日期

任务情景

某企业有一数控加工工作站，主要设备包含 2 台数控机床，目前该工作站需加工 3 种零件，当前该工作站机床的上下料工作全部由人工完成，为适应当今社会的发展需求，提高企业的生产率，需要在车间现有数控铣床和数控车床的基础上，对现有工作站进行设计和改造，将机床上下料的工作全部设计为由机器人完成。为实现这一功能，需完成机床上下料工作站的工艺要求分析，并完成机床上下料工作站的硬件选型和选型报告编写。

任务目标

能力目标：
1. 根据工艺要求完成主要硬件的选型。
2. 能编写工业机器人机床上下料工作站硬件选型方案。

知识目标：
1. 掌握典型工业机器人机床上下料工作站硬件选型方法和步骤。
2. 掌握工业机器人机床上下料工作站工艺要求分析方法。

素质目标：
1. 树立乐观积极、务实进取的人生态度。
2. 加强专业技术应用能力、沟通协调能力和再学习能力。

任务要求

需要根据加工工件的加工要求设计工艺流程，再根据设计出的工艺流程对整个工作站进行合理的布局和规划，然后对机器人、工控设备、行走轴等硬件设备进行选型，最后撰写选型报告。

获取信息

认真阅读任务要求，以理解工作任务内容、明确工作任务的目标，为顺利完成工作任务、回答引导问题，做好充分的知识准备、技能准备和工具耗材的准备，同时拟订任务实施计划。

引导问题 1：

零件加工的工艺过程是怎样的？

引导问题 2：

如何设计加工工艺流程？

引导问题 3：

根据工艺流程图，设计工位布局。

引导问题 4：

组成机器人机床上下料的主要设备有哪些？请收集相关设备的硬件参数资料。

工作计划

1. 组员分工

班级		组号		分工
组长		学号		
组员		学号		
组员		学号		
组员		学号		

2. 工具材料清单

序号	工具或材料名称	型号规格	数量	备注

3. 工序步骤安排

序号	工作内容	计划用时	备注

任务成果

1. 各小组派代表阐述工艺流程及选型报告。
2. 各小组对其他组的选型报告提出自己的看法。
3. 教师对各小组完成的选型报告进行点评，并选出最佳的。

工作实施

引导问题 5：

参考工艺流程图绘制机器人机床上下料工作站的工艺流程图。

❓ 引导问题6：

参考工位布局设计图，绘制机器人机床上下料工作站的工位布局设计图。

❓ 引导问题7：

请根据硬件参数资料确定机器人机床上下料工作站的主要设备选型，并写出硬件选型报告。

评价反馈

评 分 表

序号	主要内容	考核要求	评分标准	配分	扣分	得分
1	前期准备	能说出机器人机床上下料系统的主要设备、概述工件加工的简要流程	正确表述得10分，其他酌情扣分	10		
2	学习过程	1. 根据工艺要求完成标准部件和非标准部件的选型 2. 能编写机床上下料工作站硬件选型方案	1. 能够按照设计要求进行合理的硬件选型得20分，其他酌情扣分 2. 能按照设计要求写出硬件选型方案，硬件包含工业机器人、PLC控制器、行走轴，得20分，其他酌情扣分	40		
3	应用拓展	1. 拓展认识相关工业机器人的型号及配置参数 2. 拓展认识工业机器人与PLC的通信方式	1. 制作相关的PPT并展示得30分 2. 熟练表达、思路清晰得10分	40		
4	团队协作	1. 在学习和应用拓展过程中，团队能够配合紧密 2. 能发挥自己在团队中的作用	1. 团队配合不紧密，扣10分 2. 未实现充分的团队合作，扣10分	10		
备注			合计	100		
	小组成员签名					
	教师签名					
	日期					

任务工单 2.2　典型工业机器人机床上下料工作站系统设计方案的编写

工作任务		典型工业机器人机床上下料工作站系统设计方案的编写					
姓名		班级		学号		日期	

🎬 任务情景

根据项目工艺要求分析及硬件选型的结果，完成工业机器人机床上下料工作站设计方案的编写。

🎯 任务目标

能力目标：
1. 能根据工艺要求说明工作流程及控制要求。
2. 能编写工业机器人机床上下料工作站的设计方案。

知识目标：
1. 了解工业机器人机床上下料工作站的工作流程及控制要求。
2. 了解工业机器人机床上下料工作站的设备清单。
3. 了解工业机器人机床上下料工作站设计方案的结构和要素。

素质目标：
1. 养成良好的自主学习习惯。
2. 增强团队协作精神。

任务要求

需要了解设计方案所需的结构和要素并将设计方案中所需的结构、要素用流畅的语言描述出来。

获取信息

认真阅读任务要求，以理解工作任务内容、明确工作任务的目标，为顺利完成工作任务、回答引导问题，做好充分的知识准备、技能准备和工具耗材的准备，同时拟订任务实施计划。

❓ 引导问题 1：

设计方案中需要什么元素、结构？

工作计划

1. 组员分工

班级		组号		分工	
组长		学号			
组员		学号			
组员		学号			
组员		学号			

2. 工具材料清单

序号	工具或材料名称	型号规格	数量	备注

3. 工序步骤安排

序号	工作内容	计划用时	备注

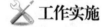 **任务成果**

1. 各小组派代表阐述设计方案。
2. 各小组对其他组的设计方案提出自己的看法。
3. 教师对各小组完成的方案进行点评,并选出最佳。

工作实施

引导问题 2:

如何用流畅的语言文字介绍工业机器人机床上下料工作站的功能?

❓ 引导问题 3：
如何用流畅的语言文字说明工件的加工工艺？

❓ 引导问题 4：
如何用流畅的语言文字描述工业机器人机床上下料工作站的工艺流程？

❓ 引导问题 5：
如何用流畅的语言文字介绍工业机器人机床上下料工作站的组成、设备？

评价反馈

评 分 表

序号	主要内容	考核要求	评分标准	配分	扣分	得分
1	前期准备	能说出工业机器人机床上下料工作站设计方案的结构和要素	正确表述得 10 分，其他酌情扣分	10		
2	学习过程	1．能根据工艺要求说明工作流程及控制要求 2．能编写工业机器人机床上下料工作站的设计方案	1．能根据工艺要求说明工作流程及控制要求得 20 分，其他酌情扣分 2．能完整编写工业机器人机床上下料工作站的设计方案，内容包括工作站简介及布局、加工工件说明、工艺动作流程、主要设备清单得 20 分，其他酌情扣分	40		
3	应用拓展	1．请同学们收集工业机器人机床上下料工作站系统设计方案相关资料，同时在收集资料过程中，了解不同品牌的设计方案的区别，说出不同品牌的优缺点以及国产和国外方案的区别 2．说明设计工业机器人机床上下料工作站系统方案时所使用不同品牌设备的优缺点	1．制作相关的 PPT 并展示得 30 分 2．熟练表达、思路清晰得 10 分	40		
4	团队协作	1．在学习和应用拓展过程中，团队能够配合紧密 2．能发挥自己在团队中的作用	1．团队配合不紧密，扣 10 分 2．未实现充分的团队合作，扣 10 分	10		
备注			合计	100		
	小组成员签名					
	教师签名					
	日期					

任务工单 2.3 典型工业机器人机床上下料工作站系统施工图的设计及绘制

工作任务	典型工业机器人机床上下料工作站系统施工图的设计及绘制					
姓名		班级		学号		日期	

🎬 任务情景

根据项目工艺分析和硬件选型的结果及设计方案,完成工作站施工图的设计及绘制。

🎯 任务目标

能力目标:

1. 能够根据任务要求绘制设备布局图。
2. 能够根据任务要求绘制系统框图。
3. 能够根据任务要求绘制电气原理图。
4. 能够根据任务要求绘制非标件工程图。

知识目标:

1. 掌握设备布局图设计与绘制的基本方法。
2. 掌握系统框图设计与绘制的基本方法。
3. 掌握电气原理图设计与绘制的基本方法。
4. 掌握非标件工程图设计与绘制的基本方法。

素质目标:

1. 具备善于观察、归纳总结的能力。
2. 养成严谨的工作态度、潜心研究的敬业精神。

📋 任务要求

1. 掌握设备布局图、系统框图、电气原理图、非标件工程图设计与绘制的基本方法。
2. 根据任务要求绘制设备布局图、系统框图、电气原理图、非标件工程图。

📖 获取信息

认真阅读任务要求,以理解工作任务内容、明确工作任务的目标,为顺利完成工作任务回答引导问题,做好充分的知识准备、技能准备和工具耗材的准备,同时拟订任务实施计划。

❓ 引导问题 1:

工业机器人机床上下料工作站系统施工图中包含哪些设计图样?

工作计划

1. 组员分工

班级		组号		分工	
组长		学号			
组员		学号			
组员		学号			
组员		学号			

2. 工具材料清单

序号	工具或材料名称	型号规格	数量	备注

3. 工序步骤安排

序号	工作内容	计划用时	备注

任务成果

1. 各小组派代表阐述系统施工图中涵盖的设计图元素有哪些。
2. 各小组对其他组的设计图元素提出自己的看法。
3. 教师对各小组的回答进行点评，并选出最佳的。

工作实施

引导问题 2：
设备布局图设计与绘制的基本方法是什么？请根据任务要求绘制设备布局图。

引导问题 3：
系统框图设计与绘制的基本方法是什么？请根据任务要求绘制系统框图。

❓ 引导问题 4：

电气原理图设计与绘制的基本方法是什么？请根据任务要求绘制电气原理图。

❓ 引导问题 5：

非标件工程图设计与绘制的基本方法是什么？请根据任务要求绘制非标件工程图。

评价反馈

评 分 表

序号	主要内容	考核要求	评分标准	配分	扣分	得分
1	前期准备	能说出工业机器人机床上下料工作站系统施工图设计方案的结构和要素	正确表述得10分，其他酌情扣分	10		
2	学习过程	1．能够根据任务要求绘制设备布局图 2．能够根据任务要求绘制系统框图 3．能够根据任务要求绘制电气原理图 4．能够根据任务要求绘制非标件工程图	1．能够根据任务要求绘制设备布局图得10分，其他酌情扣分 2．能够根据任务要求绘制系统框图得10分，其他酌情扣分 3．能够根据任务要求绘制电气原理图得10分，其他酌情扣分 4．能够根据任务要求绘制非标件工程图得10分，其他酌情扣分	40		
3	应用拓展	1．依据以上部件的设计方法自行绘制工业机器人夹具支架的设计图 2．针对特定的加工工件（上下端盖、电机转子轴），是否可以采用吸盘式夹具呢？请说明理由	1．制作相关的PPT并展示得30分 2．熟练表达、思路清晰得10分	40		
4	团队协作	1．在学习和应用拓展过程中，团队能够配合紧密 2．能发挥自己在团队中的作用	1．团队配合不紧密，扣10分 2．未实现充分的团队合作，扣10分	10		
备注			合计	100		
小组成员签名						
教师签名						
日期						

任务工单 2.4 典型工业机器人机床上下料工作站系统的仿真

工作任务		典型工业机器人机床上下料工作站系统的仿真					
姓名		班级		学号		日期	

任务情景

根据项目工艺分析和硬件选型结果、设计方案及施工图完成工业机器人机床上下料工作站系统的仿真。

任务目标

能力目标：

1．能够根据任务要求、工艺要求进行机器人程序编写。
2．能够正确导入/导出机器人仿真程序。
3．能够准确区分工业机器人机床上下料工作站各部件在仿真软件中的类型及仿真布局。

知识目标：

1．掌握在 ROBOGUIDE 软件中导入三维模型的基本方法。
2．掌握工业机器人仿真程序编写的基本方法。
3．掌握工业机器人机床上下料工作站系统仿真的基本方法。

素质目标：

1．具备自主学习、自主探索的能力。
2．具备善于观察、总结归纳的能力。

任务要求

1．根据工作站布局图及现场环境情况搭建相应的仿真环境。
2．根据任务要求完成工业机器人机床上下料工作站系统仿真程序的编写。
3．根据任务要求完成工业机器人机床上下料工作站系统的仿真。

获取信息

认真阅读任务要求，以理解工作任务内容、明确工作任务的目标，为顺利完成工作任务、回答引导问题，做好充分的知识准备、技能准备和工具耗材的准备，同时拟订任务实施计划。

❓ 引导问题 1：

创建工业机器人机床上下料工作站系统仿真项目需要哪些流程？

工作计划

1. 组员分工

班级		组号		分工	
组长		学号			
组员		学号			
组员		学号			
组员		学号			

2. 工具材料清单

序号	工具或材料名称	型号规格	数量	备注

3. 工序步骤安排

序号	工作内容	计划用时	备注

任务成果

1. 各小组派代表阐述创建工业机器人机床上下料工作站系统仿真项目需要哪些流程。
2. 各小组对其他组的仿真计划、流程提出自己不同的看法。
3. 教师对各小组的回答进行点评,并选出最佳的。

 工作实施

引导问题2:

仿真环境要依据什么来创建?如何创建合适的仿真环境?

❓ 引导问题3：

仿真项目中机器人的仿真程序与真实机器人的仿真程序有何不同？如何编写机器人的仿真程序？

❓ 引导问题4：

仿真系统中的运动部件该如何运动？机器人在仿真环境中如何控制运动部件？

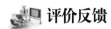 **评价反馈**

评 分 表

序号	主要内容	考核要求	评分标准	配分	扣分	得分
1	前期准备	能说出创建工业机器人机床上下料工作站系统仿真项目需要哪些流程	正确表述得10分，其他酌情扣分	10		
2	学习过程	1. 能够根据任务要求创建项目仿真环境 2. 能够根据任务要求完成机器人仿真程序的编写 3. 能够根据任务要求完成工业机器人机床上下料工作站系统仿真	1. 能够根据任务要求创建项目仿真环境得10分，其他酌情扣分 2. 能够根据任务要求完成工业机器人机床上下料工作站系统仿真程序的编写得10分，其他酌情扣分 3. 能够根据任务要求完成工业机器人机床上下料工作站系统仿真得20分，其他酌情扣分	40		
3	应用拓展	请在原本的仿真项目上加上机器人对工件夹取保护的仿真程序，并说明保护措施及理由	1. 制作相关的PPT并展示得30分 2. 熟练表达、思路清晰得10分	40		
4	团队协作	1. 在学习和应用拓展过程中，团队能够配合紧密 2. 能发挥自己在团队中的作用	1. 团队配合不紧密，扣10分 2. 未实现充分的团队合作，扣10分	10		
备注			合计	100		
	小组成员签名					
	教师签名					
	日期					

任务工单 2.5 典型工业机器人机床上下料工作站系统安装、调试及 PLC 程序的编写

工作任务		典型工业机器人机床上下料工作站系统安装、调试及 PLC 程序的编写					
姓名		班级		学号		日期	

🎬 任务情景

根据项目工艺分析和硬件选型的结果、设计方案、施工图及仿真结果，完成工业机器人机床上下料工作站系统的安装与调试、PLC 程序的编写及人机交互界面的设计。

🎯 任务目标

能力目标：

1. 能够根据任务要求、工艺要求编写工作站的 PLC 程序。
2. 能够将仿真项目中的机器人程序导出并重新示教点位。
3. 能够完成人机交互界面的开发。
4. 能够完成工业机器人机床上下料工作站系统的电气接线。
5. 能够完成工业机器人机床上下料工作站系统的联调。

知识目标：

1. 掌握 PLC 编写程序的基本方法。
2. 掌握机器人仿真程序导出、导入及调试的基本方法。
3. 掌握人机交互界面开发的基本方法。
4. 掌握工业机器人机床上下料工作站系统电气接线的基本方法。
5. 掌握系统联调的基本方法。

素质目标：

1. 具备务实求真、自主探索的能力。
2. 具备大胆探索、敢于创新的能力。

📁 任务要求

1. 根据工作站的设计方案及仿真项目，编写工作站的 PLC 程序。
2. 将仿真项目中的机器人程序导出并重新示教点位。
3. 根据任务要求完成工业机器人机床上下料工作站系统的人机交互界面的开发。
4. 根据任务要求完成工业机器人机床上下料工作站系统的电气接线。

5. 根据任务要求完成工业机器人机床上下料工作站系统的联调。

 获取信息

认真阅读任务要求,以理解工作任务内容、明确工作任务的目标,为顺利完成工作任务、回答引导问题,做好充分的知识准备、技能准备和工具耗材的准备,同时拟订任务实施计划。

引导问题1:
工业机器人机床上下料工作站系统的安装与调试主要有哪些步骤?

工作计划

1. 组员分工

班级		组号		分工	
组长		学号			
组员		学号			
组员		学号			
组员		学号			

2. 工具材料清单

序号	工具或材料名称	型号规格	数量	备注

3. 工序步骤安排

序号	工作内容	计划用时	备注

任务成果

1. 各小组派代表阐述安装调试工作站的主要步骤有哪些。
2. 各小组对其他组的安装调试计划提出自己的看法。
3. 教师对完成的计划进行点评,并选出最佳的。

工作实施

引导问题 2:
PLC 在工作站中起着什么作用?请简述 PLC 的工作流程。

引导问题 3:
如何将仿真项目中的机器人程序导出并导入至工作站的机器人当中?仿真软件中的机器人点位与实际机器人点位有什么区别?

引导问题 4:
工作站的人机交互界面共包含有几个页面?每个页面的作用是什么?

引导问题 5:
如何根据电气图样进行电气接线?

❓ 引导问题6：

在进行工业机器人机床上下料工作站系统的联调时需要注意哪些方面？

📋 评价反馈

评 分 表

序号	主要内容	考核要求	评分标准	配分	扣分	得分
1	前期准备	能说出工业机器人机床上下料工作站系统的安装与调试主要步骤	正确表述得10分，其他酌情扣分	10		
2	学习过程	1. 根据工作站的设计方案及仿真项目，编写工作站的PLC程序 2. 将仿真项目中的机器人程序导出并重新示教点位 3. 根据任务要求完成工业机器人机床上下料工作站系统的人机交互界面开发 4. 根据任务要求完成工业机器人机床上下料工作站系统的电气接线 5. 根据任务要求完成工业机器人机床上下料工作站系统的联调	1. 根据工作站的设计方案及仿真项目，编写工作站的PLC程序得8分，其他酌情扣分 2. 能够将仿真项目中的机器人程序导出并重新示教点位得8分，其他酌情扣分 3. 能够根据任务要求完成工业机器人机床上下料工作站系统的人机交互界面开发得8分，其他酌情扣分 4. 能够根据任务要求完成工业机器人机床上下料工作站系统的电气接线得8分，其他酌情扣分 5. 能够根据任务要求完成工业机器人机床上下料工作站系统的联调得8分，其他酌情扣分	40		
3	应用拓展	1. 请描述PLC程序中用于进行安全防护的程序功能 2. 在工业机器人上下料工作站中，机器人、PLC、机床是如何进行通信的	1. 制作相关的PPT并展示得30分 2. 熟练表达、思路清晰得10分	40		
4	团队协作	1. 在学习和应用拓展过程中，团队能够配合紧密 2. 能发挥自己在团队中的作用	1. 团队配合不紧密，扣10分。 2. 未实现充分的团队合作，扣10分	10		
备注			合计	100		
	小组成员签名					
	教师签名					
	日期					

任务工单 2.6 典型工业机器人机床上下料工作站系统技术交底材料的整理和编写

工作任务		典型工业机器人机床上下料工作站系统技术交底材料的整理和编写					
姓名		班级		学号		日期	

任务情景

根据已有所有任务的材料,完成工业机器人机床上下料工作站系统技术交底材料的整理和编写。

任务目标

能力目标:
1. 能够根据任务要求完成工业机器人机床上下料工作站系统技术交底材料的整理。
2. 能够编写工业机器人机床上下料工作站系统的使用说明书。

知识目标:
1. 掌握工业机器人机床上下料工作站系统技术交底材料的整理方法。
2. 掌握工业机器人机床上下料工作站系统使用说明书的编写方法。

素质目标:
1. 养成严谨、全面、规范、标准、熟练的工作态度和工作作风。
2. 具备善于观察、总结归纳的能力。

任务要求

1. 整理有关工业机器人机床上下料工作站系统有关的资料。
2. 了解工业机器人机床上下料工作站系统的操作说明书中包含的内容、目录。
3. 编写工业机器人机床上下料工作站系统的操作说明书。

获取信息

认真阅读任务要求,以理解工作任务内容、明确工作任务的目标,为顺利完成工作任务、回答引导问题,做好充分的知识准备、技能准备和工具耗材的准备,同时拟订任务实施计划。

引导问题 1:

技术交底材料包含哪些项目材料?

工作计划

1. 组员分工

班级		组号		分工
组长		学号		
组员		学号		
组员		学号		
组员		学号		

2. 工具材料清单

序号	工具或材料名称	型号规格	数量	备注

3. 工序步骤安排

序号	工作内容	计划用时	备注

任务成果

1. 各小组派代表阐述技术交底材料包含的项目材料要素。
2. 各小组对其他组的交底材料项目要素提出自己的看法。
3. 教师对各小组完成的方案进行点评,并选出最佳的。

工作实施

引导问题2:

工作站的使用说明书的编写要素有哪些?该如何编写工作站的使用说明书?

评价反馈

评 分 表

序号	主要内容	考核要求	评分标准	配分	扣分	得分
1	前期准备	能说出技术交底材料包含的项目材料要素	正确表述得10分,其他酌情扣分	10		
2	学习过程	1. 能够根据任务要求整理技术交底材料 2. 能够根据任务要求编写工作站的使用说明书	1. 能够根据任务要求整理技术交底材料得20分,其他酌情扣分 2. 能够根据任务要求编写工作站的使用说明书得20分,其他酌情扣分	40		
3	应用拓展	1. 请你编写一份使用工业机器人机床上下料仿真工作站的使用说明书,并将仿真工作站的运行流程录制视频 2. 请你将工业机器人机床上下料仿真工作站的实际接线图拍照存档至技术交底材料中	1. 制作相关的PPT并展示得30分 2. 熟练表达、思路清晰得10分	40		
4	团队协作	1. 在学习和应用拓展过程中,团队能够配合紧密 2. 能发挥自己在团队中的作用	1. 团队配合不紧密,扣10分 2. 未实现充分的团队合作,扣10分	10		
备注			合计	100		

小组成员签名	
教师签名	
日期	

项目 3　典型工业机器人搬运工作站系统的设计及应用

任务工单 3.1　典型工业机器人搬运工作站系统的工艺要求分析及硬件选型

工作任务	典型工业机器人搬运工作站系统的工艺要求分析及硬件选型						
姓名		班级		学号		日期	

🎬 任务情景

某汽车企业在汽车门饰板生产中使用人工完成搬运任务效率低，无法满足当前生产要求，需要更快、更方便实惠的生产设备，实现生产自动化。根据工业机器人搬运工作站系统生产工艺分析结果，对搬运系统的工业机器人、PLC、变频器、触摸屏等主要硬件进行选型。

📑 任务要求

根据任务要求，正确选择工业机器人的型号，描述工业机器人使用场合及自由度、有效负载和最大动作范围、重复定位精度等参数信息。正确选择 PLC 的型号、输入输出点、I/O 模块。描述搬运工作站其他硬件设备的作用及功能。

📖 获取信息

认真阅读任务要求，以理解工作任务内容、明确工作任务的目标，为顺利完成工作任务、回答引导问题，做好充分的知识准备、技能准备和工具耗材的准备，同时拟订任务实施计划。

❓ 引导问题 1：

请补全如图 3-1 所示 FANUC M-10iA 机器人的参数。

标准轴数：_____

手臂负载：_____

操作半径：_____

重复精度：_____

图 3-1　FANUC M-10iA 机器人

❓引导问题 2：
请写出单站运行工作流程（单周期）。

❓引导问题 3：
请补全如图 3-2 所示 FANUC 机器人的有效负载和最大动作范围。

M-10iA	M-10iA/6L	M-20iA	M-20iA/10L

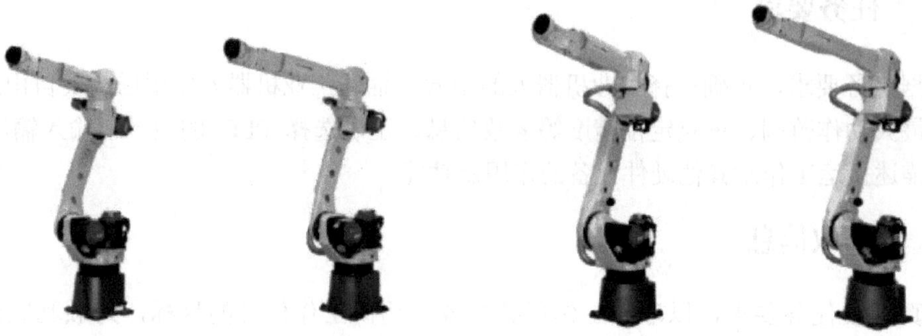

图 3-2　FANUC 机器人

❓引导问题 4：
进行工业机器人选型时，主要考虑哪些参数？

❓ 引导问题 5：
请根据 1214C-CPU 技术规范，选择本项目最适合的 PLC 型号。

❓ 引导问题 6：
选择本项目最适合的输入、输出模块。

🛠️ 工作计划

1. 组员分工

班级		组号		分工
组长		学号		
组员		学号		
组员		学号		
组员		学号		

2. 工具材料清单

序号	工具或材料名称	型号规格	数量	备注

3. 工序步骤安排

序号	工作内容	计划用时	备注

任务成果

1. 各小组派代表阐述本组在工业机器人搬运工作站对主要硬件及软件的选择方案。
2. 各小组对其他组的方案提出自己的看法。
3. 教师对各小组完成的方案进行点评,并选出最佳方案。

工作实施

引导问题 7:

请每个小组写出工业机器人搬运工作站主要硬件、软件的数量及型号选择方案。

评价反馈

评 分 表

序号	主要内容	考核要求	评分标准	配分	扣分	得分
1	前期准备	能说出工业机器人搬运工作站系统运行流程	正确表述得10分,其他酌情扣分	10		
2	学习过程	1. 掌握工业机器人搬运工作站的硬件选型 2. 掌握工业机器人搬运工作站的软件选型 3. 写出工业机器人搬运工作站主要硬件、软件的数量及型号选择方案	1. 正确写出工业机器人搬运工作站的硬件型号及数量得20分,其他酌情扣分 2. 正确写出工业机器人搬运工作站的软件得20分,其他酌情扣分	40		
3	应用拓展	通过书籍、网络等渠道,写出所有硬件设备参数	1. 参数符合选型要求得20分 2. 硬件设备满足工业机器人搬运工作站系统要求得10分 3. 熟练表达、思路清晰得10分	40		
4	团队协作	1. 在学习和应用拓展过程中,团队能够配合紧密 2. 能发挥自己在团队中的作用	1. 团队配合不紧密,扣10分 2. 未实现充分的团队合作,扣10分	10		
备注			合计	100		
	小组成员签名					
	教师签名					
	日期					

任务工单 3.2　典型工业机器人搬运工作站系统设计方案的编写

工作任务			典型工业机器人搬运工作站系统设计方案的编写				
姓名		班级		学号		日期	

📽 任务情景

工业机器人搬运工作站系统能实现机器人对汽车门饰板的高效搬运，一个好的设计方案能加快实现搬运工作站的生产，该设计方案包括工作站的简介及布局、搬运工件说明、搬运动作流程、搬运工作站主要设备清单等内容，请根据搬运系统要求编写出设计方案。

📐 任务要求

在项目实施的过程中，一个好的设计方案对于项目的推进和实施有着重要的意义和作用。必须要编写设计方案交给客户，设计方案必须详细地叙述出项目实施的优势、项目能够给企业带来的利益和生产率的提升、项目实施过程中的设备选型和布局、项目的工程预算等。

📖 获取信息

认真阅读任务要求，以理解工作任务内容、明确工作任务的目标，为顺利完成工作任务、回答引导问题，做好充分的知识准备、技能准备和工具耗材的准备，同时拟订任务实施计划。

❓ 引导问题 1：

工业机器人搬运工作站方案的结构和要素有什么？

❓ 引导问题 2：

简述汽车门饰板材料的规格。

❓ 引导问题3：
请绘制出工业机器人搬运工作站的动作流程。

❓ 引导问题4：
工业机器人搬运工作站设备及软件清单包括哪些？

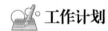 工作计划

1. 组员分工

班级		组号		分工
组长		学号		
组员		学号		
组员		学号		
组员		学号		

2. 工具材料清单

序号	工具或材料名称	型号规格	数量	备注

3. 工序步骤安排

序号	工作内容	计划用时	备注

任务成果

1. 各小组派代表阐述搬运工作站设计方案。
2. 各小组对其他组的设计方案提出自己的看法。
3. 教师对各小组完成的方案进行点评,并选出最佳方案。

工作实施

引导问题 5:

请写出工业机器人搬运工作站硬件设备介绍。

评价反馈

评 分 表

序号	主要内容	考核要求	评分标准	配分	扣分	得分
1	前期准备	能说出工业机器人搬运工作站系统设计方案的编写要求	正确表述得 10 分,其他酌情扣分	10		
2	学习过程	掌握工业机器人搬运工作站的设计方案编写	正确表述搬运工作站的设计方案的编写要求得 40 分,其他酌情扣分	40		
3	应用拓展	编写出其他搬运工作站的设计方案	1. 编写内容符合设计方案要求得 20 分 2. 编写设计方案能介绍搬运工作站的布局得 10 分 3. 熟练表达、思路清晰得 10 分	40		
4	团队协作	1. 在学习和应用拓展过程中,团队能够配合紧密 2. 能发挥自己在团队中的作用	1. 团队配合不紧密,扣 10 分 2. 未实现充分的团队合作,扣 10 分	10		
备注			合计	100		
	小组成员签名					
	教师签名					
	日期					

任务工单 3.3　典型工业机器人搬运工作站系统施工图的设计及建模

工作任务	典型工业机器人搬运工作站系统施工图的设计及建模					
姓名		班级		学号		日期

任务情景

根据工业机器人搬运工作站系统设计方案,设计工业机器人搬运工作站的布局图、系统框图,并对搬运及点焊手爪、平台夹具设计、料架等非标零部件进行建模。

任务要求

在项目实施的过程中,当完成方案设计和设备选型以后,在具体生产、安装和调试阶段,往往需要一个团队来完成,负责设计和施工的人员并不一定是同一人或同一小组,因此必须先设计出相关非标产品的图样和工作站系统的施工图,才能便于后续具体项目实施。本任务需设计的图样如下:

1) 设备布局图。
2) 系统框图。
3) 非标件工程图。

获取信息

认真阅读任务要求,以理解工作任务内容、明确工作任务的目标,为顺利完成工作任务、回答引导问题,做好充分的知识准备、技能准备和工具耗材的准备,同时拟订任务实施计划。

引导问题 1:

请补全如图 3-3 所示工业机器人搬运工作站布局图各部分名称。

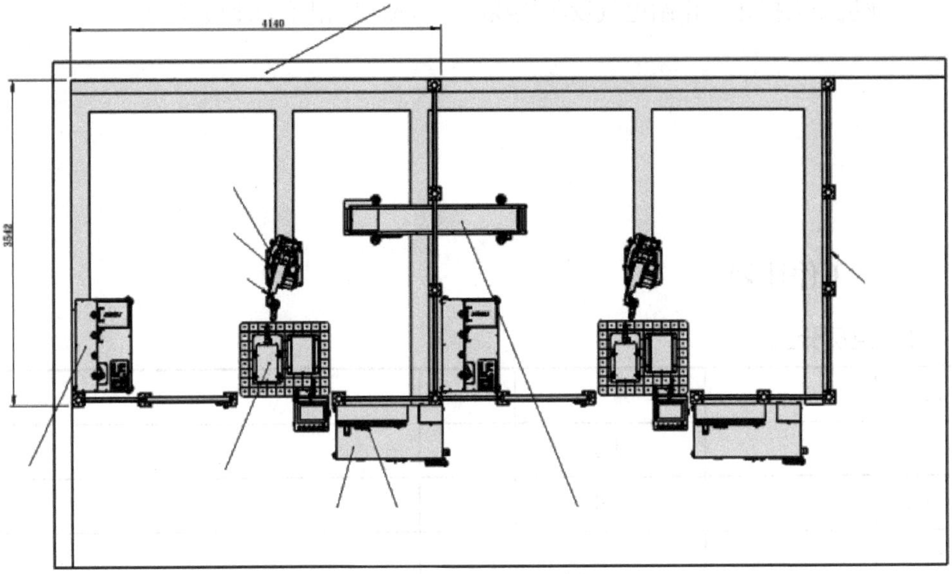

图 3-3 工业机器人搬运工作站布局图

❓ 引导问题 2：

工业机器人搬运工作站布局中包括什么设备？

❓ 引导问题 3：

请补全如图 3-4 所示 FANUC 工业机器人搬运工作站系统框图。

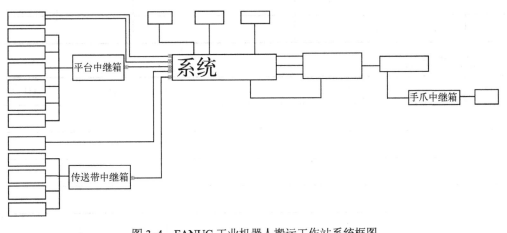

图 3-4 FANUC 工业机器人搬运工作站系统框图

? 引导问题 4:

工业机器人搬运工作站电气设备接线的电气原理图由什么构成?

工作计划

1. 组员分工

班级		组号		分工	
组长		学号			
组员		学号			
组员		学号			
组员		学号			

2. 工具材料清单

序号	工具或材料名称	型号规格	数量	备注

3. 工序步骤安排

序号	工作内容	计划用时	备注

任务成果

1．各小组派代表展示本组设计的其他非标零部件。
2．各小组对其他组的设计方案提出自己的看法。
3．教师各小组的设计进行点评，并选出最佳设计。

工作实施

引导问题5：
根据工业机器人搬运工作站系统电路原理，选择熟悉的软件绘制电路图。

引导问题6：
使用建模软件设计工业机器人搬运工作站非标零部件。

评价反馈

评 分 表

序号	主要内容	考核要求	评分标准	配分	扣分	得分
1	前期准备	1．能选择正确的工程软件 2．表述工业机器人搬运工作站系统施工工艺流程	正确表述得10分，其他酌情扣分	10		
2	学习过程	1．掌握电气原理图的绘制 2．掌握零件图形的绘制方法 3．能写出各部分电气原理	1．正确使用软件绘制电气原理图得20分，其他酌情扣分 2．正确写出工业机器人搬运工作站的工艺流程得20分，其他酌情扣分	40		
3	应用拓展	使用软件绘制工业机器人搬运工作站其他设备零件图	1．零件绘制正确得30分 2．熟练绘制、思路清晰得10分	40		
4	团队协作	1．在学习和应用拓展过程中，团队能够配合紧密 2．能发挥自己在团队中的作用	1．团队配合不紧密，扣10分 2．未实现充分的团队合作，扣10分	10		
备注			合计	100		
	小组成员签名					
	教师签名					
	日期					

任务工单 3.4　典型工业机器人搬运工作站系统的仿真

工作任务		典型工业机器人搬运工作站系统的仿真					
姓名		班级		学号		日期	

🎬 任务情景

在软件上对生产工艺进行模拟仿真，软件使用 FANUC 机器人配套的仿真软件 ROBOGUIDE。

📐 任务要求

通过任务学习，能够使用仿真软件对工业机器人搬运工作站进行布局、设置仿真设备的参数、编写工业机器人控制程序、调试工业机器人搬运工作站仿真搬运程序。

📖 获取信息

认真阅读任务要求，以理解工作任务内容、明确工作任务的目标，为顺利完成工作任务、回答引导问题，做好充分的知识准备、技能准备和工具耗材的准备，同时拟订任务实施计划。

❓ 引导问题 1：

导入机器人第 6 轴上的手爪步骤是什么？

1）在 Cell Browser（目录树）上找到_____，选中"GP:1-M-10iA/12"单击"TOOL（工具）"菜单，_____，弹出相应的对话框。

2）在"General"选项卡中，单击_____菜单后，找到模型存放的路径，选中"过曲线手爪.IGS"并应用，即可把已经设计好的手爪模型调入到机器人第 6 轴法兰盘上。

3）调出手爪后发现其位置并不准确，选中手爪，拖动手爪中绿色的_____坐标系，调整手爪位置，使其和第 6 轴法兰盘位置相互对接。

❓ 引导问题 2：

在"Add Fixture"中可以对添加物体进行_____、_____、_____等功能的设置及修改。

❓ 引导问题 3：

添加运动部件的方法是什么？

1）打开_____面板。

2）右键单击_____，选择_____，出现 7 个选项，选择第三个选项_____。

3）在弹出的对话框中选择需要添加的_____。

4）选择焊接平台 1，单击右键，_____。

5）在弹出的"添加 Link"对话框中，选择需要添加的_____。

❓ 引导问题 4：

设置运动部件时，Rotary 表示_____，单位是_____。Linear 表示_____，单位是_____。

❓ 引导问题 5：

图 3-5 所示的"Link1.输送线"对话框中每个参数代表什么含义？

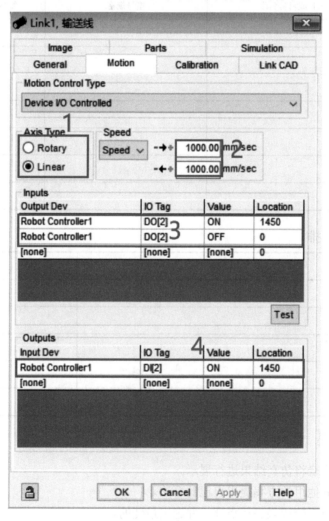

图 3-5 "Link1.输送线"对话框

工作计划

1. 组员分工

班级		组号		分工
组长		学号		
组员		学号		
组员		学号		
组员		学号		

2. 工具材料清单

序号	工具或材料名称	型号规格	数量	备注

3. 工序步骤安排

序号	工作内容	计划用时	备注

任务成果

1. 各小组派代表将仿真结果进行展示。
2. 各小组对其他组的方案提出自己的看法。
3. 教师对各小组的成果进行点评,并选出最佳的。

工作实施

引导问题 6：

根据工业机器人搬运工作站系统工艺要求，在工业机器人仿真软件 ROBOGUIDE 中编写仿真程序并进行调试。

评价反馈

评 分 表

序号	主要内容	考核要求	评分标准	配分	扣分	得分
1	前期准备	1. 能正确选用仿真软件需要导入的文件 2. 能创建工业机器人搬运工作站仿真布局	1. 导入文件选择正确得 4 分，其他酌情扣分 2. 仿真布局符合实际要求，仿真正确得 6 分	10		
2	学习过程	1. 能正确设置运动部件参数 2. 能编写仿真控制程序	1. 正确设置运动部件参数得 20 分，其他酌情扣分 2. 正确写出仿真控制程序得 20 分，其他酌情扣分	40		
3	应用拓展	仿真调试，调试结果满足工业机器人搬运工作站工艺要求	1. 仿真过程中出现碰撞扣 10～40 分 2. 调试结果与工艺要求不符合每次扣 5 分	40		
4	团队协作	1. 在学习和应用拓展过程中，团队能够配合紧密 2. 能发挥自己在团队中的作用	1. 团队配合不紧密，扣 10 分 2. 未实现充分的团队合作，扣 10 分	10		
备注			合计	100		

小组成员签名

教师签名

日期

任务工单 3.5　典型工业机器人搬运工作站视觉系统的调试

工作任务		典型工业机器人搬运工作站视觉系统的调试					
姓名		班级		学号		日期	

📽 任务情景

某汽车企业在汽车产品成品检测方面一直采用人工检测，长时间检测易使工人疲劳、检测质量下降。现在需要改进生产，采用 OMRON 视觉系统进行产品检测，请设计出 OMRON 视觉系统检测被测对象，对指定颜色的标签进行计数，计算指定标签号的面积、重心位置的流程，并实现与 PLC 进行数据通信。

📝 任务要求

1）完成视觉检测参数的设置。
2）完成视觉检测系统的通信设置。
3）编写 PLC 通信程序。
4）调试视觉通信，得出正确结果。

📖 获取信息

认真阅读任务要求，以理解工作任务内容、明确工作任务的目标，为顺利完成工作任务、回答引导问题，做好充分的知识准备、技能准备和工具耗材的准备，同时拟订任务实施计划。

❓ 引导问题 1：

1．机器视觉是一门涉及_____、_____、_____、_____、_____、模式识别等诸多领域的交叉学科。
2．机器视觉由三部分组成，分别是_____、_____、_____。
3．一个典型的光学系统包括_____、_____、_____。
4．图像处理系统包括_____和_____。
5．机器视觉的主要应用领域有_____、_____、_____。
6．机器视觉系统的工作流程是什么？

❓ 引导问题 2：

简述机器视觉可以实现的 4 大项功能。

❓ 引导问题 3：
OMRON FH-L550 系统可以实现哪几种通信方式？

❓ 引导问题 4：
请写出视觉系统通信代码的命令格式及功能。

命令格式	功能	响应格式
		OK
		OK
		OK + 测量结果

🛠 工作计划

1. 组员分工

班级		组号		分工
组长		学号		
组员		学号		
组员		学号		
组员		学号		

2. 工具材料清单

序号	工具或材料名称	型号规格	数量	备注

3. 工序步骤安排

序号	工作内容	计划用时	备注

📚 任务成果

1. 各小组派代表将通信结果及过程进行展示。
2. 各小组对其他组的回答提出自己的看法。
3. 教师对各组的回答进行点评,并选出最佳的。

🔧 工作实施

❓ 引导问题 5：

根据工业机器人搬运工作站系统工艺要求,完成对工件的视觉检测流程设计并给出视觉检测结果。

🖥️ 评价反馈

评 分 表

序号	主要内容	考核要求	评分标准	配分	扣分	得分
1	前期准备	1．能说出机器视觉的结构 2．能说出机器视觉可以实现的内容及应用领域	1．正确出机器视觉的结构得 4 分,其他酌情扣分 2．正确出机器视觉可以实现的内容及应用领域得 6 分	10		
2	学习过程	1．能正确设置视觉与 PLC 通信参数 2．能设计视觉检测流程	1．正确设置视觉与 PLC 通信参数得 20 分,其他酌情扣分 2．正确设计视觉检测流程得 20 分,其他酌情扣分	40		
3	应用拓展	设计其他内容的视觉检测流程满足工业机器人搬运工作站工艺要求	1．视觉检测流程设计错误扣 10～40 分 2．视觉检测结果无法与 PLC 通信扣 20 分	40		
4	团队协作	1．在学习和应用拓展过程中,团队能够配合紧密 2．能发挥自己在团队中的作用	1．团队配合不紧密,扣 10 分 2．未实现充分的团队合作,扣 10 分	10		
备注			合计	100		

小组成员签名	
教师签名	
日期	

任务工单 3.6 典型工业机器人搬运工作站系统的安装、调试及 PLC 程序编写

工作任务			典型工业机器人搬运工作站系统的安装、调试及 PLC 程序编写			
姓名		班级		学号		日期

 任务情景

根据要求对该工业机器人搬运工作站系统进行安装与调试,并完成 PLC 程序的编程工作。

 任务要求

任务 3.4 完成了工业机器人搬运工作站系统的仿真,验证了搬运工作站实际工作的可执行性,通过软件仿真对工业机器人搬运工作站提出修改意见并及时调整。在完成了系统的仿真后可进入工作站的安装与调试环节,应基于前期设计好的相关施工图样进行规范施工。本项目应首先完成搬运工作站的硬件安装与调试,再按照搬运工作站的工艺要求编写 PLC 控制程序并设计组态人机交互界面并编写视觉检测流程,最后进行系统的联调。

 获取信息

认真阅读任务要求,以理解工作任务内容、明确工作任务的目标,为顺利完成工作任务、回答引导问题,做好充分的知识准备、技能准备和工具耗材的准备,同时拟订任务实施计划。

引导问题 1:
调试准备工作包括什么?

引导问题 2:
工业机器人外部自动运行条件是什么?

引导问题 3:
在编程、安装接线、程序下载、调试中出现了哪些问题?如何解决?

❓ 引导问题 4：
谈谈完成本次实训的心得体会。

❓ 引导问题 5：
调试工业机器人搬运工作站需要注意什么？

🛠️ 工作计划

1. 组员分工

班级		组号		分工
组长		学号		
组员		学号		
组员		学号		
组员		学号		

2. 工具材料清单

序号	工具或材料名称	型号规格	数量	备注

3. 工序步骤安排

序号	工作内容	计划用时	备注

任务成果

1. 各小组派代表对 PLC 程序及触摸屏组态进行展示。
2. 各小组对其他组的设计方案提出自己的看法。
3. 教师对各组完成的方案进行点评，并选出最佳方案。

工作实施

引导问题 6：

根据工业机器人搬运系统工艺要求，完成 PLC 程序的编写及触摸屏组态。

评价反馈

评 分 表

序号	主要内容	考核要求	评分标准	配分	扣分	得分
1	前期准备	1. 能正确选用安装工具 2. 能选用适合编程与组态的软件	1. 安装工具选择错误每个扣2分 2. 编程软件选择错误扣5分	10		
2	学习过程	1. 能正确安装工业机器人搬运工作站硬件设备 2. 能按照工艺要求编写控制程序及触摸屏组态	1. 硬件设备安装错误每处扣5分 2. 工业机器人搬运工作站系统报警程序错误每个扣2分 3. 工业机器人搬运工作站系统缺少一个功能扣5分 4. 触摸屏功能缺少一个扣5分 5. 触摸屏有组态，无功能每个扣2分	40		
3	应用拓展	1. 能调试工业机器人搬运工作站 PLC 程序 2. 能调试触摸屏组态	1. 调试过程出现安全事故扣10～40分 2. 程序无法实现扣40分 3. 不会调试程序扣20分 4. 不会调试触摸屏组态扣20分	40		
4	团队协作	1. 在学习和应用拓展过程中，团队能够配合紧密 2. 能发挥自己在团队中的作用	1. 团队配合不紧密，扣10分 2. 未实现充分的团队合作，扣10分	10		
备注			合计	100		

小组成员签名	
教师签名	
日期	

任务工单 3.7 典型工业机器人搬运工作站系统技术交底材料的整理和编写

工作任务	典型工业机器人搬运工作站系统技术交底材料的整理和编写					
姓名		班级		学号		日期

任务情景

由于需要提供给汽车生产企业关于该工业机器人搬运工作站的技术资料,因此本任务是完成该工作站的技术交底材料的整理与编写工作。

任务要求

请根据工艺要求完成工业机器人搬运工作站操作说明书、全套图样、设备程序及设备说明书等。

获取信息

认真阅读任务要求,以理解工作任务内容、明确工作任务的目标,为顺利完成工作任务、回答引导问题,做好充分的知识准备、技能准备和工具耗材的准备,同时拟订任务实施计划。

引导问题 1:

工业机器人搬运工作站常见的技术交底材料主要包括什么?

引导问题 2:

简述工作站涉及的图样有哪些。

引导问题 3:

为什么需要编写搬运工作站操作说明书?

引导问题 4:
搬运工作站操作说明书主要为了解决什么问题?

工作计划

1. 组员分工

班级		组号		分工
组长		学号		
组员		学号		
组员		学号		
组员		学号		

2. 工具材料清单

序号	工具或材料名称	型号规格	数量	备注

3. 工序步骤安排

序号	工作内容	计划用时	备注

任务成果

1. 各小组派代表阐述搬运工作站说明书编写方案。
2. 各小组对其他组的设计方案提出自己的看法。
3. 教师对各小组完成的方案进行点评,并选出最佳方案。

工作实施

引导问题 5:
按照工业机器人搬运工作站系统的作用,编写说明书。

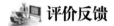 **评价反馈**

评 分 表

序号	主要内容	考核要求	评分标准	配分	扣分	得分
1	前期准备	能说出技术交底材料的编写要求	正确表述得 10 分，其他酌情扣分	10		
2	学习过程	1. 掌握技术交底材料的编写要求 2. 正确编写指定内容交底材料	1. 正确表述技术交底材料的编写要求得 20 分，其他酌情扣分 2. 编写出指定内容交底材料得 20 分，其他酌情扣分	40		
3	应用拓展	编写出其他技术交底材料	1. 编写内容符合技术交底要求得 20 分 2. 编写的技术交底材料能说明工作站的原理及操作方法得 20 分 3. 熟练表达、思路清晰	40		
4	团队协作	1. 在学习和应用拓展过程中，团队能够配合紧密 2. 能发挥自己在团队中的作用	1. 团队配合不紧密，扣 10 分 2. 未实现充分的团队合作，扣 10 分	10		
备注			合计	100		
	小组成员签名					
	教师签名					
	日期					

项目 4 典型工业机器人弧焊工作站系统的设计及应用

任务工单 4.1 典型工业机器人弧焊工作站系统工艺要求分析及硬件选型

工作任务	典型工业机器人弧焊工作站系统工艺要求分析及硬件选型					
姓名		班级		学号		日期

任务情景

焊接车间需要把两块尺寸为 50mm×200mm×3mm 的 Q235 钢材,通过 I 形对接焊接方式进行焊接,焊接的位置是水平焊。

技术要求如下:

1)采用 CO_2 作为保护气体,使用 ϕ1.0mm 的 H08Mn2SiA 焊丝,通过在线示教编程操作机器人完成焊接作业。

2)焊缝外观质量要求见下表。

检查项目	标准值	检查项目	标准值
焊缝余高/mm	0~2	焊缝高低差/mm	0~1
焊缝宽度/mm	4~6	错边量/mm	0~1
焊缝宽窄差/mm	0~1	角变形/(°)	0~3
咬边/mm	深度≤0.5,长度≤15	焊缝外观成形	波纹均匀整齐,焊缝成形良好

任务目标

能力目标:

1. 能说出弧焊机器人的工艺要求。
2. 能选择合适的弧焊机器人。

知识目标:

1. 了解弧焊机器人的特点。
2. 熟悉弧焊机器人的工艺要求分析。
3. 熟悉弧焊机器人的硬件依据。

素质目标:

1. 具有一定的全局观念,养成信息收集和处理能力,分析和解决问题能力及交流合作能力。
2. 引导学生树立职业理想,增强学生的家国情怀。

任务要求

完成两块尺寸为 50mm×200mm×3mm 的 Q235 钢板的焊接任务,技术要求见学习情景。

 获取信息

认真阅读任务要求,以理解工作任务内容、明确工作任务的目标,为顺利完成工作任务、回答引导问题,做好充分的知识准备、技能准备和工具耗材的准备,同时拟订任务实施计划。

引导问题 1:

简述弧焊机器人的特点。

引导问题 2:

简述弧焊机器人的工艺分析要点。

引导问题 3:

简述弧焊机器人的硬件选择要点。

 工作计划

1. 组员分工

班级		组号		分工	
组长		学号			
组员		学号			
组员		学号			
组员		学号			

2. 工具材料清单

序号	工具或材料名称	型号规格	数量	备注

3. 工序步骤安排

序号	工作内容	计划用时	备注

任务成果

1. 各小组派代表阐述工艺流程和选型报告。
2. 各小组对其他组的回答提出自己的看法。
3. 教师对各小组的回答进行点评,并选出最佳的。

工作实施

引导问题 4:

按照任务要求,进行工艺分析、硬件选择及程序编写。

评价反馈

评 分 表

序号	主要内容	考核要求	评分标准	配分	扣分	得分
1	前期准备	能说出弧焊机器人工作站的组成	正确表述得 10 分,其他酌情扣分	10		
2	学习过程	1. 熟悉弧焊机器人工作站的工艺分析要点 2. 熟悉弧焊机器人工作站的硬件选择要点	1. 正确表述机器人的工艺分析和硬件选得 20 分,其他酌情扣分 2. 正确表述《中国制造 2025》战略得 20 分,其他酌情扣分	40		
3	应用拓展	1. 拓展认识弧焊机器人的发展趋势 2. 拓展认识弧焊机器人在生产中的应用	1. 制作相关的 PPT 并展示得 30 分 2. 熟练表达、思路清晰得 10 分	40		
4	团队协作	1. 在学习和应用拓展过程中,团队能够配合紧密 2. 能发挥自己在团队中的作用	1. 团队配合不紧密,扣 10 分 2. 未实现充分的团队合作,扣 10 分	10		
备注			合计	100		
	小组成员签名					
	教师签名					
	日期					

任务工单 4.2　典型工业机器人弧焊工作站系统设计方案的编写

工作任务	典型工业机器人弧焊工作站系统设计方案的编写					
姓名		班级		学号		日期

 任务情景

工业机器人弧焊工作站系统的目标是高效实现用机器人完成全封闭压力容器的焊接,一个好的设计方案能加快实现弧焊工作站的生产。工业机器人弧焊工作站的设计方案包括工作站的简介、弧焊工件说明、弧焊工作站设备清单、工作流程等内容。

任务目标

能力目标：
1. 根据工业机器人弧焊工作站要求编写设备清单。
2. 根据工艺要求说明工作流程及控制要求。
3. 能够设计工业机器人弧焊工作站的整体方案。

知识目标：
1. 熟知工业机器人弧焊工作站的简介及布局。
2. 熟知工业机器人弧焊工作站的工作流程及控制要求。
3. 了解工业机器人弧焊工作站的主要设备清单。
4. 掌握整体设计方案的编写方法。

素质目标：
1. 养成良好的自主学习习惯。
2. 增强团队协作精神。

 任务要求

请根据工艺要求完成工业机器人弧焊工作站设计工作。

 获取信息

认真阅读任务要求,以理解工作任务内容、明确工作任务的目标,为顺利完成工作任务、回答引导问题,做好充分的知识准备、技能准备和工具耗材的准备,同时拟订任务实施计划。

引导问题 1：
工业机器人焊接工作站主要由什么组成？

引导问题 2：
简述工业机器人弧焊工作站布局如何设计。

引导问题 3：
简述工业机器人弧焊工作站的主要设备清单。

引导问题 4：
根据工艺要求说明工作流程及控制要求。

工作计划

1. 组员分工

班级		组号		分工
组长		学号		
组员		学号		
组员		学号		
组员		学号		

2. 工具材料清单

序号	工具或材料名称	型号规格	数量	备注

3. 工序步骤安排

序号	工作内容	计划用时	备注

任务成果

1. 各小组派代表阐述设计方案。
2. 各小组对其他组的设计方案提出自己的看法。
3. 教师对各小组完成的方案进行点评，并选出最佳方案。

工作实施

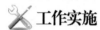 **引导问题 5：**

按照自己的理解设计工业机器人弧焊工作站的整体方案。

评价反馈

评 分 表

序号	主要内容	考核要求	评分标准	配分	扣分	得分
1	前期准备	能说出工业机器人弧焊工作站的主要设备清单	正确表述得 10 分，其他酌情扣分	10		
2	学习过程	简述工业机器人弧焊工作站简介及布局	正确表述工业机器人弧焊工作站简介及布局得 40 分，其他酌情扣分	40		
3	应用拓展	1. 拓展查找多种布局及设计方案 2. 拓展认识焊接工作站不同的设备如何进行不同的布局	1. 制作相关的 PPT 并展示得 30 分 2. 熟练表达、思路清晰得 10 分	40		
4	团队协作	1. 在学习和应用拓展过程中，团队能够配合紧密 2. 能发挥自己在团队中的作用	1. 团队配合不紧密，扣 10 分 2. 未实现充分的团队合作，扣 10 分	10		
备注			合计	100		
	小组成员签名					
	教师签名					
	日期					

任务工单 4.3　典型工业机器人弧焊工作站系统施工图的设计及建模

工作任务		典型工业机器人弧焊工作站系统施工图的设计及建模					
姓名		班级		学号		日期	

📽 任务情景

通过 SolidWorks 或者 NX 软件为典型工业机器人弧焊工作站系统施工图建模，了解工业机器人弧焊工作站系统施工工艺流程，编写工业机器人弧焊工作站系统施工图的设计选型方案，掌握电气原理图方案设计知识。

🎯 任务目标

能力目标：
1. 能够根据工艺要求选择合适的软件完成建模。
2. 能编写工业机器人弧焊工作站系统施工图的设计选型方案。

知识目标：
1. 掌握利用 SolidWorks 或者 NX 软件为典型工业机器人弧焊工作站系统施工图建模的方法。
2. 了解工业机器人弧焊工作站系统施工工艺流程。
3. 熟知电气原理图方案设计知识。

素质目标：
1. 养成一丝不苟、精益求精的工匠精神。
2. 树立正确职业理想，做好人生规划。

📋 任务要求

通过机器人弧焊工作站布置图，认识工业机器人弧焊工作站。

📚 获取信息

认真阅读任务要求，以理解工作任务内容、明确工作任务的目标，为顺利完成工作任务、回答引导问题，做好充分的知识准备、技能准备和工具耗材的准备，同时拟订任务实施计划。

❓ 引导问题 1：

简述建模的过程。

❓ **引导问题 2：**
简述工业机器人弧焊工作站系统施工工艺流程。

❓ **引导问题 3：**
简述编写工业机器人弧焊工作站系统施工图的设计选型方案的步骤。

❓ **引导问题 4：**
简述识读电气原理图的基本方法。

 工作计划

1. 组员分工

班级		组号		分工
组长		学号		
组员		学号		
组员		学号		
组员		学号		

2. 工具材料清单

序号	工具或材料名称	型号规格	数量	备注

3．工序步骤安排

序号	工作内容	计划用时	备注

任务成果

1．各小组派代表阐述施工图中涵盖的设计元素有哪些。
2．各小组对其他组的设计元素提出自己的看法。
3．教师对各小组的回答进行点评，并选出最佳的。

工作实施

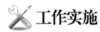引导问题 5：

按照电气原理图，识读电源部分电路图。

评价反馈

评 分 表

序号	主要内容	考核要求	评分标准	配分	扣分	得分
1	前期准备	能说出工业机器人弧焊工作站系统施工工艺流程	正确表述得 10 分，其他酌情扣分	10		
2	学习过程	1．熟悉建模的过程 2．熟悉工业机器人弧焊工作站系统施工图的设计选型	1．正确表述得 20 分，其他酌情扣分 2．正确表述得 20 分，其他酌情扣分	40		
3	应用拓展	1．拓展认识电气图数字输入输出图样 2．拓展认识电气原理图其他部分的知识	1．制作相关的 PPT 并展示得 30 分 2．熟练表达、思路清晰得 10 分	40		
4	团队协作	1．在学习和应用拓展过程中，团队能够配合紧密 2．能发挥自己在团队中的作用	1．团队配合不紧密，扣 10 分 2．未实现充分的团队合作，扣 10 分	10		
备注			合计	100		
	小组成员签名					
	教师签名					
	日期					

任务工单 4.4　典型工业机器人弧焊工作站系统的仿真

工作任务		典型工业机器人弧焊工作站系统的仿真					
姓名		班级		学号		日期	

任务情景

在仿真软件上对生产工艺进行模拟仿真，写出程序并进行仿真调试。

任务目标

能力目标：

1. 能按照工艺要求和规范进行弧焊机器人工作站程序的编写。
2. 能正确导入、导出工业机器人仿真程序。
3. 能够导入工业机器人弧焊工作站仿真布局。

知识目标：

1. 掌握利用 SolidWorks 或者 NX 软件为实训室工业机器人弧焊工作站系统建模。
2. 了解工业机器人弧焊工作站系统布局以及施工工艺流程。
3. 掌握工业机器人弧焊工作站电气原理图方案设计相关知识。

素质目标：

1. 具备沟通、协作的能力。
2. 具备自主探索、善于观察的能力。

 任务要求

本任务的目标是能够根据现场情况及工艺要求选择正确的软件完成建模，并能认识工业机器人弧焊工作站布局图、系统框图以及电气原理图等。

 获取信息

认真阅读任务要求，以理解工作任务内容、明确工作任务的目标，为顺利完成工作任务、回答引导问题，做好充分的知识准备、技能准备和工具耗材的准备，同时拟订任务实施计划。

引导问题 1：

ROBOGUIDE 仿真软件可以导入的数据模型类型主要有哪些？

❓ 引导问题 2：

简述在 ROBOGUIDE 仿真软件中导入各种类型的数据模型的方法。

❓ 引导问题 3：

简述工业机器人仿真程序导入方法。

❓ 引导问题 4：

简述程序仿真的步骤。

工作计划

1. 组员分工

班级		组号		分工	
组长		学号			
组员		学号			
组员		学号			
组员		学号			

2. 工具材料清单

序号	工具或材料名称	型号规格	数量	备注

3．工序步骤安排

序号	工作内容	计划用时	备注

任务成果

1．各小组派代表展示工作站建模及仿真结果。
2．各小组对其他组的成果提出自己的看法。
3．教师对各小组完成的成果进行点评，并选出最佳的。

工作实施

引导问题 5：

使用 FANUC 仿真软件 ROBOGUIDE 进行仿真调试的要点是什么？

评价反馈

评 分 表

序号	主要内容	考核要求	评分标准	配分	扣分	得分
1	前期准备	能说出 ROBOGUIDE 仿真软件可以导入的数据模型类型	正确表述得 10 分，其他酌情扣分	10		
2	学习过程	在 ROBOGUIDE 仿真软件中导入各种类型的数据模型的方法	正确表述在 ROBOGUIDE 仿真软件中导入各种类型的数据模型的方法得 40 分，其他酌情扣分	40		
3	应用拓展	1．拓展认识其他程序的编写方法 2．拓展认识导入其他工作站的方法	1．制作相关的 PPT 并展示得 30 分 2．熟练表达、思路清晰得 10 分	40		
4	团队协作	1．在学习和应用拓展过程中，团队能够配合紧密 2．能发挥自己在团队中的作用	1．团队配合不紧密，扣 10 分 2．未实现充分的团队合作，扣 10 分	10		
备注			合计	100		
	小组成员签名					
	教师签名					
	日期					

任务工单 4.5 典型工业机器人弧焊工作站系统的安装、调试及程序编写

工作任务	典型工业机器人弧焊工作站系统的安装、调试及程序编写					
姓名		班级		学号		日期	

🎬 任务情景

焊接本任务中的全封闭压力容器,需要掌握薄板焊接、管和薄板焊接的工艺,同时还需要会设置焊接参数。

🎯 任务目标

能力目标:

1. 能说出焊接的原理。
2. 能在平板上焊接一条 V 形坡口对接焊缝。
3. 能调试薄板焊接程序作业。

知识目标:

1. 了解弧焊工作站的原理。
2. 掌握焊接程序的编写方法。
3. 熟知薄板焊接程序编写和调试的流程。

素质目标:

1. 具备学生自主学习、解决问题的能力。
2. 具备沟通协作、善于思考的能力。

📁 任务要求

掌握上电开机和操作机器人的步骤,同时,在了解焊接原理的基础上完成焊接参数的选择与设定。

📖 获取信息

认真阅读任务要求,以理解工作任务内容、明确工作任务的目标,为顺利完成工作任务,回答引导问题、做好充分的知识准备、技能准备和工具耗材的准备,同时拟订任务实施计划。

❓ **引导问题 1：**

如何正确理解 V 形坡口对接焊接？

❓ **引导问题 2：**

如何正确理解薄板焊接、管和薄板焊接？

❓ **引导问题 3：**

如何设置焊接参数？

 工作计划

1. 组员分工

班级		组号		分工	
组长		学号			
组员		学号			
组员		学号			
组员		学号			

2. 工具材料清单

序号	工具或材料名称	型号规格	数量	备注

3. 工序步骤安排

序号	工作内容	计划用时	备注

任务成果

1. 各小组派代表展示程序编写结果。
2. 各小组对其他组的成果提出自己的看法。
3. 教师各小组的成果进行点评，并选出最佳的。

工作实施

引导问题 4：

按照要求进行上电开机和操作机器人。

评价反馈

评 分 表

序号	主要内容	考核要求	评分标准	配分	扣分	得分
1	前期准备	能说出 V 型焊接、L 型焊接、管和薄板焊接的定义	正确表述得 10 分，其他酌情扣分	10		
2	学习过程	按照要求进行上电开机和操作机器人	正确表述机器人的上电开机及操作步骤得 40 分，其他酌情扣分	40		
3	应用拓展	1. 拓展认识水平焊 2. 拓展认识工业机器人焊接应用技术	1. 制作相关的 PPT 并展示得 30 分 2. 熟练表达、思路清晰得 10 分	40		
4	团队协作	1. 在学习和应用拓展过程中，团队能够配合紧密 2. 能发挥自己在团队中的作用	1. 团队配合不紧密，扣 10 分 2. 未实现充分的团队合作，扣 10 分	10		
备注			合计	100		
小组成员签名						
教师签名						
日期						

任务工单 4.6 典型工业机器人弧焊工作站系统技术交底材料的整理和编写

工作任务	典型工业机器人弧焊工作站系统技术交底材料的整理和编写					
姓名		班级		学号		日期

🎬 任务情景
完成工业机器人弧焊工作站技术交底材料的整理与编写工作。

🎯 任务目标
能力目标:
1. 能整理出工业机器人弧焊工作站设备全套说明书。
2. 能够按照技术交底材料的要求完成方案整理。

知识目标:
1. 掌握工业机器人弧焊工作站技术交底材料的编写步骤与方法。
2. 掌握工业机器人弧焊工作站技术交底材料的清单整理方法。

素质目标:
1. 具备使用规范的行文格式整理材料的能力。
2. 养成良好的行为习惯。

📁 任务要求
根据工艺要求完成工业机器人焊接工作站的技术材料整理与编写工作。

📖 获取信息
认真阅读任务要求,以理解工作任务内容、明确工作任务的目标,为顺利完成工作任务、回答引导问题,做好充分的知识准备、技能准备和工具耗材的准备,同时拟订任务实施计划。

 引导问题 1:
工业机器人弧焊工作站常见的技术材料有哪些?

 引导问题 2:
简述工作站涉及的图样有哪些。

? **引导问题 3：**
简述工业机器人工作站的分类。

? **引导问题 4：**
简述工业机器人弧焊工作站技术交底材料的编写步骤。

工作计划

1. 组员分工

班级		组号		分工
组长		学号		
组员		学号		
组员		学号		
组员		学号		

2. 工具材料清单

序号	工具或材料名称	型号规格	数量	备注

3. 工序步骤安排

序号	工作内容	计划用时	备注

任务成果

1. 各小组派代表阐述技术交底材料的编写方法和步骤。
2. 各组对其他组的回答提出自己的看法。
3. 教师对各小组的回答进行点评，并选出最佳的。

工作实施

引导问题 5：

按照自己的理解，简述工业机器人弧焊工作站技术交底材料的编写方法。

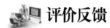 **评价反馈**

评 分 表

序号	主要内容	考核要求	评分标准	配分	扣分	得分
1	前期准备	能说出工业机器人弧焊工作站技术交底材料	正确表述得 10 分，其他酌情扣分	10		
2	学习过程	1. 据工业机器人弧焊工作站技术交付材料整理全套说明书 2. 熟悉《中国制造 2025》战略	1. 正确表述工业机器人弧焊工作站技术交付材料方向得 20 分，其他酌情扣分 2. 正确表述《中国制造 2025》战略得 20 分，其他酌情扣分	40		
3	应用拓展	拓展认识其他工业机器人说明书的编写方法	1. 制作相关的 PPT 并展示得 30 分 2. 熟练表达、思路清晰得 10 分	40		
4	团队协作	1. 在学习和应用拓展过程中，团队能够配合紧密 2. 能发挥自己在团队中的作用	1. 团队配合不紧密，扣 10 分 2. 未实现充分的团队合作，扣 10 分	10		
备注			合计	100		
小组成员签名						
教师签名						
日期						

项目 5　数字化生产线的构架及技术特点

任务工单 5.1　数字化生产线的构架及技术特点

工作任务		数字化生产线的构架及技术特点					
姓名		班级		学号		日期	

🎬 任务情景

此项目数字化生产线系统是一条全自动的组装生产线，一共有 5 台机器人，分属五大制造环节：OP1、OP2、OP3、OP4 与 OP5（原料仓、车铣中心、传送机构、加工中心、组装与成品仓）。每一个制造环节都有一个巨型机械臂，能执行多种不同任务，包括机床上下料、搬运、装配等。

🏭 任务要求

描述铝壳电机关键构件数字化生产线的系统构架、关键技术与特点，并简述数字化生产线的调试步骤。

❓ 引导问题 1：

简述数字化生产线的系统构架。

❓ 引导问题 2：

简述数字化生产线有哪些关键技术。

❓ 引导问题 3：
简述数字化生产线的特点。

❓ 引导问题 4：
数字化生产线调试的步骤是什么？

❓ 引导问题 5：
在调试的过程中可以用哪些方法？

评价反馈

评 分 表

序号	主要内容	考核要求	评分标准	配分	扣分	得分
1	前期准备	能说出数字化生产线的构架及技术特点	正确表述得10分，其他酌情扣分	10		
2	学习过程	根据数字化生产线的系统构架、关键技术与特点材料整理全套说明书	1. 正确表述相关材料得20分，其他情扣分 2. 正确表述有哪些关键技术得20分，其他酌情扣分	40		
3	应用拓展	拓展生产线调试的方法	1. 制作相关的PPT并展示得30分 2. 熟练表达、思路清晰得10分	40		
4	团队协作	1. 在学习和应用拓展过程中，团队能够配合紧密 2. 能发挥自己在团队中的作用	1. 团队配合不紧密，扣10分 2. 未实现充分的团队合作，扣10分	10		
备注			合计	100		
小组成员签名						
教师签名						
日期						

任务工单 5.2 数字化生产线各模块设计与仿真

工作任务		\multicolumn{3}{c} 数字化生产线各模块设计与仿真		
姓名		班级		学号	日期

任务情景

数字化生产线是一条全自动的组装生产线，由原料仓、车铣中心、传送机构、加工中心、组装与成品仓组成。通过数字化生产线的工艺仿真结果，认识数字化生产线的生产工艺过程。

工作实施

在 Process Simulate 标准模式下，搭建数字化生产线的单个搬运工作站仿真实例，借助软件实现生产线离线编程。此任务是在数字化生产线系统基础上基于教学设备进行的，搭建的仿真模型如图 5-1 和图 5-2 所示。

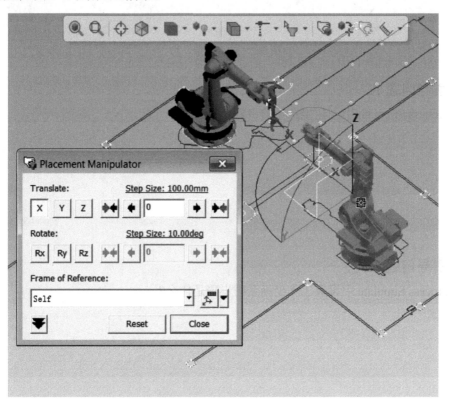

图 5-1 仿真模型（1）

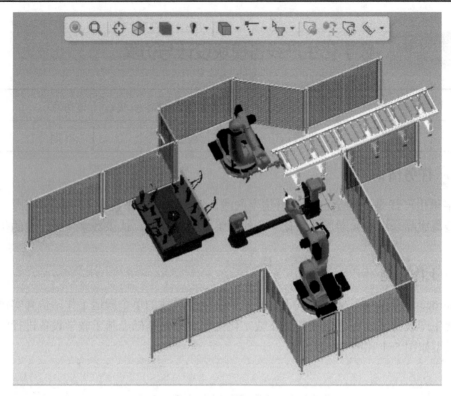

图 5-2 仿真模型（2）

❓ 引导问题 1：

在 Process Simulate 中创建坐标系的步骤是什么？

❓ 引导问题 2：

在 Process Simulate 中设置工作坐标系的步骤是什么？

引导问题 3：

在 Process Simulate 中设置建模范围的步骤是什么？

引导问题 4：

在 Process Simulate 中如何设置机器人在第七轴移动？

评价反馈

评 分 表

序号	主要内容	考核要求	评分标准	配分	扣分	得分
1	前期准备	能说出数字化生产线的生产线离线编程步骤	正确表述得 10 分，其他酌情扣分	10		
2	学习过程	根据数字化生产线各模块的特点构建仿真模型，能够按照要求构建每个模型	1. 完成模型构建得 20 分，其他酌情扣分 2. 完成生产线构建得 20 分，其他酌情扣分	40		
3	应用拓展	拓展生产线调试的方法	1. 制作相关的 PPT 并展示得 30 分 2. 熟练表达、思路清晰得 10 分	40		
4	团队协作	1. 在学习和应用拓展过程中，团队能够配合紧密 2. 能发挥自己在团队中的作用	1. 团队配合不紧密，扣 10 分 2. 未实现充分的团队合作，扣 10 分	10		
备注			合计	100		
	小组成员签名					
	教师签名					
	日期					

任务工单 5.3　识读数字化生产线的设计图和技术文件

工作任务			识读数字化生产线的设计图和技术文件			
姓名		班级		学号		日期

🎬 任务情景

该铝壳电机关键构件数字化生产线工作站是一条全自动的组装生产线，由原料仓、车铣中心、传送机构、加工中心、组装与成品仓组成。在智能制造领域，设计者通过图样表达设计意图；制造者通过图样了解设计要求、组织制造和指导生产；使用者通过图样了解机器设备的结构和性能，并对机器设备进行操作、维修和保养。

📁 任务要求

能正确识读铝壳电机关键构件数字化生产线中的机械原理图和电气原理图等图样。

❓ 引导问题 1：
简述识读非标件工程图、装配图和电气原理图等图样的基本方法。

❓ 引导问题 2：
对于数字化生产线来说，识读非标件工程图和装配图的意义是什么？

❓ 引导问题 3：
通过数字化生产线各模块图样的识读，了解识读数字化生产线图样的意义。

🖥 评价反馈

评　分　表

序号	主要内容	考核要求	评分标准	配分	扣分	得分
1	前期准备	能说出数字化生产线的生产线离线编程步骤	正确表述得 10 分，其他酌情扣分	10		
2	学习过程	根据数字化生产线各模块的特点构建仿真模型，能够按照要求构建每个模型	1. 完成模型构建得 20 分，其他酌情扣分 2. 完成生产线构建得 20 分，其他酌情扣分	40		
3	应用拓展	拓展生产线调试的方法	1. 制作相关的 PPT 并展示得 30 分 2. 熟练表达、思路清晰得 10 分	40		
4	团队协作	1. 在学习和应用拓展过程中，团队能够配合紧密 2. 能发挥自己在团队中的作用	1. 团队配合不紧密，扣 10 分 2. 未实现充分的团队合作，扣 10 分	10		
备注			合计	100		
	小组成员签名					
	教师签名					
	日期					

任务工单 5.4 数字化生产线的操作规范及方法步骤

工作任务		数字化生产线的操作规范及方法步骤			
姓名		班级		学号	日期

 任务情景

通过组建 PROFINET 生产网络对数字化生产线各个工作站进行调试。

 任务要求

能正确调试铝壳电机关键构件数字化生产线的各个工作站。

引导问题 1：

设计数字化产线要遵循哪些原则？

引导问题 2：

数字化产线触摸屏操作的基本规范是什么？

引导问题 3：

组建 PROFINET 生产网络的步骤是什么？

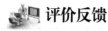 **评价反馈**

评 分 表

序号	主要内容	考核要求	评分标准	配分	扣分	得分
1	前期准备	能说出数字化生产线的生产线基本规范	正确表述得 10 分，其他酌情扣分	10		
2	学习过程	根据数字化生产线的各模块的特点进行工作站调试	1. 完成工作站调试得 20 分，其他酌情扣分 2. 完成网络组建得 20 分，其他酌情扣分	40		
3	应用拓展	拓展生产线调试的方法	1. 制作相关的 PPT 并展示得 30 分 2. 熟练表达、思路清晰得 10 分	40		
4	团队协作	1. 在学习和应用拓展过程中，团队能够配合紧密 2. 能发挥自己在团队中的作用	1. 团队配合不紧密，扣 10 分 2. 未实现充分的团队合作，扣 10 分	10		
备注			合计	100		
	小组成员签名					
	教师签名					
	日期					

任务工单 5.5　典型数字化生产线系统的运行和维护

工作任务		典型数字化生产线系统的运行和维护				
姓名		班级		学号		日期

🎬 任务情景

通过 MES 对数字化生产线进行集成化管理与运行，并能通过 MES 对数字化生产线进行操作、维修和保养。

📋 任务要求

通过 MES 对铝壳电机关键构件数字化生产线进行集成化管理与运行、操作与维护维修。

❓ 引导问题 1：

MES 对数字化生产线进行集成化管理的基本方法是什么？

❓ 引导问题 2：

如何通过 MES 对数字化生产线进行操作、维修和保养？

❓ 引导问题 3：

数字化生产线运行过程中有哪些安全注意事项？

📊 评价反馈

评　分　表

序号	主要内容	考核要求	评分标准	配分	扣分	得分
1	前期准备	能说出数字化生产线系统的运行和维护项目	正确表述得 10 分，其他酌情扣分	10		
2	学习过程	能根据数字化生产线系统的运行和维护项目检查出问题并进行更正	1. 说出运行和维护项目问题得 20 分，其他酌情扣分 2. 完成维护项目的更正得 20 分，其他酌情扣分	40		
3	应用拓展	拓展生产线调试的方法	1. 制作相关的 PPT 并展示得 30 分 2. 熟练表达、思路清晰得 10 分	40		
4	团队协作	1. 在学习和应用拓展过程中，团队能够配合紧密 2. 能发挥自己在团队中的作用	1. 团队配合不紧密，扣 10 分 2. 未实现充分的团队合作，扣 10 分	10		
备注			合计	100		
	小组成员签名					
	教师签名					
	日期					